排污许可证申请与核发技术规范系列培训教材

# 水泥工业排污许可管理

## ——申请、审核、监督管理

柴西龙　杜蕴慧　邹世英　主编



中国环境出版集团·北京

图书在版编目（CIP）数据

水泥工业排污许可管理：申请、审核、监督管理/柴西龙，杜蕴慧，邹世英主编. —北京：中国环境出版集团，2019.12

排污许可证申请与核发技术规范系列培训教材

ISBN 978-7-5111-4198-9

Ⅰ. ①水… Ⅱ. ①柴… ②杜… ③邹… Ⅲ. ①水泥工业—排污许可证—技术规范—中国—技术培训—教材 Ⅳ. ①X781.5-65

中国版本图书馆 CIP 数据核字（2019）第 278229 号

出 版 人　武德凯
责任编辑　李兰兰
责任校对　任　丽
封面设计　岳　帅

更多信息，请关注
中国环境出版集团
第一分社

出版发行　中国环境出版集团
（100062　北京市东城区广渠门内大街 16 号）
网　　址：http://www.cesp.com.cn
电子邮箱：bjgl@cesp.com.cn
联系电话：010-67112765（编辑管理部）
010-67112735（第一分社）
发行热线：010-67125803，010-67113405（传真）

印　　刷　北京中科印刷有限公司
经　　销　各地新华书店
版　　次　2019 年 12 月第 1 版
印　　次　2019 年 12 月第 1 次印刷
开　　本　787×1092　1/16
印　　张　16
字　　数　336 千字
定　　价　52.00 元

# 《水泥工业排污许可管理
## ——申请、审核、监督管理》
## 编　委　会

主　编：柴西龙　杜蕴慧　邹世英

编　者：许红霞　任　勇　陈永波　何　捷　沙克昌　吴　鹏
范警卫　姚方行　靳　杰　萧　瑛　吴　铁　赵　军
戴　莹　董　峥　汪晓明　轩红钟　张来辉　关　睿
刁晓君　乔　皎　史雪廷　杨轶博　张承舟　吴　亮
陈长伟　刘秋萌　朱　嫚

# 前 言

党的十八大以来，以习近平同志为核心的党中央把生态文明建设和环境保护摆上更加重要的战略位置，严格落实地方党委和政府环境保护领导责任、企事业排污单位环境保护主体责任以及生态环境主管部门环境保护监督责任，全面深化改革，实行最严格的环境保护制度，着力推动环境质量改善。《关于全面深化改革若干重大问题的决定》《生态文明体制改革总体方案》《国民经济和社会发展第十三个五年规划纲要》等明确提出要改革环境治理基础制度，建立和完善覆盖所有固定污染源的企事业单位控制污染物排放许可制。

党的十九大报告提出“强化排污者责任，健全环保信用评价、信息强制性披露、严惩重罚等制度”。实施排污许可制是贯彻落实十九大精神、强化排污者责任的重要举措，是提高环境管理效能、改善环境质量的重要制度保障。国务院办公厅印发的《控制污染物排放许可制实施方案》（以下简称《方案》）对完善控制污染物排放许可制度、实施企事业单位排污许可证管理作出了总体部署和系统安排。《排污许可管理办法（试行）》（以下简称《办法》）作为推动排污许可制实施的基础性文件，明确了排污许可证的定位，规定了排污许可证申请、受理、审核、发放的程序和监督管理原则要求，规定了排污许可证的主要内容，并明确了环保部门依证监管的各项规定。全面落实《方案》及《办法》，改革完善和实施好控制污染物排放许可制，使之成为固定污染源环境管理的核心制度，有利于全面落实排污者主体责任，有效控制污染物排放，持续提升环境治理能力和水平，加快改善生态环境质量。

为建立并完善水泥工业排污许可管理体系和技术体系，指导和规范水泥工业排污单位排污许可证申请与核发工作，加快推进水泥工业排污许可制度实施，原环境保护部（现生态环境部）组织，原环境保护部环境工程评估中心（现生态环境部环境工程评估中心）、中国建筑材料科学研究总院、安徽海螺建材设计研究院共同起草了《排污许可证申请与核发技术规范　水泥工业》（以下简称《技术规范》）。《技术规范》规定了水泥工业排污单位排污许可证申请与核发的基本情况填报要求、许可排放限值确定、实际排放量核算、合规判定的技术方法以及自行监测、环境管理台账及执行报告等环境管理要求，提出了水泥工业污染防治可行技术要求。

为做好排污许可制度解读，便于水泥工业排污单位管理人员、技术人员和许可证核发机关审核管理人员理解排污许可改革精神、掌握水泥工业排污许可证申请与核发的技术要求，同时便于排污单位、地方生态环境主管部门开展依证排污、依证监管、现场检查等工作，特编制本教材。全书共分为6章。第1章介绍了我国目前水泥工业的产量分布、生产工艺、污染控制等现状。第2章介绍了国内外排污许可技术体系，包括美国、澳大利亚、德国等的排污许可制度体系，以及我国排污许可发展历程、管理体系。第3章详细介绍了技术规范的总体框架、适用范围以及相应内容的填报要求、许可排放限值确定方法、排污许可环境管理要求、实际排放量核算方法、合规判定方法等。第4章结合全国排污许可证管理信息平台（以下简称平台），以水泥工业为例，从申报材料的准备、系统注册到正式填报进行了详细的介绍，将平台中的具体填报流程进行截图并按照申报步骤详细解读。第5章介绍了水泥工业排污许可证核发审核要点，以某水泥（熟料）排污单位为例，对每个填报表格具体审核、详细分析。第6章对排污许可证证后监管和现场检查重点进行了详细介绍。同时，在对2017年水泥企业申请及核发排污许可证中遇到的问题进行全面梳理的基础上，对企业申报过程中以及生态环境部门审核过程中遇到的常见问题进行总结分析。本书编写人员分工如下：第1章：沙克昌、靳杰、范警卫、戴莹、杨轶博、轩红钟；第2章：许红霞、史雪廷、吴铁、关睿、刁晓君；第3章：何捷、萧瑛、赵军、董峥；第4章：任勇、范警卫、汪晓明、陈长伟、张来辉；第5章：吴鹏、范警卫、乔皎、吴亮、朱嫚；第6章：陈永波、姚方行、张承舟、刘秋萌。

本书是集体智慧的结晶，在编制过程中得到了原环境保护部规划财务司、原环境保护部环境影响评价司、中国建筑材料科学研究总院、安徽海螺建材设计研究院等单位领导和专家的大力支持和协助，在此一并致谢！

书中难免有不妥之处，敬请广大读者批评指正！

编　者

2019年3月

# 目　录

# 1 水泥工业现状

## 1.1 产量及分布

我国从 1985 年开始成为世界第一水泥生产大国，2013—2018 年全国水泥产量分别达到 24.19 亿 t、24.92 亿 t、23.59 亿 t、24.10 亿 t、23.31 亿 t、22.10 亿 t，总体趋于稳定，其中 2017 年水泥产量占世界水泥产量的 58%。水泥工业作为国家重点调控的六大产能严重过剩行业之一，产能利用率不足 70%，多年来产能过剩成为制约水泥工业健康持续发展的“瓶颈”。

我国水泥企业遍布全国 31 个省、自治区、直辖市及新疆生产建设兵团。熟料方面，2017 年全国熟料设计产能 18.2 亿 t、产量 14 亿 t，熟料产能排名前 5 的省份分别为安徽、山东、四川、河南、广东。2017 年全国新点火水泥熟料生产线共有 13 条，合计年度新点火熟料设计产能 2 046 万 t，较 2016 年减少 512 万 t，降幅为 20%，已连续五年呈递减走势。从区域分布看，新点火产能相对集中在广东、湖南、广西，合计产能占全国一半，多数为产能置换项目；从规模来看，日产 5 000 t 以上生产线 11 条，日产 2 500 t 生产线 2 条。水泥方面，2017 年水泥产量过亿吨的省份有 12 个，分别为江苏、广东、山东、河南、四川、安徽、广西、湖南、贵州、云南、浙江和湖北，产量合计 15.96 亿 t，占全国水泥产量的 68.5%。总体上看，华东地区、中南地区、西南地区占据了全国 80%以上的水泥产量，呈现出南强北弱的态势。

## 1.2 水泥生产工艺

水泥生产技术自 1824 年诞生以来，历经多次变革。从最初间歇作业的土立窑到 1885 年出现的回转窑，从 1930 年德国的立波尔窑到 1950 年联邦德国洪堡公司的悬浮预热器窑，再到 1971 年日本在悬浮预热技术的基础上研究成功了预分解法窑，即窑外分解新型干法窑。随着新型干法水泥生产技术的出现，彻底改变了水泥生产技术的格局和发展进程。

现阶段除部分特种水泥生产仍采用中空窑、预热器窑等工艺外，新型干法窑外分解窑已基本取代其他工艺成为我国水泥生产的主要工艺，92%以上熟料线均为新型干法生产线，此外还有少量建通窑。目前，中国水泥工业应用的是现代最新的生产工艺和装备技术，预热器、分解炉、回转窑、篦冷机、磨机、余热锅炉等均已实现自主研发，在技术装备上已达国际先进水平。

由于新型干法窑独特的煅烧方式和集约化生产模式，国内新型干法窑的规模已从最初的 300 t/d 发展到目前的万吨线，其中 2 500 t/d 线和 5 000 t/d 线为当前水泥工业的主导规模。据行业协会统计，截至 2018 年，我国现有新型干法熟料生产线 1 681 条，其中 2 000 t/d 及以下的生产线 281 条，占新型干法总产能的 6.93%；2 000～2 500 t/d（含）的生产线 546 条，占新型干法总产能的 23.23%；2 500～5 000 t/d（含）的生产线 786 条，占新型干法总产能的 61.53%；5 000～8 000 t/d（含）的生产线 56 条，占新型干法总产能的 6.06%；大于 8 000 t/d 的生产线 12 条，占新型干法总产能的 2.25%。我国新型干法水泥生产线规模统计见图 1-1。60%以上的熟料产能来自日产 2 500～5 000 t 生产线。水泥粉磨站规模从 60 万 t/a 到 600 万 t/a 不等。

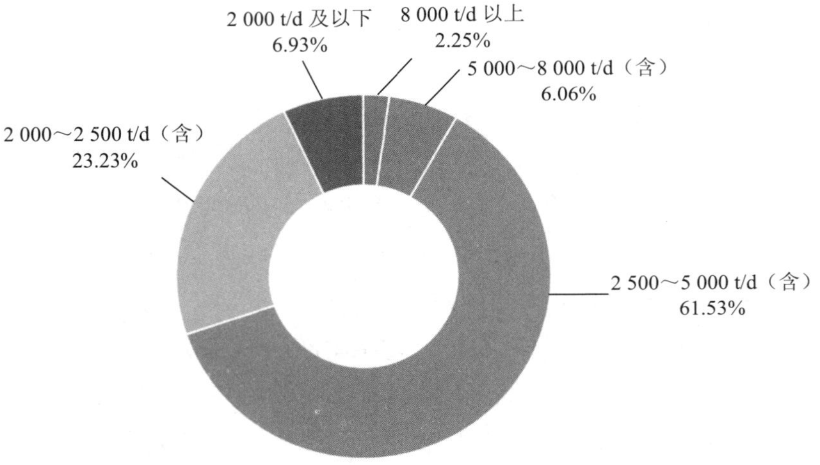


**图 1-1 我国新型干法水泥生产线规模统计**

对于一个全流程的水泥工业排污单位而言，生产单元可以划分为矿山开采、熟料生产（含生料和煤粉制备、熟料煅烧）、水泥粉磨、协同处置、公用单元 5 个部分，具体见图 1-2 和图 1-3。生料制备是将生产水泥的石灰质原料、黏土质原料与少量校正原料经破碎后，按一定配比，磨细为成分适宜、质量均匀的生料粉（干法）生产过程；煤粉制备是指将作为燃料的煤磨制成煤粉的过程；熟料煅烧是将生料在水泥窑内煅烧至部分熔融得到以硅酸钙为主要成分的硅酸盐水泥熟料的过程；水泥粉磨是将熟料配以一定比例的混合材、缓凝剂共同磨细为水泥产品。水泥成品有散装和包装两种形式，散装水泥直接可利用汽车、火

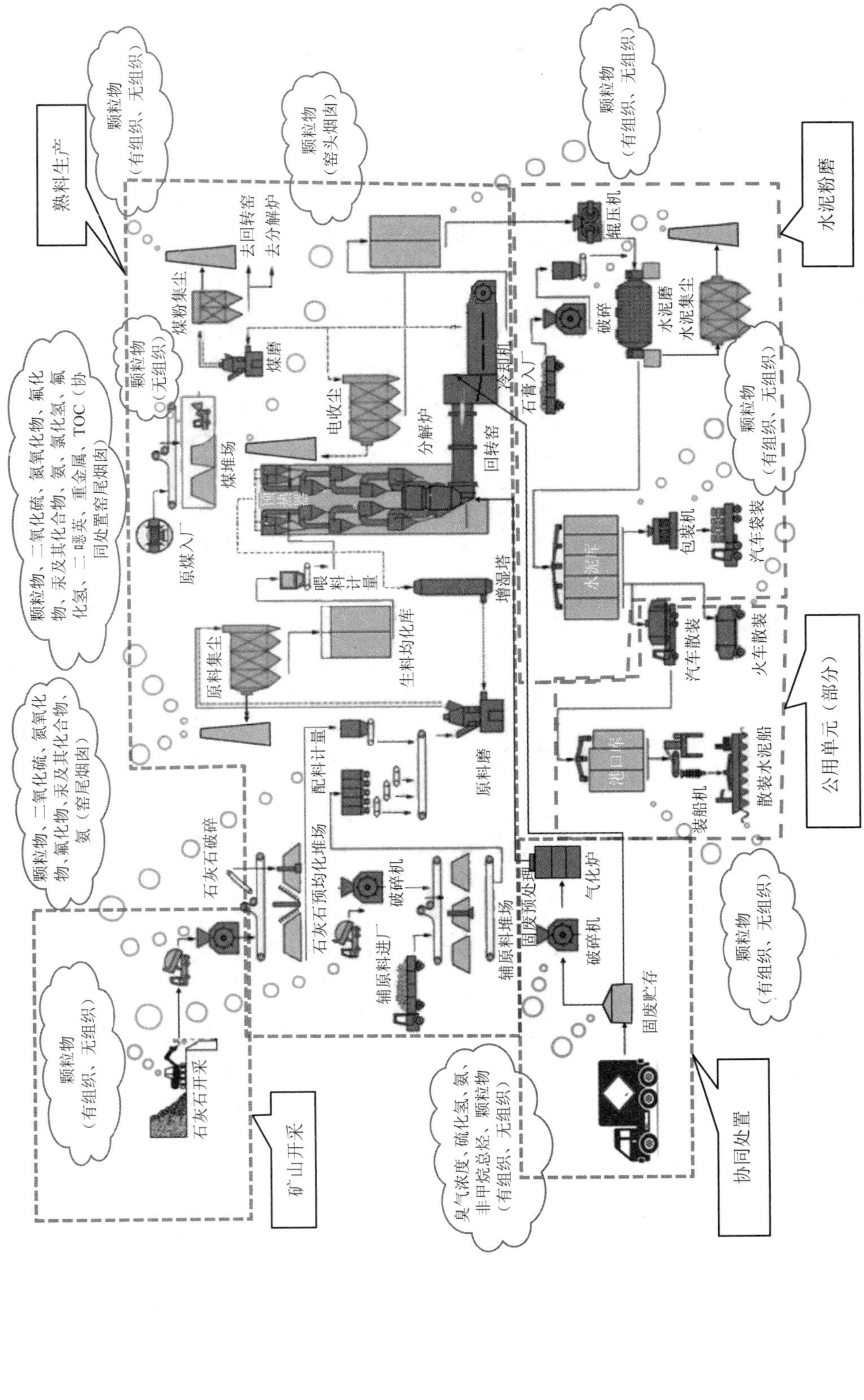


图 1-2 典型水泥工业排污单位生产工艺流程、生产单元划分及产排污环节

图 1-3 新型干法水泥熟料生产线实景照片

车或船舶发运系统，由散装机从水泥库直接装车、装船外售；包装水泥通过包装车间的包装系统包装成袋，经胶带输送机卸入水泥成品库。同时为充分利用窑系统余热，均配置有纯低温余热发电装置。

新型干法工艺将熟料煅烧过程变为在两套独立的设备内进行的两阶段操作，即在悬浮预热器和分解炉内完成生料预热和石灰石分解（$CaCO_3 \longrightarrow CaO+CO_2$，900℃）；在回转窑内高温条件下（1 400～1 500℃）完成熟料烧成（形成硅酸三钙、硅酸二钙、铝酸三钙等）。由于在分解炉内引入第二热源（使用约 60%的燃料），降低了烧成带热负荷，提高了回转窑运转率和生产能力，同时也使能源消耗、污染物（特别是 $NO_x$、$SO_2$）排放量大大降低。

## 1.3 水泥窑协同处置现状

水泥工业是工业固废消纳大户，水泥窑可协同处置工业固废、危险废物、污水处理产生的污泥、生活垃圾等，具有其他工业行业不可比拟的技术优势。水泥窑温度高达 1 450℃，可以消纳各种废弃物，并将包括重金属在内的有害物质分解或固化于水泥晶体结构中。近年来，国家陆续出台相关政策，扶持水泥窑协同处置固体废物。未来一段时间，利用水泥窑协同处置固体废物的项目将越来越多。据统计，截至 2017 年 5 月底，具有水泥窑协同处置危废经营许可证的水泥企业有 35 家，数量占全国具有危废处理资质企业总数（超过 1 720 家）的比重不足 2%，比重很低，但是总数及核准处置规模近 3 年来（2015—2017 年）已经实现翻番，核准处置规模超过 200 万 t。据不完全统计，我国已建、在建的水泥窑协同处置固体废物生产线近百条，海螺、拉法基豪瑞中国、金隅、华润等水泥集团纷纷投入水泥窑协同处置固体废物的研发及运营。2017 年已投入运营的水泥窑协同处置生活垃圾生产线 51 条，年处理生活垃圾能力 554.31 万 t；兼烧市政污泥的水泥窑 60 条左右，年处置量约 381.147 万 t；兼烧危废的水泥窑 40 条左右，年处置量 216.405 万 t。全国协同处置固废的水泥生产线 154 条，占新型干法水泥生产线总数的 9%左右。水泥窑协同处置固体废物已成为行业实现绿色发展的重要途径之一。

水泥窑协同处置是根据处置废物性质采取相应的处置工艺，相对于常规的水泥熟料生产项目，固体废物作为替代原（燃）料入窑，仅需增加相应的固体废物预处理过程，主要有：①新建固体废物预处理系统，主要包括半固态废物预处理车间和固态废物处置车间；②对现有水泥生产窑窑头主燃烧器、旋窑窑尾烟室及分解炉处进行改造，新增固体废物投加装置；③配套建设固体废物暂存系统，如危险废物暂存场所、垃圾坑、液态废物暂存罐等；④预处理车间和暂存场所的废气和废水处理系统等。

# 1.4 水泥工业污染控制现状

## 1.4.1 废气

### 1.4.1.1 有组织废气

（1）颗粒物

水泥工业是大气污染控制重点行业之一，大气污染物有组织排放的主要排放口为窑头和窑尾，窑头和窑尾的颗粒物排放量为全厂颗粒物有组织排放的60%～65%。目前水泥企业窑头、窑尾颗粒物的治理设施主要为静电除尘器、袋式除尘器和电袋复合除尘器。随着《水泥工业大气污染物排放标准》（GB 4915—2013）的实施，水泥企业尤其是重点地区企业对窑头除尘器进行了改进。针对袋式除尘器，通过采用覆膜滤料、增加滤料厚度和降低过滤风速等措施提高除尘效率。针对静电除尘器，通过采用高频电源、脉冲电源、三相电源、增加电场级数、增大集尘面积、移动电极技术、降低电场风速、改善颗粒物比电阻等措施，提高除尘效率，部分企业开始将现有的静电除尘器改为袋式除尘器或电袋复合除尘器，从而提高除尘效率，确保污染物浓度达标排放。

水泥磨、煤磨排放口的颗粒物排放量约占全厂颗粒物有组织排放的20%，其余排放口的颗粒物排放量约占全厂颗粒物有组织排放量的15%。目前水泥企业在该部分的收尘器几乎全为袋式除尘器，根据现有的除尘配置皆能达标排放，针对含尘浓度高、标准要求严的袋式除尘器，通过采用覆膜滤料、增加滤料厚度等措施提高除尘效率，确保稳定达标。

（2）二氧化硫

窑尾二氧化硫的排放量几乎占全厂二氧化硫排放量的100%。二氧化硫排放量主要取决于原辅燃料中挥发性硫含量。由于水泥窑本身就是性能优良的固硫装置，水泥窑中大部分的硫都以硫酸盐的形式保存在熟料中，通过采用低硫煤及低硫原辅材料，调整窑内煅烧的硫、碱比，延长原料磨的运行时间，大部分水泥企业不采用任何措施皆能达标排放，部分企业二氧化硫排放浓度低于检出限。特别是预分解窑，因分解炉内有高活性氧化钙存在，与二氧化硫气固接触好，可大量吸收二氧化硫，排放浓度可控制在 50～200 mg/m$^3$。部分企业由于原辅燃料挥发性有机硫含量较高，二氧化硫排放浓度难以达标，水泥企业可以采用干法、半干法、湿法脱硫等末端治理措施以确保达标排放，脱硫工艺较为成熟。

（3）氮氧化物

窑尾氮氧化物的排放量几乎占全厂氮氧化物排放量的 100%。氮氧化物控制技术包括低氮燃烧器、分级燃烧、添加矿化剂、工艺优先控制等源头控制措施以及选择性非催化还原技术（SNCR）和选择性催化还原技术（SCR）等末端治理措施。截至 2015 年，新型干法水泥生产线 SNCR 脱硝设施安装率已达 92%。SNCR 与低氮氧化物燃烧技术（低氮燃烧、分解炉分级燃烧等）相结合，可控制氮氧化物排放浓度低于 320 mg/m$^3$。目前，水泥行业正在探索适用于水泥生产线的 SCR 脱硝技术，已有极少企业采用了高温中尘、高温高尘 SCR 脱硝技术。从短期运行效果来看，SCR 脱硝效率高，但也亟须解决窑尾废气烟尘浓度高、烟气成分复杂、催化剂易中毒、SCR 反应温度窗口要求高等问题。

（4）其他特征污染物

特征污染物主要涉及氟化物、氨、汞及其化合物。对于氟化物、汞及其化合物，多未有专门的控制技术，一般都会利用窑尾的布袋除尘器进行协同控制。由于采用氨水、尿素等作为 SNCR 脱硝剂，脱硝过程中，可能会带来氨逃逸，通过窑尾烟囱排放。

对于水泥窑协同处置固体废物排污单位，窑尾烟气中还可能产生氯化氢，氟化氢，二噁英，铊、镉、铅、砷及其化合物（以 Tl+Cd+Pb+As 计），铍、铬、锡、锑、铜、钴、锰、镍、钒及其化合物（以 Be+Cr+Sn+Sb+Cu+Co+Mn+Ni+V 计），以及总有机碳（TOC）等，可利用窑尾的布袋除尘器进行协同控制。目前旁路放风污染物治理措施主要采用急冷+袋除尘技术进行颗粒物治理，抑制二噁英产生。对于贮存预处理过程中的硫化氢、氨和臭气浓度、非甲烷总烃，主要采用导入窑内高温区煅烧，当协同处置水泥窑停运时，主要采用活性炭吸附等治理技术。

#### 1.4.1.2 无组织废气

水泥工业大气污染物无组织排放主要是物料储存、运输过程中产生的颗粒物，脱硝系统中的氨水储存及输送系统可能的“跑、冒、滴、漏”会造成氨的无组织排放。另外，协同处置固体废物在固废贮存、预处理时还产生臭气、硫化氢、氨、颗粒物等无组织污染物，协同处置危险废物项目还产生非甲烷总烃等无组织污染物。

目前的主要措施：对物料堆场进行封闭，对车辆进出点增加挡帘抑尘，在物料装卸过程采用喷水抑尘措施；加强对厂区内道路扬尘治理，道路进行硬化并及时清扫，定期洒水抑尘，配置车辆车轮清洗装置；对各物料转运皮带进行封闭，对中转过程的物料有落差部位安装除尘器，尽可能将无组织排放转为有组织排放，从而降低无组织排放量。

### 1.4.2 废水

水泥工业排污单位废（污）水排放量很小，很多企业可以达到废水不外排。废水主要分为生活污水和生产废水，生产废水包括设备冷却排污水、余热发电锅炉循环冷却排污水、机修等辅助生产废水。一般由于水泥企业尤其是熟料生产企业地处偏僻，生产和生活废（污）水难以纳入城市污水管网，因此大部分公司的做法为：生活污水一般是在厂区自建的污水处理站进行处理后达标排放或者作为中水回用，生产废水一般进行简单的隔油、过滤、沉淀等处理后作为中水回用。

对于水泥窑协同处置固体废物排污单位，在固体废物贮存、预处理过程中可能产生渗滤液或其他生产废水。目前，渗滤液或其他生产废水大部分采用喷入水泥窑内高温段焚烧处置的处理方式，少部分单位经废水处理后回用于生产工艺或外排。

# 2 国内外排污许可体系设计

## 2.1 国外排污许可制度

### 2.1.1 美国排污许可制度体系

#### 2.1.1.1 美国排污许可制度的由来

美国的排污许可制度是由水到气逐步发展起来的。1972 年颁布的《清洁水法》（CWA）修正案首次引入国家污染物排放削减制度，采用许可证对废水污染源进行管理。1990 年《清洁空气法》（CAA）修订版借鉴《清洁水法》引入许可证对废气污染源进行管理。此时的废水排放许可证制度经过十几年的发展已自成体系（包括制度设计、机构设置等），将大量废水点源纳入其管制之下，迅速、有效地控制住水环境不断恶化的形势。因此，美国仍然沿用日益完善的单项许可证模式，即对不同环境要素的排污许可进行单项管理，这与美国的环境保护立法历史沿革与背景特点有关。

#### 2.1.1.2 美国排污许可证管理体系与职责划分

美国国家环境保护局（EPA）授权各州核发排污许可证并进行管理。《清洁空气法》规定，EPA 在保留所有执行相关法律的职权以实现立法目的的同时，授权有利害关系且有管理能力的各州在各自的辖区执行联邦法律。以美国废水许可证为例，各州要想被授权管理美国国家污染物排放削减制度（NPDES）许可证，需要向 EPA 提交相关申请授权文件。目前有 46 个州和弗吉尼亚群岛获得授权，负责本地区全部或部分 NPDES 许可证的颁发。

联邦层面保留部分许可证的核发权和对地方的监督权。联邦政府保留对接受环境管理权的委托州的监督权。州获得联邦授权的前提条件之一，是州必须采用与联邦一致的法律法规；另外还必须证实自己具备有效执行该联邦项目所需的人力与财力。EPA 负责核发部分州的废水许可证，对于未得到授权的州（包括爱达华州、新罕布什尔州、马萨诸塞州和新墨西哥州），由 EPA 区域办公室负责颁发；所有州的船舶一般许可证由 EPA 颁发。

各州建立符合联邦要求的地方具体实施计划。州执行联邦规则有两种方式：通过授权批准执行联邦规则；采纳自己的项目，但必须满足联邦的最低要求。EPA 对任何授权行动的接受与支持必须基于该行动符合州实施计划这一前提。各州需要提交州实施计划到 EPA，EPA 定期对州实施计划执行情况和效果进行审核，如果发现需要更新以及调整的，将提出更新和调整的要求。若州实施计划有问题，EPA 将提出持续改进要求，若无法达到该要求，则将收回该州排污许可证审批权限。

#### 2.1.1.3 美国排污许可证的分类

（1）大气污染物排放许可证根据新、老污染源分为建设许可证和运行许可证。

①建设许可证。

建设许可又称新源审查许可，是指为防止达标区的空气质量出现显著恶化或影响未达标地区的空气质量好转进程，要求常规大气污染物潜在排放量超过一定值的新建或改建固定污染源在建设前须申请获得建设许可证。

根据固定污染源及所在区域的空气质量达标情况，可将建设许可证分为三类：针对空气质量达标区域的“防止明显恶化”许可、针对未达标区的“新污染源审查”许可以及次要新增污染源许可证。

②运行许可证。

运行许可证是在大气污染源开始运行后，由许可当局对污染源发放的许可证，适用对象为所有的大型污染源和数量有限的较小污染源，目的是把所有的大气污染控制要求并入一份单独而全面的运行许可证。

③酸雨许可证。

除建设许可证和运行许可证外，美国还设有酸雨许可证，是为促进酸雨计划的实施而向相关企业发放的许可证，旨在大幅削减电力行业所排放的导致酸雨的两大主要污染物，即二氧化硫和氮氧化物。酸雨许可证的一个重要作用是推进二氧化硫的排污权交易，作为酸雨控制项目中排污权交易政策的一项辅助管理手段。

（2）水污染物排放许可证根据污染源相似程度分为个体许可证和一般许可证。

①个体许可证。

个体许可证是专门适用于单个设施的许可证，其条款对于持证人而言是特定的。

②一般许可证。

一般许可证是能对某一特定类别中多个设施同时进行管制的许可证，有利于更有效地分配资源、节约时间，同时简化审批程序。

#### 2.1.1.4 美国排污许可证污染物排放限值

美国排污许可证污染物排放限值可分为基于污染防治技术的排放限值和基于环境质量的排放限值。

（1）基于污染防治技术的排放限值

美国大气污染排放许可适用的基于污染防治技术的排放限值主要包括：联邦发布的条例，如新建污染源排放标准（NSPS）和有毒空气污染物国家排放标准（NESHAP）；针对空气质量达标区域的“防止明显恶化”许可（PSD 许可）和针对未达标区域的“新污染源审查”许可（NSR 许可）。其中，NSPS 是适用于新建或改建的固定源的常规污染物排放标准，其制定依据为最佳示范技术（BDT）。NESHAP 则是同时适用于新源和现有源的有害空气污染物排放标准，对于重大污染源，其制定依据为最大可达控制技术（MACT），对其他污染源，其制定依据为一般可行控制技术（GACT）。PSD 和 NSR 许可是指在 PSD 和 NSR 许可中必须要有的最佳可得控制技术（BACT）和最低可达排放速率（LAER）。与 NSPS 和 NESHAP 不同，BACT 和 LAER 并不是统一的标准，而是基于“个案分析”来加以确定的。

水污染物排放许可证最佳常规污染物控制技术（BCT）是针对现有工业点源的常规污染物（包括生化需氧量、悬浮物、大肠杆菌等）排放制定的技术标准；最佳实际控制技术（BPT）是针对常规污染物、非常规污染物和有毒污染物实施的当前可达到的最佳实践控制技术；最佳可得技术（BAT）是针对有毒污染物和非常规污染物的经济可行的最佳可达技术；新源绩效标准（NSPS）为新设施提供更加有效的污染物排放控制的设计、操作和运行的方案。

（2）基于环境质量的排放限值

美国《清洁空气法》要求各个州应该向 EPA 提交州实施计划，阐明各州将如何让空气质量达标并/或对空气质量进行维护。对于空气质量未达标地区的现有源，州实施计划必须规定合理可行控制技术（RACT）以对其常规污染物排放进行管制。RACT 是指经济和技术上都可以实现的、合理可行的控制措施。

美国《清洁水法》要求，排放许可证审查发放过程中，先要执行基于技术的排放限值，如果受纳水体不能达到水质标准的要求，就需要以水质标准另行计算基于水质的排放限值。在施行水质标准的同时，对于已经污染、尚未满足水质标准的水体，各州要进行污染物每日最大总负荷（Total Maximum Daily Loads，TMDLs）的研究，在需要时对废水点源制定更为严格的排放标准。

#### 2.1.1.5 美国的排污许可证制度的监管

美国的大气污染物排放许可证制度采取统一监督管理和分级管理相结合的模式。

统一监督管理由 EPA 集中实施，包括制定国家污染物排放削减制度的规划，审查或者代各州制定许可证管理计划，监督各州的许可证管理计划的运行实施，审查、修改、暂停或者吊销任何排放许可证。保证了污染治理在各州同时同步统一推进，避免了各州各自为政以及为了地区利益放松环境管制。

分级管理则体现在具体的许可证审批发放过程中，均由各州政府负责具体组织实施，并且实施日常的污染源监管。州政府制定的州实施计划和许可证制度必须满足 EPA 制定的最低许可证制度要求，而且必须通过 EPA 批准后方可实施。同时，在各州的许可证制度的实施过程中，州环保局或地方空气质量管理委员会仍然受 EPA 的监督，EPA 有权审查甚至反对拟发的许可证。各州如未能按规定实施许可证制度或实施不力，许可证发放权将被收归 EPA 所有，由 EPA 执行联邦实施计划或联邦运行许可证制度。可见，EPA 拥有最高的授权和监督权力，州政府在制定和执行许可证制度时向 EPA 负责，受其监督。

### 2.1.2 澳大利亚排污许可制度体系

澳大利亚在 20 世纪 90 年代末期实施排污许可证管理。与美国不同，澳大利亚各州都有自己的环保法规，其中以新南威尔士州（代表了绝大多数澳大利亚州的情况）和维多利亚州最具代表性，其排污许可制度较为完善，取得良好效果。

澳大利亚采用各州“分而治之”的方式进行排污许可证管理，各州制定各自的法律和程序对排污许可证作相应的规定。该方式有助于各州根据自己的环境经济状况制定适合各州的方式和程序，但也带来了执行尺度不一、管理要求不同等问题。

#### 2.1.2.1 新南威尔士州排污许可制度

新南威尔士州排污许可体系是依照该州《环境保护操作法案》（POEO）建立的，该法案下设多个法规以及行动计划，从 1999 年 7 月 1 日起开始实施。《环境保护操作法案》的实施取代了《清洁空气法》《清洁水法》《环境犯罪和处罚法》《噪声控制行动》《污染控制行动》等多个单项法案，整合了受单项法案约束的排污行为，不但奠定了综合排污许可制度的法律基础，而且对排污许可证的具体核发对象、程序、权限和收费标准等要求作出了详细规定。

《环境保护操作法案》根据项目的性质、规模以及对环境影响的大小，确定了一份行业清单。对于列入清单中的项目，其排污许可证由新南威尔士州环保署（NSW EPA）负责核发。对于清单外的项目，其排污许可证采用分级核发方式，即对于由州或公共部门实施的清单外项目，由新南威尔士州环保署负责核发排污许可证；对于其他清单外项目，由州下属地方议会核发排污许可证。

新南威尔士州排污许可证涵盖气、水、废物和噪声控制，是典型的综合许可证，其形成原因主要与综合的上位法《环境保护操作法案》和管理便利性要求有关。一方面，《环境保护操作法案》基本集成了各要素法规的要求，即对空气、水、噪声、固体废物的污染控制等均有相应的规定和要求；另一方面，综合许可证采用一证式记载方式，有助于企业内部合规性管理，也有助于政府和环保部门的统一监督管理。

#### 2.1.2.2 新南威尔士州排污许可管理特点

（1）核发对象包括固定源和移动源

新南威尔士州《环境保护操作法案》规定，列入清单中的项目须申领许可证，包括农业、冶金、水泥、化工、电力、矿山、污染土壤治理等固定源建设项目，以及固体废物运输等移动源，并对不同项目规定了规模限制及豁免特例。

（2）一证式管理简化了管理程序

新南威尔士州的排污许可证采用一证式管理，方便企业按照许可证要求进行自我管理，也简化了政府监督管理程序。许可证除载明法定需要遵守的污染物排放标准、排放量等信息外，通常还对污染物排放条件作出要求，如相应的监测与记录、年度申报、环境审计以及相应的资金保障等要求，也就是说排污许可证除常规的“硬要求”外，对环境管理以及日常合规管理提出了“软要求”。

（3）排污许可证收费与实际排污量挂钩

新南威尔士州的许可制度采用基于污染物排放负荷（展开）的许可（LBL）方法，在设定污染物排放限值的同时，将许可费用和实际排放量结合起来，实际排放量越高，许可费用越多。而一旦实际排放量超过排放限值，超出部分会收取双倍的许可费用。同时，基于负荷的许可方法还为排污交易提供了基础平台，通过允许企业出售、购买排污量，可以有效控制区域排污总量。

（4）公众参与贯穿始终

公众参与和监督是新南威尔士州排污许可证发放的重要环节之一，其中公众意见是上报排污许可申请的必要附件之一。公众可以通过特定网址查阅关于排污许可证申请、变更、发放、收费等相关信息，除此之外，环境保护整改通知、根据法规获得豁免权、诉讼、环境审计报告、部分环境监测结果均公开。

### 2.1.3 德国排污许可制度体系

从 1974 年开始，德国就在《联邦排放控制法》（FICA）中对排污许可证核发要求和程序等进行了详细规定。欧盟《综合污染预防与控制指令》（IPPC）实施后，德国将其对排污许可证的要求引入国内环保法律体系，其中的综合许可、最佳可行技术（BAT）等要求得到了良好贯彻。

#### 2.1.3.1 排污许可管理权限

德国排污许可管理体系主要分为联邦、州、地方三个级别。其中，联邦环境部门主要负责环境政策和法规框架的制定，对排污许可制度的程序、内容等进行详细规定；州政府环境部门主要负责辖区内的环境执法，并可在联邦的一些框架立法的基础上对其进行细化和完善；地方行政部门负责其辖区内排污许可证的核发和监督管理工作。

#### 2.1.3.2 综合许可范围

德国《联邦排放控制法》规定的排污许可是对设施建设和运营作出的综合许可。该综合许可不仅涵盖了废气、噪声、固体废物各要素许可要求，还整合了建设、自然保护、消防、安全、职业健康等众多非环保部门的许可要求。

#### 2.1.3.3 环评与排污许可制度关联

德国环境影响评价制度源自欧盟，其《环境影响评价法》规定，所有的行政机关在作出项目许可决定以及编制或改变规划时都要参考其环境影响评价。从程序上看，环境影响评价不是独立的审批程序，不具备许可效力，仅作为排污许可过程中的一项内容，为核发许可证提供科学依据和支持；对于需要但未进行环境影响评价的项目，不得发放许可证。德国环境影响评价对象主要包括电厂、钢铁、石化等污染类工业项目和公路、铁路等生态类基础设施项目；排污许可管理对象主要为工业项目所涉及的污染设施，来源于环评。

#### 2.1.3.4 德国排污许可管理特点

（1）许可对象主要为排污设施

根据《联邦排放控制法》，如果一个设施在运营过程中对环境造成有害影响，则需要获得排污许可证；矿山全部或部分设备也需要获得许可。由此可见，与美国、澳大利亚等国家以排污企业或排污活动为许可对象不同，德国排污许可对象是全部或部分排污设施。例如，对于钢铁联合厂等拥有多个排污设施的工业企业，德国对烧结、焦炉、高炉、转炉等不同主体设施分别发放许可证。

（2）分级管理模式

德国排污许可证实行分级管理，不同许可类别对应流程不同。其中，对于潜在环境影响小的项目，只需进行普通许可流程；对于潜在环境影响较大的项目，须增加公众参与环节；对于潜在环境影响显著的项目，或法律法规要求进行环境影响评价的项目，还需增加环境影响评价环节。以炼铝行业为例，对于日产量在 20 t 以下的项目，只需进行普通许可流程；对于日产量在 20 t 以上的项目，须在普通许可流程基础上增加公众参与环节；对于年产量在 100 万 t 以上的项目，在前述工作内容基础上还需进行环境影响评价。

（3）排放限值基于治理技术和环境质量

德国在综合许可证中设定的排放限值是基于最佳可行技术方法和基于环境质量标准方法的综合。一方面，许可证排放限值必须基于最佳可行技术，包括最佳可行技术参考文件（BREF）和最佳可行技术结论，由德国联邦政府依据欧盟《综合污染预防与控制指令》制定，是适用于全国的最低标准。另一方面，许可证排放限值还应以环境质量达标为前提，即采用最佳可行技术后，预测项目不会导致环境质量超标。

（4）区域差异化管理

对于环境质量达标地区，德国排污许可证要求项目首先应采用基于最佳可行技术的工艺流程、生产装置和污染防治措施等；其次，项目对环境的影响叠加背景值后不得超过环境质量标准。对于环境质量超标地区，应采用比最佳可行技术更为严格的技术，并且其对环境的贡献值不得大于环境质量标准的3%。

（5）重视许可证的监督管理

许可证的监督以运营方自我监督为主。地方行政部门根据法规要求进行现场检查，主要内容包括法规遵守情况、技术应用情况、监测情况、监测记录和报告等。地方行政部门依据现场检查结果开展执法工作，对不符合规定的运营方依法进行罚款，对轻微违法行为进行行政处罚，对严重危害环境行为进行刑事诉讼。

## 2.2 我国排污许可制度

### 2.2.1 我国排污许可发展历程

#### 2.2.1.1 排污许可制度起源

我国探索建立排污许可制度的历史可以追溯到20世纪80年代。1988年，国家环保局颁布的《水污染物排放许可证管理暂行办法》中首次提出了“排放许可证制度”，规定在申报登记的基础上，分期分批对重点污染源和重点污染物实行排放许可证制度。

#### 2.2.1.2 法律层面排污许可制度发展

2000年修订的《大气污染防治法》首次在法律层面提出大气污染重点区域和有总量控制任务的企业事业单位必须按照排污许可证的规定排放污染物。2015年修订后增加了无证排污的处罚情形。2008年修订的《水污染防治法》进一步明确了许可证需对排放水污染物的种类、浓度、总量和排放去向提出要求，同时规定了实行排污许可管理的单位应按规定开展水污染物自行监测，并对监测数据的真实性和准确性负责。《环境保护法》作为国家环境保护基本法，2014年修订后明确国家依照法律规定实行排污许可管理制度。

#### 2.2.1.3 政策层面排污许可制度改革历程

2013年，《中共中央关于全面深化改革若干重大问题的决定》提出要完善污染物排放许可制的要求。2015年，《生态文明体制改革总体方案》要求完善污染物排放许可制，尽快在全国范围建立统一公平、覆盖所有固定污染源的企业排放许可制，依法核发排污许可证，排污者必须持证排污，禁止无证排污或不按许可证规定排污。2016年11月，《控制污染物排放许可制实施方案》正式拉开了我国排污许可制度改革大幕，明确了排污许可制度改革的目标、原则和工作任务，将排污许可制建设成为固定污染源环境管理的核心制度。

2016 年 12 月，环境保护部印发了《排污许可证管理暂行规定》，进一步推动排污许可制度改革，指导排污许可证的核发。2017 年 7 月，《固定污染源排污许可分类管理名录（2017 年版）》明确了排污许可证实施范围，以及各行业的取证时限。2018 年 1 月发布的《排污许可管理办法（试行）》作为现阶段排污许可证核发工作的主要规范性指导文件，明确了排污许可证的定位，规定了排污许可证申请、受理、审核、发放的程序和监督管理原则要求，规定了排污许可证的主要内容，以及明确了生态环境部门依证监管的各项规定。我国排污许可制度发展历程见图 2-1。

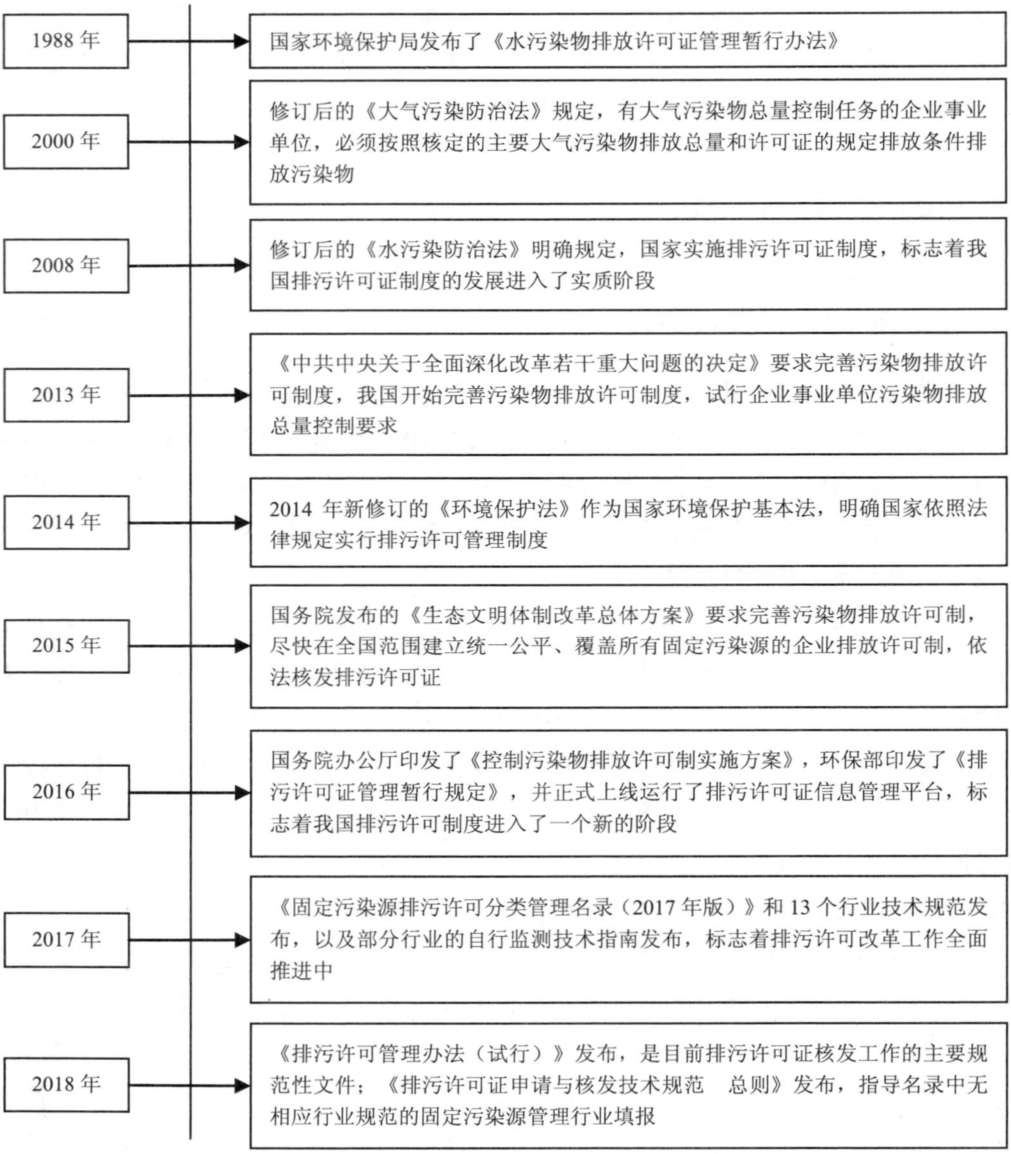


图 2-1 我国排污许可制度发展历程

### 2.2.2 我国排污许可管理体系

目前，新环保法、大气法、水法均已明确排污许可制度地位，我国已初步建成排污许可管理制度体系。

我国排污许可实行综合许可，目前主要许可内容为水和大气污染物，未来还将增加固体废物等其他污染物。结合我国当前处于工业化发展中后期的国情，通过综合许可全面提高各类污染物管控水平，不同环境要素分别发放许可证，破坏污染源管理的整体性，造成重复许可，降低行政效率，增加企业负担。

许可证核发范围根据对环境的影响程度，进行分类管理。对污染物产生量大、排放量大或者环境危害程度高的排污单位实行排污许可重点管理，对环境影响一般的排污单位实行排污许可简化管理，对环境影响小的排污单位实行登记管理。《建设项目环境影响评价分类管理名录》已经根据环境影响程度对 23 大类、199 个行业进行了分类，作为界定当前许可证核发范围的依据。

生态环境部负责建立许可证信息管理平台，制定排污许可证申请与核发技术规范、环境管理台账及排污许可证执行报告技术规范、排污单位自行监测技术指南、污染防治可行技术指南以及其他排污许可政策、标准和规范，指导全国排污许可制度实施和监督。各省级生态环境主管部门负责本行政区域排污许可制度的组织实施和监督。设区的市级生态环境主管部门负责排污许可证核发。

# 3 水泥工业排污许可技术规范主要内容

## 3.1 技术规范总体框架

《排污许可证申请与核发技术规范　水泥工业》（以下简称《技术规范》）具体包括：适用范围、规范性引用文件、术语和定义、排污单位基本情况填报要求、产排污环节对应排放口及许可排放限值确定方法、污染防治可行技术要求、自行监测管理要求、环境管理台账记录与执行报告编制要求、实际排放量核算方法、合规判定方法，共 10 章。内容紧扣排污许可管理中的四大核心内容，即基本信息、登记事项、许可事项、承诺书等信息（见图 3-1）。其中，基本信息和登记事项主要在“4.排污单位基本情况填报要求”，许可事项主要在“5.产排污环节对应排放口及许可排放限值确定方法”、“7.自行监测管理要求”和“8.环境管理台账记录与执行报告编制要求”。此外，“6.污染防治可行技术要求”用以帮助生态环境部门判断、排污单位自证“有符合国家或地方要求的污染防治设施或污染物处理能力”；“9.实际排放量核算方法”用以指导排污单位核算实际排放量；“10.合规判定方法”用以指导生态环境部门判定排污单位满足排污许可证要求。

## 3.2 适用范围

《技术规范》适用于指导水泥工业排污单位在排污许可证管理信息平台申报系统填报《排污许可证申请表》及网上填报相关申请信息，适用于指导核发机关审核确定水泥工业排污单位排污许可证许可要求。

《技术规范》适用于水泥（熟料）制造、独立粉磨站排污单位排放的大气污染物和水污染物的排污许可管理。其中，水泥（熟料）制造排污单位包括熟料制造、水泥（熟料）制造（含特种水泥制造）、水泥窑协同处置固体废物（含生活垃圾、污泥、一般工业固体废物、危险废物等）等类型。适用范围涵盖了符合产业政策的生产工艺、企业类型。

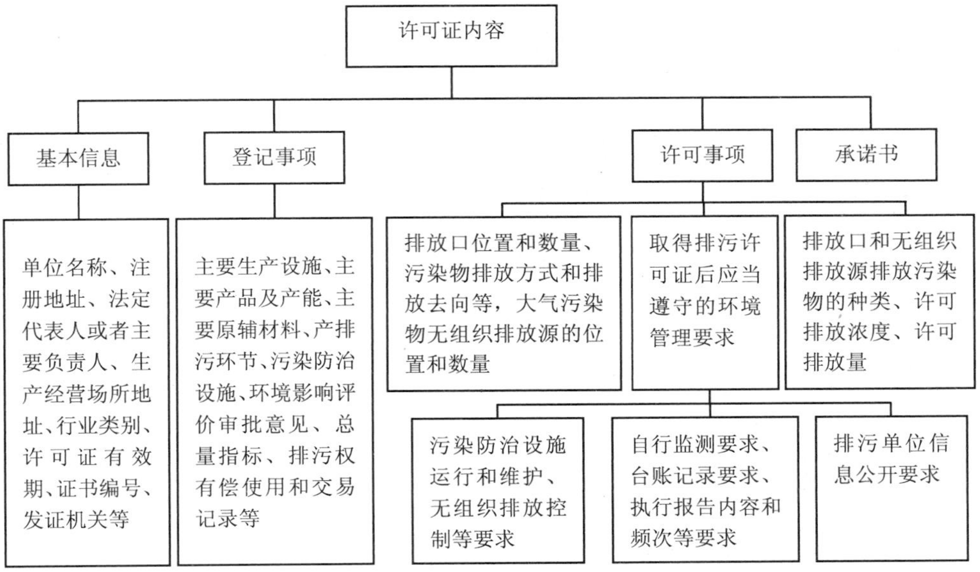


**图 3-1 许可证具体内容结构**

对于同一法人名下位于同一地区的水泥、熟料生产及其配套的原料矿山、散装水泥（熟料）转运以及水泥窑协同处置等单元申领一张许可证，实现“一证式”管理。需要注意的是，同一法人名下的熟料生产所配套的原料矿山、散装水泥（熟料）转运等，即使与熟料生产不在同一地点，但因其之间有生产联系，也可纳入同一张许可证。此外，对于水泥（熟料）制造和水泥窑协同处置固体废物分属不同法人时，原则上应按法人分别申请排污许可证，并按照环评文件及批复要求落实各方环境责任。对于独立法人的原料矿山、散装水泥（熟料）转运、水泥制品等，不在《固定污染源排污许可分类管理名录（2017 年版）》规定范畴的，暂不需要申领排污许可证。

《技术规范》未做出规定，但排放工业废水、废气或国家规定的有毒有害大气污染物的水泥工业排污单位的其他产污设施和排放口，若有行业技术规范的，如同一法人名下的水泥工业排污单位内包括平板玻璃制造、自备电厂等，按照行业技术规范申报；若无行业技术规范的，如同一法人名下的水泥工业排污单位内包括水泥制品等，按《排污许可证申请与核发技术规范　总则》执行。

核发机关核发排污许可证时，对位于法律法规明确规定禁止建设区域内的、属于国家或地方已明确规定予以淘汰或取缔的水泥工业排污单位或者生产装置，应不予核发水泥工业排污许可证。

## 3.3 排污单位基本情况填报要求

排污单位基本情况主要包括基本信息，主要产品及产能，主要原辅材料及燃料，产排污环节、污染物及污染治理设施和其他要求。

### 3.3.1 基本信息

排污单位基本信息应填报单位名称、注册地址、生产经营场所经纬度、行业类别、技术负责人等，以及是否投产、投产日期，所在地是否属于重点控制区域，环评批复文件及文件号（备案编号）或地方政府对违规项目的认定或备案文件及文件号，主要污染物总量分配计划文件及文件号和主要污染物总量指标。

### 3.3.2 主要产品及产能

排污许可体系设计中，要求许可证中载明与污染物排放相关的主要生产单元、主要工艺和生产设施，依据生产设施或排放口进行许可管理。《技术规范》中，关于主要生产单元，基于水泥工业排污单位的生产工序确定包括矿山开采、熟料生产、协同处置、水泥粉磨、公用单元共 5 个主要生产单元，排污单位可结合自身情况，选取其中一项及以上组合项，如独立粉磨站排污单位只需选取水泥粉磨、公用单元。

《技术规范》中，将主要生产单元对应的主要工艺在合并同类项后，归纳总结为 15 项主要工艺，包括爆破系统、破碎系统、贮存及预均化系统、贮存系统、预处理系统、生料制备系统、煤粉制备系统、熟料煅烧系统、余热锅炉及发电系统、输送系统、水泥粉磨系统、水泥包装系统、物料烘干系统、供水处理系统和装卸系统。此外，因水泥工业排污单位涉及生产设施众多，为减少排污单位不必要的填报工作量，要求只填报主机设备及与污染物排放有关的生产设施共 28 类，主要包括破碎机、预热器、分解炉、水泥窑、冷却机等；对于多个转载设施共用排放口的，应按照有组织排放口、与其对应的多台转载设施合并填报，但填报时需备注共用情况，其他生产设施共用排放口的应分别填报。

生产设施编号优先按照排污单位内部编号填报，如 1#冷却机，若无内部编号，则根据《固定污染源（水、大气）编码规则（试行）》进行编号并填报。注意一点，许可证中载明的主要生产单元、主要工艺和生产设施仅是在许可证中记录，不属于许可事项。

生产能力为主要产品（熟料/水泥）设计产能，为设计文件、工信部门核定的实际产能或根据《工业和信息化部关于印发钢铁水泥玻璃行业产能置换实施办法的通知》（工信部原〔2017〕337 号）确定的产能，不包括国家或地方政府予以淘汰或取缔的产能。

设计年生产时间为环评文件及批复、地方政府对违规项目的认定或备案文件确定的年生产天数。

### 3.3.3 主要原辅材料及燃料

应填报主要原辅材料及燃料名称、成分及设计年使用量。

主要原辅材料包括石灰质原料及三大类辅料（铁质校正料、硅质校正料、铝质校正料）、缓凝剂、混合材等，燃料主要包括燃煤、柴油、重油等；协同处置固体废物的排污单位，原辅材料还包括危险废物、生活垃圾、城市和工业污水处理污泥、动植物加工废物、受污染土壤、应急事件废物等。

主要原辅材料除需填报硫元素占比外，协同处置危险废物时，还应根据 GB 30485 和危险废物的特性，填报氯、氟、汞、铊、镉、铅、砷、铍、铬、锡、锑、铜、钴、锰、镍、钒等有毒有害成分占比；燃煤应填报灰分、硫分、挥发分、热值，燃油应填报硫分和热值，可参考设计值或上一年的实际使用情况填报。

原辅材料和燃料均应填报设计年使用量。

### 3.3.4 产排污环节、污染物及污染治理设施

#### 3.3.4.1 废气

（1）产排污环节

包括 18 类有组织排污设施，主要为破碎机、水泥窑及窑尾余热利用系统（窑尾）、冷却机（窑头）、煤磨、水泥磨、包装机等。

（2）管控的污染物

《技术规范》按照排污单位类型分别明确管控的污染物种类，将水泥工业排污单位分为 3 种：常规水泥（熟料）制造排污单位、协同处置非危险废物的水泥（熟料）制造排污单位、协同处置危险废物的水泥（熟料）制造排污单位。

对于常规水泥（熟料）制造排污单位（不协同处置固体废物），根据 GB 4915 明确各生产设施或排放口管控的污染物，水泥窑及窑尾余热利用系统排放口控制颗粒物、二氧化硫、氮氧化物、氟化物（以总 F 计）、氨、汞及其化合物共 6 项，除带有独立热源或利用窑尾余热的烘干设备排放口控制颗粒物、二氧化硫、氮氧化物 3 项外，窑头及其他排放口控制颗粒物 1 项。

对于协同处置固体废物排污单位，主要根据 GB 4915、GB 30485、GB 14554 明确各生产设施或排放口管控的污染物；协同处置危险废物时，还应综合考虑《水泥窑协同处置危险废物经营许可证审查指南（试行）》（环境保护部公告 2017 年 第 22 号）要求，控制的污染物见表 3-1。

表 3-1　协同处置固体废物排污单位控制的污染物

| 类别 | | 协同处置非危险废物 | 协同处置危险废物 |
|---|---|---|---|
| 贮存和预处理设施排放口 | 现有污染源 | 4 项：臭气浓度、硫化氢、氨、颗粒物 | 5 项：臭气浓度、硫化氢、氨、非甲烷总烃、颗粒物 |
| | 新增污染源 | 在现有污染源基础上，还应依据环境影响评价文件及其批复或其他环境管理要求确定其他污染物 | |
| 水泥窑及窑尾余热利用系统排放口 | | 11 项：颗粒物，二氧化硫，氮氧化物，氨，氯化氢，氟化氢，汞及其化合物（以 Hg 计），二噁英，铊、镉、铅、砷及其化合物（以 Tl+Cd+Pb+As 计），铍、铬、锡、锑、铜、钴、锰、镍、钒及其化合物（以 Be+Cr+Sn+Sb+Cu+Co+ Mn+Ni+V 计），TOC | |
| 旁路放风设施排放口 | | 在“水泥窑及窑尾余热利用系统排放口”控制污染物的基础上减少 TOC | 与“水泥窑及窑尾余热利用系统排放口”控制污染物相同 |
| 窑头及其他排放口 | | 除带有独立热源的烘干设备排放口控制颗粒物、二氧化硫、氮氧化物 3 项外，其余均控制颗粒物 1 项 | |

对于无组织排放，不含协同处置固体废物的水泥工业排污单位控制颗粒物、氨 2 项；协同处置非危险废物的排污单位控制颗粒物、氨、硫化氢和臭气浓度 4 项；协同处置危险废物的排污单位控制颗粒物、氨、硫化氢、臭气浓度和非甲烷总烃 5 项。

（3）污染治理设施及编号

包括除尘设施、脱硝设施、脱硫设施（若有）等，协同处置固体废物排污单位还包括贮存、预处理设施以及旁路放风尾气治理设施等，具体污染治理设施工艺见表 3-2。注意一点，原辅材料和燃料中挥发性硫含量较高导致窑尾烟囱二氧化硫超标的排污单位应安装脱硫设施。

表 3-2　废气污染治理设施工艺

| 污染治理设施 | 治理环节 | 治理措施 |
|---|---|---|
| 除尘设施 | 窑头、窑尾颗粒物的治理 | 电除尘分为三电场、四电场、五电场静电除尘器，电袋复合除尘器，袋式除尘器（多为覆膜滤料袋式除尘器） |
| | 煤磨、水泥磨等处颗粒物的治理 | 玻纤袋式除尘器、聚酯袋式除尘器、诺梅克斯袋式除尘器、聚酰亚胺袋式除尘器、聚四氟乙烯袋式除尘器及其他袋式除尘器 |
| 脱硝设施 | 窑尾 $NO_x$ 的治理 | $NO_x$ 源头治理措施为低氮燃烧技术（低氮燃烧器、分解炉分级燃烧等），末端治理措施为 SNCR 脱硝技术，排污单位可采用 SNCR 与一种或一种以上的低氮燃烧技术（低氮燃烧器、分解炉分级燃烧等）结合的技术组合 |
| 脱硫设施 | 窑尾 $SO_2$ 的治理 | 部分企业无须采取净化措施即可满足达标排放要求；对于原辅料中挥发性硫含量高的，需要窑外脱硫设施（干法、半干法、湿法脱硫）措施 |

| 污染治理设施 | 治理环节 | 治理措施 |
| --- | --- | --- |
| 协同处置处理设施 | 贮存、预处理设施产生的臭气、氨、硫化氢及非甲烷总烃、颗粒物 | 主要采用活性炭吸附、导入水泥窑高温区焚烧等技术，其中导入水泥窑高温区焚烧是最常用方法；颗粒物采用袋式除尘器处理 |
| | 窑尾产生的重金属、氯化氢、氟化氢、TOC | 主要采用源头配料控制、入窑物料成分控制、水泥窑生产过程控制以及末端协同控制等措施 |
| | 旁路放风设施产生的重金属、颗粒物、二噁英 | 主要采用急冷+袋式除尘器控制等措施 |

污染治理设施编号优先填报排污单位内部污染治理设施编号，如1#窑头袋除尘，若无内部编号，则根据《固定污染源（水、大气）编码规则（试行)》进行编号并填报。

#### 3.3.4.2 废水

（1）产排污环节

主要包括设备冷却排污水、余热发电锅炉循环冷却排污水、辅助生产废水（机修废水、化验废水及软化水制备废水)、垃圾渗滤液或其他生产废水等 4 类废水及生活污水。

（2）管控的污染物

根据 GB 8978、GB/T 31962 明确各排放口（2 类：外排口、设施或车间排放口）管控的污染物，不协同处置固体废物的水泥工业排污单位控制 pH、悬浮物、化学需氧量、$BOD_5$、石油类、氟化物、氨氮、总磷共 8 项污染物；2015 年 1 月 1 日前取得环评批复的协同处置固体废物排污单位在前述基础上增加总汞、总镉、总铬、六价铬、总砷、总铅共 6 项；2015 年 1 月 1 日（含）后取得环评批复的协同处置固体废物排污单位还应依据环境影响评价文件及其批复或其他环境管理要求确定其他污染物；当协同处置固体废物排污单位渗滤液或其他生产废水经处理后外排时，设施或车间排放口控制总汞、总镉、总铬、六价铬、总砷、总铅等一类污染物。

（3）污染治理设施及编号

污染治理设施包括废污水处理系统，协同处置固体废物排污单位还包括渗滤液或其他生产废水处理系统等。污染治理设施编号可填报排污单位内部污染治理设施编号，若无内部编号，则根据《固定污染源（水、大气）编码规则（试行)》进行编号并填报。

### 3.3.5 排放口类型及排放口基本信息

#### 3.3.5.1 排放口类型

（1）废气

水泥工业排污单位生产工序多、废气污染源较多，全部按重点管理难度大、管理效能低，因此，必须理清层次、分清主次、管控重点。《技术规范》按照各固定源污染物排放量大小、种类多少、在线监测设施安装情况等，将排放口分主要排放口和一般排放口两大类进行分类管理。

《排污许可申请与核发技术规范　水泥工业》（HJ 847—2017）制定之初，拟将污染物排放量占比达到80%以上的排放口作为主要排放口管理，安装在线监测设备，管控许可排放浓度和许可排放量。

水泥（熟料）制造排污单位窑尾 $SO_2$ 及 $NO_x$ 的排放量几乎占全厂 $SO_2$ 及 $NO_x$ 排放量的 100%，将其划为主要排放口无异议。

在颗粒物方面，仅将窑尾、窑头排放口作为主要排放口，而未纳入煤磨、水泥磨等其他排放口，主要是基于以下考虑：

①《水泥工业大气污染物排放标准》（GB 4915—2004）中明确，窑尾应当安装烟气颗粒物、二氧化硫和氮氧化物连续监测装置；窑头应当安装烟气颗粒物连续监测装置。目前，对水泥（熟料）制造排污单位一般按照重点监控污染源进行管理，窑尾、窑头绝大多数都安装了在线监测设备。仅有个别省、市生态环境部门要求排污单位煤磨、水泥磨安装在线监测设备。

②水泥窑运转率高，窑头和窑尾颗粒物排放量占全厂的 60%～65%，排放量相对较大；煤磨、水泥磨、破碎机、包装机等运转率低于水泥窑，大部分为间歇式运行，只排放颗粒物，一般都安装布袋除尘器，煤磨、水泥磨颗粒物占 15%～20%，但与破碎机、包装机等相比，排放量并不突出，各排放口排放特征及治理设施同质性高。

③如果将煤磨、水泥磨作为一般排放口，按季度手工监测费仅为 2.5 万元，而如果作为主要排放口，以单条生产线配套 1 台煤磨、2 台水泥磨测算，安装在线监测设备的一次性投资在 45 万～50 万元，每年运维费在 15 万元左右，投资较高。

因此，综合确定窑头、窑尾为主要排放口，管控 60%～65%的颗粒物和几乎 100%的二氧化硫、氮氧化物；其余排放口按一般排放口管理，由排污单位定期开展手工监测，可大幅降低成本，也符合现行的环境管理要求。

（2）废水

常规的水泥工业排污单位，废水排放量较小、水质简单，废水排放口按一般排放口管理，管控许可排放浓度。

对于协同处置固体废物的水泥工业排污单位，其废水排放口也按一般排放口管理，主要是基于以下考虑：

目前协同处置固体废物的水泥工业排污单位生活垃圾渗滤液或其他生产废水大部分采用喷入水泥窑内高温段焚烧处置的处理方式，极少部分排污单位废水经处理后回用于生产工艺或外排。以生活垃圾渗滤液为例（废水产生量最大），目前全国水泥窑协同处置生活垃圾规模一般在 150～600 t/d，按照《生活垃圾渗滤液处理技术规范》（CJJ 150—2010）中“垃圾焚烧厂渗滤液的日产生量宜按垃圾量的 10%～40%（重量比）计”，按协同处置最大规模 600 t/d、运转时间 365 d、渗滤液产生量最大 40%考虑，处理后出水水质达到《污水综合排放标准》（GB 8978）二级标准，外排废水中 COD 排放量为 9.855 t/a，其他污染物排放量更小，不属于《固定污染源排污许可分类管理名录（2017 年版）》第六条规定的实行重点管理的情形，因此废水按照一般排放口管理，管控许可排放浓度。

#### 3.3.5.2 排放口基本信息

水泥工业排污单位在填报废气排放口基本信息时，应包括排放口类型、编号、设置是否符合要求、地理坐标、排气筒高度及其出口内径。

填报废水排放口基本信息时，应包括排放口类型、编号、设置是否符合要求，废水排放去向为直接排入地表水体的，还包括排放口地理坐标、间歇排放时段、受纳自然水体信息及汇入受纳自然水体处地理坐标；单独排入城镇集中污水处理设施的生活污水仅说明去向。

对于国控、省控、市控重点排污单位，排放口编号应首先按照地方生态环境主管部门现有编号填报；对于生活污水排放口等生态环境主管部门没有给定编号的，优先使用企业内部编号；若无内部编号，排污单位可根据《固定污染源（水、大气）编码规则（试行）》进行编号并填报。

## 3.4 许可排放限值确定方法

### 3.4.1 总体思路及确定原则

许可排放限值包括许可排放浓度和许可排放量。

对于大气污染物，以生产设施或有组织排放口为单位确定许可排放浓度、许可排放量；无组织废气按照厂界确定许可排放浓度，不设置许可排放量要求；独立粉磨站不设置许可排放量要求。

对于水污染物，按照排放口确定许可排放浓度，不设置许可排放量要求。

所有排放口均管控许可排放浓度，主要排放口还管控许可排放量。

许可排放浓度确定原则：按照国家或地方污染物排放标准等法律法规和管理制度要求，按照从严原则确定许可排放浓度。

许可排放量确定原则：对于 2015 年 1 月 1 日前取得环境影响评价批复的排污单位，依据总量控制指标及《技术规范》规定的方法从严确定许可排放量。对于 2015 年 1 月 1 日（含）后取得环境影响评价批复的排污单位，还应在上述基础上考虑环境影响评价文件及批复要求，从严确定许可排放量。

排污单位申请的许可排放限值严于《技术规范》规定的，排污许可证按照申请的许可排放限值核发，同时应在排污许可证中载明。

## 3.4.2 许可排放浓度

### 3.4.2.1 废气

根据排放标准，废气许可排放浓度为小时均值浓度（二噁英为连续 3 次测定均值）；执行 GB 14554 的恶臭污染物，有组织排放口为小时排放速率（臭气浓度为 1 次测定值），无组织排放为小时均值浓度（臭气浓度为 1 次测定值）。

此外，位于大气污染防治重点控制区域的水泥工业排污单位应按照《关于执行大气污染物特别排放限值的公告》（环境保护部公告 2013 年 第 14 号）的要求确定是否执行特别排放限值。具体为：重点控制区内 2013 年 12 月 27 日前取得环境影响评价批复的水泥工业排污单位，应首先根据国务院生态环境主管部门或省级人民政府下发的执行特别排放限值的时间和地域范围文件要求，确定是否需要执行 GB 4915 中的特别排放限值，然后根据 GB 4915、地方标准（若有）从严确定许可排放浓度。重点控制区内 2013 年 12 月 27 日（含）后取得环境影响评价批复的水泥工业排污单位应按照 GB 4915 中的特别排放限值及地方标准（若有）从严确定许可排放浓度。一般控制区和其他地区的排污单位应按照 GB 4915 中表 1 和表 3、地方标准（若有）从严确定许可排放浓度。

大气污染防治重点控制区为北京市、天津市、石家庄市、唐山市、保定市、廊坊市、上海市、南京市、无锡市、常州市、苏州市、南通市、扬州市、镇江市、泰州市、杭州市、宁波市、嘉兴市、湖州市、绍兴市、广州市、深圳市、珠海市、佛山市、江门市、肇庆市、惠州市、东莞市、中山市、沈阳市、济南市、青岛市、淄博市、潍坊市、日照市、武汉市、长沙市、重庆市主城区、成都市、福州市、三明市、太原市、西安市、咸阳市、兰州市、银川市、乌鲁木齐市等 47 个城市。

根据《关于京津冀大气污染传输通道城市执行大气污染物特别排放限值的公告》（环境保护部公告 2018 年 第 9 号），自 2018 年 3 月 1 日起，新受理环评的水泥建设项目执行大气污染物特别排放限值，水泥工业现有企业以及在用锅炉自 2018 年 10 月 1 日起执行二氧化硫、氮氧化物、颗粒物和挥发性有机物特别排放限值。执行地区为京津冀大气污染传输通道城市，具体包括北京市，天津市，河北省石家庄市、唐山市、廊坊市、保定市、沧州市、衡水市、邢台市、邯郸市，山西省太原市、阳泉市、长治市、晋城市，山东省济南市、淄博市、济宁市、德州市、聊城市、滨州市、菏泽市，河南省郑州市、开封市、安阳市、鹤壁市、新乡市、焦作市、濮阳市（以下简称“2+26”城市，含河北雄安新区、辛集市、定州市，河南巩义市、兰考县、滑县、长垣县、郑州航空港区）。

### 3.4.2.2 废水

根据排放标准，许可排放浓度为日均浓度（pH 值为任意一次监测值）。

### 3.4.3 许可排放量

水泥工业排污单位管控颗粒物、二氧化硫、氮氧化物许可排放量，许可排放量包括两类 4 种：年许可排放量（排污单位年许可排放量、主要排放口年许可排放量）、特殊时段许可排放量（重污染天气应对期间日许可排放量、错峰生产时段月许可排放量）。对无重污染天气应对要求、不实行错峰生产的排污单位，不设置特殊时段许可排放量。

除重污染天气应对期间日许可排放量外，其余 3 种许可排放量均可统一表述为：许可排放量=排放标准浓度限值×单位产品基准排气量×主要产品产能×运行时间，即：

$$E_j = \sum_{i=1}^{n} C_{ij} \times Q_i \times G \times T \times 10^{-9} \tag{3-1}$$

各变量取值见表 3-3。

**表 3-3 许可排放量核算时各变量取值**

<table>
<tr><th colspan="2">排放量</th><th colspan="2">地区</th><th>$C_{ij}$</th><th>$Q_i$</th><th>$G$</th><th>$T$</th></tr>
<tr><td rowspan="7">排污单位年许可排放量</td><td rowspan="2">主要排放口年许可排放量</td><td colspan="2">不实行错峰生产的地区</td><td rowspan="8">第 $i$ 个排放口第 $j$ 项污染物排放标准浓度限值</td><td rowspan="2">窑尾、窑头</td><td rowspan="2">熟料</td><td>$T$（环评或备案中运行天数，下同）</td></tr>
<tr><td colspan="2">实行错峰生产的地区</td><td>$365-T_c$（错峰生产天数，下同）</td></tr>
<tr><td rowspan="5">一般排放口年许可排放量</td><td colspan="2" rowspan="2">不实行错峰生产的地区</td><td>煤磨、熟料库前其他一般排放口</td><td>熟料</td><td rowspan="2">$T$</td></tr>
<tr><td>水泥磨、熟料库后其他一般排放口</td><td>水泥</td></tr>
<tr><td rowspan="3">实行错峰生产的地区</td><td>错峰时段</td><td>水泥磨、熟料库后其他一般排放口</td><td>水泥</td><td>$T_c$</td></tr>
<tr><td rowspan="2">其他时段</td><td>煤磨、熟料库前其他一般排放口</td><td>熟料</td><td rowspan="2">$365-T_c$</td></tr>
<tr><td>水泥磨、熟料库后其他一般排放口</td><td>水泥</td></tr>
<tr><td colspan="2">错峰生产月许可排放量</td><td colspan="2">实行错峰生产的地区</td><td>水泥磨、熟料库后其他一般排放口</td><td>水泥</td><td>$T'$（错峰生产月的自然天数）</td></tr>
</table>

注意以下几点：

（1）单位产品基准排气量的确定。为简便操作，《技术规范》以熟料库为界，将污染源分为熟料生产和水泥生产前、后两部分，前端分为窑头、窑尾、煤磨、熟料库前其他一般排放口（概化），后端分为水泥磨、熟料库后其他一般排放口（概化），分别给出了上述

6 类排放口基准排气量，其中，熟料库前其他一般排放口是自破碎工序到熟料出库所有一般废气排放口（除煤磨），包括原辅材料、燃料、生料输送设备、料仓、储库等废气排放口；熟料库后其他一般排放口是自辅材破碎工序至水泥出库所有一般废气排放口（除水泥磨），包括熟料、水泥、混合材、石膏等输送设备、料仓、储库以及破碎机、包装机等废气排放口。《技术规范》在综合考虑《水泥工业除尘工程技术规范》（HJ 434）、《建设项目主要污染物排放总量指标审核及管理暂行办法》（环发〔2014〕197 号）、《水泥工业清洁生产评价指标体系》及《第一次全国污染源普查工业污染源产排污系数手册》等基础上，确定了各个（类）排放口的基准排气量（见表 3-4）。

**表 3-4　水泥工业排污单位基准排气量**

| 序号 | 主要生产单元 | 排放口 | 排放口类别 | 主要污染物 | 基准排气量 |
|---|---|---|---|---|---|
| 1 | 熟料生产 | 窑头（冷却机） | 主要排放口 | 颗粒物 | 1 800 $m^3$/t 熟料 |
| 2 | | 窑尾（水泥窑及窑尾余热利用系统）[a] | 主要排放口 | 颗粒物、二氧化硫、氮氧化物 | 2 500 $m^3$/t 熟料 |
| 3 | | 煤磨 | 一般排放口 | 颗粒物 | 460 $m^3$/t 熟料 |
| 4 | | 熟料库前其他一般排放口[b] | 一般排放口 | 颗粒物 | 600 $m^3$/t 熟料 |
| 5 | 水泥粉磨 | 水泥磨 | 一般排放口 | 颗粒物 | 1 550 $m^3$/t 水泥 |
| 6 | | 熟料库后其他一般排放口[c] | 一般排放口 | 颗粒物 | 600 $m^3$/t 水泥 |

[a] 生产特种水泥的水泥（熟料）制造排污单位或协同处置固体废物的水泥（熟料）制造排污单位，窑尾基准排气量系数放大 1.1 倍；对于协同处置固体废物的水泥（熟料）制造排污单位，该基准排气量包括旁路放风设施的排气量。

[b] 熟料库前其他一般排放口是自破碎工序到熟料出库所有一般废气排放口（除煤磨），包括原辅材料、燃料、生料输送设备、料仓、储库等废气排放口。

[c] 熟料库后其他一般排放口是自辅材破碎工序至水泥出库所有一般废气排放口（除水泥磨），包括熟料、水泥、混合材、石膏等输送设备、料仓、储库以及破碎机、包装机等废气排放口。

要说明的是，考虑特种水泥产能设计较低，多数为预热器窑甚至中空窑，单位产品排气量较高，协同处置固体废物的水泥（熟料）制造排污单位窑内煅烧用氧量增加导致空气量增大，因此针对生产特种水泥或协同处置固体废物的水泥（熟料）制造排污单位，窑尾基准排气量给出了 1.1 的系数。此外，对于协同处置固体废物的水泥（熟料）制造排污单位，因旁路放风独立排气筒的废气引自窑尾，是窑尾废气的一部分，因此，该基准排气量包括旁路放风设施的排气量。

（2）关于错峰生产，现行有效的国家政策性文件包括《工业和信息化部 环境保护部关于进一步做好水泥错峰生产的通知》（工信部联原〔2016〕351 号）。其中，辽宁、吉林、黑龙江、新疆、北京、天津、河北、山西、内蒙古、山东、河南、陕西、甘肃、青海、宁夏等地除承担居民供暖、协同处置城市垃圾和危险废物等保民生任务的水泥生产线外，所有水泥生产线全部实施错峰生产；在错峰时间内水泥熟料装置实施错峰生产，因此该时段水泥工业排污单位许可排放量仅包括水泥粉磨单元排放量。如地方对水泥粉磨单元也要求错峰，则错峰生产时段月许可排放量为 0。

（3）对于排污单位有多条生产线的，首先按单条生产线计算申请的排放量，加和后即为排污单位许可排放量。核算主要排放口许可排放量时，按排放口逐个核算，加和得出，如分别计算窑头、窑尾的排放量；核算一般排放口排放量时，按排放口分类类型核算，求和得出，与排气筒的数量没有关系，如计算一条生产线的一般排放口排放量时，可能有几个煤磨排气筒，按 460 $m^3/t$ 熟料合并考虑，切忌用基准排气量乘以排气筒的数量。

（4）当从严确定的排污单位许可排放量不是《技术规范》规定方法确定的排放量时，如总量控制指标中的颗粒物排放量作为排污单位许可排放量，需要按照《技术规范》规定方法中的主要排放口排放量占全厂（主要排放口+一般排放口）排放量的比例，反算确定主要排放口许可排放量。申请系统可自动实现反算。

重污染天气应对期间日许可排放量根据前一年环境统计实际排放量折算的日均值及重污染天气应急预案规定的该时期排放量削减比例获得，注意前一年环境统计实际排放量折算的日均值为前一年环境统计实际排放量与排污单位实际运行天数的比值。

### 3.4.4 无组织排放控制要求

《技术规范》中对无组织排放源实行措施管控，不设置许可排放量要求。按照五大主要生产单元，按重点地区和一般地区分别提出了 29 项管控要求。其中，重点地区指执行 GB 4915 中特别排放限值的地区。重点地区和一般地区无组织排放控制要求主要在配置的除尘器、物料存储和转运方面有所差异，具体为：

（1）除尘器配置：重点地区——物料破碎、转运、预均化、贮存、转载等过程颗粒物产生点应配置高效袋式除尘器；一般地区——上述颗粒物产生点配置袋式除尘器。

（2）物料存储：重点地区——物料储库、储仓、堆棚都要求进行封闭；一般地区——结合《大气污染防治法》和 GB 4915 的要求，对于粉状物料全部密闭储存，如粉煤灰、水泥等，其他块石、黏湿物料、浆料等原辅材料设置不低于堆放物高度的严密围挡，并采取有效覆盖等措施防治扬尘污染。

（3）物料转运：重点地区——物料转运皮带等应进行封闭；一般地区——物料转运皮带等转运设施应封闭，对块石、黏湿物料、浆料以及车船装卸过程也可采取其他有效抑尘措施。

### 3.4.5 许可排放限值确定案例

河北省保定市内某熟料生产线水泥企业，厂内有 2 条 5 000 t/d 熟料生产线，水泥窑设计年运行时间为 310 d；配置 400 万 t/a 粉磨站，水泥磨设计年运行时间 330 d，2015 年 4 月获环评批复，2016 年 4 月投产运行，错峰时间为 11 月 15 日至次年 3 月 15 日(共 121 d)，以窑尾主要污染物为例，按照《技术规范》规定方法确定许可排放浓度（单位：$mg/m^3$），并核算许可排放量。

#### 3.4.5.1 窑尾主要污染物许可排放浓度确定

确定过程：该项目环评批复时间为 2015 年 4 月，应执行《河北省水泥工业大气污染物排放标准》（DB 13/2167—2015）第Ⅱ时段标准限值，即二氧化硫、氮氧化物和颗粒物排放浓度应分别满足 50 $mg/m^3$、260 $mg/m^3$ 和 20 $mg/m^3$；根据《关于执行大气污染物特别排放限值的公告》（环境保护部公告 2013 年 第 14 号），项目应执行特别排放限值；综上所述，二氧化硫、氮氧化物和颗粒物许可排放浓度分别为 50 $mg/m^3$、260 $mg/m^3$ 和 20 $mg/m^3$，具体确定过程见表 3-5。

表 3-5 保定市某水泥企业窑尾主要污染物许可排放浓度的确定　　单位：$mg/m^3$

| 污染物 | 国家或地方标准 | | 许可排放浓度 |
|---|---|---|---|
| | 《水泥工业大气污染物排放标准》（GB 4915—2013）特别排放限值要求 | 《河北省水泥工业大气污染物排放标准》（DB 13/2167—2015）第Ⅱ时段 | |
| 二氧化硫 | 100 | 50 | 50 |
| 氮氧化物 | 320 | 260 | 260 |
| 颗粒物 | 20 | 20 | 20 |

#### 3.4.5.2 许可排放量的确定

（1）根据《技术规范》规定的方法计算出来的年许可排放量

根据《技术规范》规定的方法计算主要排放口年许可排放量和排污单位年许可排放量，公式如下：

$$E_j = \sum_{i=1}^{n} C_{ij} \times Q_i \times G \times T \times 10^{-9} \quad (3\text{-}2)$$

因该水泥厂位于保定，错峰时间为 11 月 15 日至次年 3 月 15 日（共 121 d），故计算主要排放口年许可排放量时，公式中 $T$ 取值为 365−121=244 d。窑尾主要污染物排放浓度取表 3-5 确定的许可排放浓度，窑头、煤磨、水泥磨、破碎机、磨机、包装机及其他通风生产设备许可排放浓度与《河北省水泥工业大气污染物排放标准》（DB 13/2167—2015）第Ⅱ时段标准限值相同，即窑头、煤磨颗粒物许可排放浓度为 20 $mg/m^3$，其余均为 10 $mg/m^3$。

①主要排放口年许可排放量

二氧化硫年许可排放量=2×5 000×（365−121）×2 500×50×$10^{-9}$=305 t/a

氮氧化物年许可排放量=2×5 000×（365−121）×2 500×260×$10^{-9}$=1 586 t/a

窑尾颗粒物年许可排放量=2×5 000×（365−121）×2 500×20×$10^{-9}$=122 t/a

窑头颗粒物年许可排放量=2×5 000×（365−121）×1 800×20×$10^{-9}$=87.84 t/a

则主要排放口年许可排放量为：

二氧化硫：305 t/a；

氮氧化物：1 586 t/a；

颗粒物：122+87.84=209.84 t/a。

②一般排放口年许可排放量

煤磨颗粒物年许可排放量=2×5 000×（365−121）×460×20×$10^{-9}$=22.448 t/a

熟料库前颗粒物年许可排放量=2×5 000×（365−121）×600×10×$10^{-9}$=14.64 t/a

水泥磨颗粒物年许可排放量=4 000 000×1 550×10×$10^{-9}$=62 t/a

熟料库后颗粒物年许可排放量=4 000 000×600×10×$10^{-9}$=24 t/a

一般排放口颗粒物年许可排放量=22.448+14.64+62+24=123.088 t/a

③排污单位年许可排放量

二氧化硫：305 t/a；

氮氧化物：1 586 t/a；

颗粒物=主要排放口年许可排放量+一般排放口年许可排放量=209.84+123.088=332.928 t/a。

（2）环评文件及批复要求

经查阅该项目环评文件及批复，对项目主要污染物要求如下：

二氧化硫：160 t/a；

氮氧化物：1 500 t/a；

颗粒物：300 t/a。

（3）总量控制指标

现有排污许可证的总量控制指标如下：

二氧化硫：200 t/a；

氮氧化物：1 500 t/a；

颗粒物：320 t/a。

根据《技术规范》要求，依据环境影响评价文件及批复要求、总量控制指标及《技术规范》规定的方法从严确定许可排放量，最终各类污染物的排放量总量指标为：二氧化硫160 t/a，氮氧化物 1 500 t/a，颗粒物 300 t/a（见表 3-6）。

表 3-6 保定市某水泥企业最终许可排放量的确定 单位：t/a

| 污染物 | 《技术规范》规定方法计算量 | 环评文件及批复要求 | 总量控制指标 | 最终确定量 |
|---|---|---|---|---|
| 二氧化硫 | 305 | 160 | 200 | 160 |
| 氮氧化物 | 1 586 | 1 500 | 1 500 | 1 500 |
| 颗粒物 | 332.928 | 300 | 320 | 300 |

（4）主要排放口最终年许可排放量（反算后）

二氧化硫：160 t/a；

氮氧化物：1 500 t/a；

颗粒物：300×（209.84/332.928）=189.09 t/a。

## 3.5 排污许可环境管理要求

环境管理要求包括对排污单位提出的自行监测、台账记录、执行报告、污染防治设施运行及维护等要求。

### 3.5.1 排污单位自行监测

排污单位在申请排污许可证时，应按照已经发布的《排污单位自行监测技术指南 水泥工业》（HJ 848—2017）制订自行监测方案，在排污许可证申请表中填报并按要求开展自行监测。

自行监测方案内容，主要是明确排污单位监测点位、监测指标、监测频次、监测方法和仪器、采样方法等；采用自动监测的，应当如实填报采用自动监测的污染物指标、自动监测系统联网情况、自动监测系统的运行维护情况等；对于无自动监测的大气污染物和水污染物指标，排污单位应当填报开展手工监测的污染物排放口和监测点位、监测方法、监测频次。

监测点位包括外排口（废气外排口、废水外排口）、无组织排放监测点、周围环境质量影响监测点等。排污单位可自行或委托第三方监测机构开展监测工作，并安排专人专职对监测数据进行记录、整理、统计和分析，对监测结果的真实性、准确性、完整性负责。自行监测的技术、质量、仪器设备要求等应满足《排污单位自行监测技术指南 总则》（HJ 819—2017）要求。对于 2015 年 1 月 1 日（含）后取得环境影响评价批复的排污单位，批复的环境影响评价文件有其他管理要求的，应当同步完善水泥工业排污单位自行监测管理要求。

自行监测包括自动监测和手工监测两种类型，水泥工业排污单位水泥窑及窑尾余热利用系统（窑尾）排气设施烟气颗粒物、二氧化硫和氮氧化物及冷却机（窑头）排气设施烟气颗粒物应采用自动监测装置，窑尾排气设施的其他污染物、其他废气污染源各项污染物以及废水污染源采用手工监测或自动监测装置。手工监测时的生产负荷不低于本次监测与上一次监测周期内的平均生产负荷。

HJ 848 规定了排污单位自行监测的因子和最低的监测频次，排污单位不应在这个基础上减少因子或者降低监测频次。水泥（熟料）制造排污单位：窑尾、窑头安装自动监控装置，监测窑尾颗粒物、二氧化硫、氮氧化物以及窑头颗粒物；窑尾的氨每季度监测一次；氟化物、汞及其化合物每半年监测一次；破碎机、水泥磨、煤磨、包装机、烘干机、烘干磨的排气筒每半年监测一次，但应合理安排监测计划，保证每个季度相同种类治理设施的监测点位数量基本平均分布；其余排放口颗粒物每两年监测一次。协同处置固体废物的水泥（熟料）排污单位：在水泥（熟料）制造排污单位监测要求基础上，二噁英监测频次为年度一次，对氟化氢、氯化氢、重金属及总有机碳，协同处置危险废物的每季度监测一次，协同处置非危险废物的每半年监测一次。废水污染物和厂界无组织废气污染物，按照 HJ 848 相关要求，废水每半年监测一次；厂界无组织废气颗粒物每季度监测一次，其他控制因子每年监测一次。此外，协同处置固体废物时，窑尾要测定 TOC（差值）；协同处置危险废物时，旁路放风设施排气筒要测定 TOC（绝对值）。自行监测具体要求见表 3-7 至表 3-10。

**表 3-7 有组织废气监测指标最低监测频次**

| 生产单元 | 监测点位 | 监测指标 | 监测频次[a] |
|---|---|---|---|
| 水泥制造 | 水泥窑及窑尾余热利用系统排气筒 | 颗粒物、二氧化硫、氮氧化物 | 自动监测 |
| | | 氨[b] | 季度 |
| | | 氟化物（以总 F 计）、汞及其化合物 | 半年 |
| | 水泥窑窑头（冷却机）排气筒 | 颗粒物 | 自动监测 |
| | 烘干机、烘干磨、煤磨排气筒 | 颗粒物、二氧化硫[c]、氮氧化物[c] | 半年[d] |
| | 破碎机、磨机、包装机排气筒 | 颗粒物 | 半年[d] |
| | 输送设备及其他通风生产设备的排气筒 | 颗粒物 | 两年 |
| 矿山开采 | 破碎机排气筒 | 颗粒物 | 半年[d] |
| | 输送设备及其他通风生产设备的排气筒 | 颗粒物 | 两年 |
| 散装水泥中转站及水泥制品生产 | 水泥仓及其他通风生产设备的排气筒 | 颗粒物 | 两年 |

注：废气监测须按照相应监测分析方法、技术规范同步监测烟气参数。

[a] 重点控制区可根据管理需要适当增加监测频次；

[b] 适用于使用氨水、尿素等含氨物质作为还原剂去除烟气中氮氧化物的工艺；

[c] 适用于采用独立热源的烘干设备或利用窑尾余热烘干经独立排气筒排放的工艺；

[d] 排污单位应合理安排监测计划，保证每个季度相同种类治理设施的监测点位数量基本平均分布。

**表 3-8 协同处置固体废物有组织废气监测指标最低监测频次**

| 监测点位 | 监测指标 | 监测频次[a] | |
|---|---|---|---|
| | | 协同处置非危险废物 | 协同处置危险废物 |
| 水泥窑及窑尾余热利用系统排气筒 | 颗粒物、二氧化硫、氮氧化物 | 自动监测 | 自动监测 |
| | 氨[b] | 季度 | 季度 |
| | 汞及其化合物 | 半年 | 半年 |
| | 氯化氢（HCl），氟化氢（HF），铊、镉、铅、砷及其化合物（以 Tl+Cd+Pb+As 计），铍、铬、锡、锑、铜、钴、锰、镍、钒及其化合物（以 Be+Cr+Sn+Sb+Cu+Co+Mn+Ni+V 计），TOC[c] | 半年 | 季度 |
| | 二噁英类 | 年 | 年 |
| 水泥窑旁路放风排气筒 | 颗粒物，二氧化硫，氮氧化物，氨，汞及其化合物（以 Hg 计），氯化氢（HCl），氟化氢（HF），铊、镉、铅、砷及其化合物（以 Tl+Cd+Pb+As 计），铍、铬、锡、锑、铜、钴、锰、镍、钒及其化合物（以 Be+Cr+Sn+Sb+Cu+Co+Mn+Ni+V 计），TOC[c, d] | 半年 | 季度 |
| | 二噁英类 | 年 | 年 |
| 固体废物储存、预处理设施排气筒[d] | 臭气浓度、硫化氢、氨、颗粒物 | 半年 | — |
| | 臭气浓度、硫化氢、氨、颗粒物、非甲烷总烃 | — | 季度 |

注：废气监测须按照相应监测分析方法、技术规范同步监测烟气参数。

[a] 重点控制区可根据管理需要适当增加监测频次；

[b] 适用于使用氨水、尿素等含氨物质作为还原剂去除烟气中氮氧化物的生产工艺；

[c] 在国家标准监测方法发布前，TOC 可按照 HJ 662 和 HJ/T 38 等相关标准进行监测；

[d] 适用于协同处置危险废物的水泥（熟料）制造排污单位；

[e] 2015 年 1 月 1 日（含）后取得环境影响评价批复的排污单位还应依据环境影响评价文件及其批复或其他环境管理要求确定其他监测项目。

**表 3-9 无组织废气排放监测指标最低监测频次**

| 监测点位 | 监测指标 | 监测频次 |
|---|---|---|
| 厂界 | 颗粒物 | 季度 |
| | 氨[a]、硫化氢[b]、臭气浓度[b]、非甲烷总烃[c] | 年 |

注：[a] 适用于使用氨水、尿素等含氨物质作为还原剂去除烟气中氮氧化物的水泥工业排污单位，以及利用水泥窑协同处置固体废物的水泥工业排污单位；

[b] 适用于利用水泥窑协同处置固体废物的水泥工业排污单位；

[c] 适用于利用水泥窑协同处置危险废物的水泥工业排污单位。

表 3-10 废水排放监测指标最低检测频次

| 监测点位 | 监测指标 | 监测频次 | 适用条件 |
| --- | --- | --- | --- |
| 废水总排放口 | pH、悬浮物、化学需氧量、五日生化需氧量、石油类、氟化物、氨氮、总磷、水温、流量 | 半年 | 适用于废水外排的所有水泥工业排污单位 |
| 车间或车间处理设施排放口 | 总汞、总镉、总铬、六价铬、总砷、总铅 | 半年 | 适用于废水外排的协同处置固体废物的水泥工业排污单位 |

注：2015 年 1 月 1 日（含）后取得环境影响评价批复的排污单位的其他监测指标还应依据环境影响评价文件及其批复确定。

对于 2015 年 1 月 1 日（含）后取得环境影响评价批复的排污单位或其他环境管理政策中有明确要求的，按照要求执行；无明确要求的，协同处置固体废物的水泥工业排污单位可按照 HJ/T 166 中的相关规定设置周边土壤环境影响监测点位，监测指标及最低监测频次按表 3-11 执行。

表 3-11 周边环境质量影响监测指标及最低监测频次

| 监测介质 | 监测指标 | 监测频次 |
| --- | --- | --- |
| 土壤 | 汞、铊、镉、铅、砷、铍、铬、锡、锑、铜、钴、锰、镍、钒 | 年 |

## 3.5.2 环境管理台账记录

结合水泥工业排污单位目前环境管理台账实际情况和排污许可证管理要求，规定了生产设施和污染治理设施基本信息、运行管理信息应记录的内容和记录频次。生产设施运行信息按天记录，原辅材料及燃料信息按批次记录；污染治理设施运行管理信息中，分布式计算机控制系统（DCS）或其他运行系统治理设施（脱硝 DCS 曲线、除尘 DCS 曲线、脱硫 DCS 曲线）每周提供彩色 DCS 或其他曲线图，对除尘、脱硫脱硝、无组织废气治理设施和废水治理设施分别列出了每班、每天、每周应检查记录的内容。

此外，对于污染治理设施故障、特殊时段、启停窑等非正常情况和协同处置固体废物的水泥（熟料）制造排污单位旁路放风，也规定了应记录的内容。

总体上看，环境管理台账按工段/车间记录，汇总后形成全厂环境管理台账，做到了与企业现有生产台账记录、每班/天巡检、每周点检相融合和一致，具有可操作性。

### 3.5.3 执行报告要求

自行监测、环境管理台账都是企业运行期关于环境的原始数据，企业要对数据进行处理，定期编制执行报告。

报告频次：排污单位必须上报年/季度执行报告，同时地方生态环境部门可按照环境管理要求，增加上报月度执行报告的要求。

报告时间：①年度执行报告。每自然年上报一次，次年一月底前提交至核发机关；不足三个月的，当年可不上报年度执行报告，许可证执行情况纳入下一年年度执行报告。②月/季度执行报告。月/季度执行报告周期为自然月/季，于下一周期首月十五日前提交至排污许可证核发机关，提交季报或年报时，可免报当月月报。对于持证时间不足十天的，该报告周期内可不上报月报，排污许可证执行情况纳入下一月执行报告。对于持证时间不足一个月的，该报告周期内可不上报季报，排污许可证执行情况纳入下一季度执行报告。

报告内容：年度执行报告的内容包括：①基本生产信息；②遵守法律法规情况；③污染防治措施运行情况；④自行监测情况；⑤台账管理情况；⑥实际排放情况及达标判定分析；⑦排污费（环境保护税）缴纳情况；⑧信息公开情况；⑨企业内部环境管理体系建设与运行情况；⑩排污许可证规定的其他内容执行情况；⑪额外需要说明的情况；⑫结论；⑬附图附件要求。月/季度报告至少要包括第⑥项中颗粒物、二氧化硫、氮氧化物等主要污染物的实际排放量核算信息、合规判定分析说明以及第③项中污染防治设施运行异常情况共 2 项内容。对于独立粉磨站排污单位，年度执行报告内容有一定简化，包括上述①至⑦、⑫至⑬共 9 项内容。

要注意对于实行错峰生产的水泥工业排污单位，执行报告中应专门报告错峰生产期间排污许可证要求的执行情况。错峰生产期间全部停产的，也应报告。

企业应及时汇总数据并网上申报，形成相应执行报告，盖章后按时提交核发部门。

### 3.5.4 污染防治可行技术及运行管理要求

在排污许可证申报阶段，选用了达标可行技术的，核发机关可认为具备达标排放能力；未选择可行技术的，企业需要额外提供一些证明材料，该技术已有应用的应自证能达标排放或能达到与可行技术相当的处理能力，如提供监测数据；首次采用的还应当提供中试数据等说明材料。未采用可行技术的企业，企业应加强自行监测、台账记录，评估达标可行性，监管部门应当尽早开展执法监测。

水泥工业废气、废水污染防治推荐可行技术引自《水泥工业污染防治可行技术指南（试行）》，并且结合重点地区和一般地区在大气污染物排放浓度限值上的差异，分别给出了可行技术要求。同时，增补了废气旁路放风、氨逃逸、烘干机废气以及固体废物贮存、预处理设施废气的污染防治推荐可行技术；对于协同处置固体废物排污单位固体废物贮存、预处理产生的垃圾渗滤液或其他生产废水，在排污单位需要自行处理并外排时，参考《生活垃圾填埋场渗滤液处理工程技术规范（试行）》（HJ 564），提出推荐可行技术为“预处理+生物处理+深度处理”组合工艺，其中，预处理工艺采用预沉淀法；生物处理工艺可采用厌氧生物处理法或好氧生物处理结合生物膜生化反应器法；深度处理工艺可采用纳滤、反渗透、吸附过滤等方法，深度处理以纳滤和反渗透为主，并根据处理要求合理选择；当渗滤液处理工艺过程中产生污泥时，应对污泥进行适当处理；对纳滤和反渗透产生的浓缩液应进行处理，可采用蒸发、焚烧等方法。

对废气、废水污染防治设施，均提出了应按照相关法律法规、标准和技术规范等要求运行水污染防治设施并进行维护和管理，保证设施运行正常的要求。对于有组织排放控制，还提出如下要求：①生产工艺设备、废气收集系统以及污染治理设施应同步运行。废气收集系统或污染治理设施发生故障或检修时，应停止运转对应的生产工艺设备，待检修完毕后共同投入使用。②加强除尘设备巡检，消除设备隐患，保证正常运行。布袋除尘器应定期更换滤袋，电除尘器应定期检修维护极板、极丝、振打清灰等装置。③原料中挥发性硫（有机硫、硫化物硫）含量较高的排污单位，应采用窑磨（立式生料磨）一体机，并尽可能延长生料磨运行时间；优化工艺，使物料在预热器、分解炉、水泥窑内均匀分布，控制合适的硫碱比。在以上措施均不能达到排放标准要求时，应采用干法、半干法或湿法脱硫措施。④氮氧化物控制应在优化燃烧器设计、采用低氮燃烧器、分级燃烧技术和精细化操作的基础上使用 SNCR 脱硝技术，采取提高氨水雾化效果、稳定雾化压力、选择合适的脱硝反应温度以及延长脱硝反应时间等措施，从而提高氨水反应效率和降低氨水用量，减少氨逃逸。此外，对水泥窑协同处置固体废物的排污单位固体废物贮存和预处理设施、运行操作技术要求和水泥产品污染控制要求等还提出应符合 GB 30485、GB 30760 以及 HJ 662 要求。

## 3.6 实际排放量核算方法

### 3.6.1 一般原则

水泥工业排污单位实际排放量包括正常情况和非正常情况实际排放量之和。

水泥工业排污单位应核算废气污染物有组织实际排放量和废水污染物实际排放量，不核算废气污染物无组织实际排放量。核算方法包括实测法、物料衡算法、产排污系数法等。

对于排污许可证中载明应当采用自动监测的排放口和污染物，根据符合监测规范的有效自动监测数据采用实测法核算实际排放量。对于排污许可证中载明要求采用自动监测的排放口或污染物而未采用的，采用物料衡算法核算二氧化硫排放量，核算时依据原辅燃料消耗量、含硫率，并可考虑水泥窑本身的脱硫效率；采用产污系数法核算颗粒物、氮氧化物排放量，根据单位产品污染物的产生量，按直排进行核算。

对于排污许可证未要求采用自动监测的排放口或污染物，按照优先顺序依次选取自动监测数据、执法和手工监测数据、产排污系数法（或物料衡算法）进行核算。监测数据应符合国家环境监测相关标准技术规范要求。

水泥窑在启停窑等非正常情况下，应保持自动监测设备同步运行，并记录实时监测数据，根据自动监测实测法核算各类废气污染物的实际排放量；对窑头、窑尾未安装自动监测设备或自动监测设备未保持同步运行的，采用物料衡算法按直排核算二氧化硫排放量；采用产污系数法核算颗粒物、氮氧化物排放量。非正常情况下的废水污染物实际排放量采用产污系数法核算污染物排放量，且均按直接排放进行核算。

水泥工业排污单位如含有其他行业，其他行业的废气、废水实际排放量按照其他行业核算方法核算。针对没有许可排放量的工序，不核算实际排放量。

## 3.6.2 废气污染物实际排放量核算方法

### 3.6.2.1 正常情况

（1）有组织排放污染物实际排放量

水泥工业排污单位应按式（3-3）核算有组织排放的颗粒物、二氧化硫、氮氧化物实际排放量。

$$M_{j\text{有组织排放}} = M_{j\text{主要排放口}} + M_{j\text{一般排放口}} + M_{j\text{旁路放风}} \tag{3-3}$$

式中：$M_{j\text{主要排放口}}$——核算时段内主要排放口第 $j$ 项污染物的实际排放量，t；

$M_{j\text{一般排放口}}$——所有一般排放口第 $j$ 项污染物的实际排放量，t；

$M_{j\text{旁路放风}}$——旁路放风排放口第 $j$ 项污染物的实际排放量，t。

其他大气污染物如需核算实际排放量，可以参照式（3-3）进行核算。

（2）主要排放口

水泥工业排污单位主要排放口废气污染物实际排放量的核算方法采用自动监测实测法为主。自动监测实测法是指根据符合监测规范的污染物有效自动监测小时平均排放浓度、平均烟气量或流量、运行时间核算污染物实际排放量，具体见式（3-4）。

$$M_{j\text{主要排放口}} = \sum_{i=1}^{m}\sum_{k=1}^{n} C_{ijk} \times Q_{ik} \times 10^{-9} \tag{3-4}$$

式中：$C_{ijk}$——第 $i$ 个主要排放口第 $j$ 项污染物在第 $k$ 小时的实测平均排放浓度，$mg/m^3$；

$Q_{ik}$——第 $i$ 个主要排放口在第 $k$ 小时的标准状态下干排气量，$m^3/h$；

$m$——主要排放口数量；

$n$——核算时段内的污染物排放时间，h。

特殊情形：

①对于因自动监控设施发生故障以及其他情况导致数据缺失的按照 HJ/T 75 进行补遗。

②对于自动监测数据缺失时段超过 25%，或者要求采用自动监控设施而未采用的，采用物料衡算法核算二氧化硫排放量，核算时依据原辅燃料消耗量、含硫率，并可考虑水泥窑本身的脱硫效率；采用产污系数法核算颗粒物、氮氧化物排放量，根据单位产品污染物的产生量，按直排进行核算。

特殊情形下的物料衡算法、产污系数法具体如下：

①物料衡算法

按照原料中有机硫和硫化物硫等含量高低不同，二氧化硫实际排放量核算方法分为两种：

a. 原料中有机硫和硫化物硫等含量低于 0.15%时，采用式（3-5）核算窑尾二氧化硫实际排放量：

$$D_{SO_2}=2\left(G_0\cdot\frac{\alpha_0}{100}+\sum_{i=1}^{n}G_i\cdot\frac{\alpha_i}{100}\right)\cdot\frac{\eta_1}{100}\cdot\frac{\eta_2}{100} \tag{3-5}$$

式中：$D_{SO_2}$——核算时段内二氧化硫排放量，t；

$G_0$——核算时段内耗煤量，t；

$G_i$——核算时段内第 $i$ 种原料耗量，t；

$\alpha_0$——煤的含硫率（以单质硫计），为各批次煤的含硫率的加权平均值，%；

$\alpha_i$——第 $i$ 种原料含硫率（以单质硫计），为各批次 $i$ 原料的含硫率的加权平均值，%；

$\eta_1$——硫生成二氧化硫的系数，%，根据各区域或各项目特点取值，一般可取 95；

$\eta_2$——二氧化硫排入大气系数，%，根据各区域或各项目特点取值，新型干法回转窑一般可取 2。

b. 原料中有机硫和硫化物硫等含量高于 0.15%时，由于此类硫易于在预热器挥发或分解，应实测其全硫、硫酸盐硫，用差减法计算出有机硫和硫化物硫含量，采用式（3-6）核算二氧化硫窑尾实际排放量。

$$D_{SO_2}=2\left[\left(G_0\cdot\frac{\alpha_0}{100}+\sum_{i=1}^{n}G_i\cdot\frac{\alpha_i'}{100}\right)\cdot\frac{\eta_1}{100}\cdot\frac{\eta_2}{100}+\sum_{i=1}^{n}G_i\cdot\frac{\alpha_i''}{100}\cdot\frac{\eta_1}{100}\right] \tag{3-6}$$

式中：$D_{SO_2}$——核算时段内二氧化硫排放量，t；

$G_0$——核算时段内耗煤量，t；

$G_i$——核算时段内第 $i$ 种原料耗量，t；

$\alpha_0$——煤的含硫率（以单质硫计），为各批次煤的含硫率的加权平均值，%；

$\alpha_i'$——第 $i$ 种原料的硫酸盐含硫率（以单质硫计），为各批次 $i$ 原料的硫酸盐含硫率的加权平均值，%；

$\eta_1$——硫生成二氧化硫的系数，%，根据各区域或各项目特点取值，一般可取 95；

$\eta_2$——二氧化硫排入大气系数，%，根据各区域或各项目特点取值，新型干法回转窑一般可取 2；

$\alpha_i''$——第 $i$ 种原料中有机硫及硫化物硫的含量（以单质硫计），为各批次 $i$ 原料中有机硫及硫化物含硫率的加权平均值，%。

②产污系数法

$$D = P \times \beta \times 10^{-3} \tag{3-7}$$

式中：$D$——核算时段内某污染物的排放量，t；

$P$——核算时段内熟料或水泥生产线产量，t；

$\beta$——某污染物的产污系数，kg/t 熟料，具体系数见表 3-12。

**表 3-12　水泥熟料制造排污单位主要排放口产污系数**

| 产品名称 | 原料名称 | 工艺名称 | 产能规模 | 污染物指标 | 单位 | 产污系数 |
|---|---|---|---|---|---|---|
| 熟料 | 钙、硅铝铁质原料 | 新型干法 | ≥4 000 t 熟料/d | 烟尘 | kg/t 熟料 | 147.765 |
| | | | | 氮氧化物 | | 1.584 |
| | | | ＜4 000 t 熟料/d | 烟尘 | | 147.765 |
| | | | | 氮氧化物 | | 1.746 |
| | | JT 窑（参考立窑） | ≥10（万 t 水泥/a） | 烟尘 | | 31.730 |
| | | | | 氮氧化物 | | 0.243 |

针对自动监测数据缺失问题，排污单位提供充分证据证明自动数据缺失、数据异常等不是排污单位责任的，可按照排污单位提供的手工监测数据等核算实际排放量，或者按照上一个半年申报期间的稳定运行期间自动监测数据的小时浓度均值和半年平均烟气量，核算数据缺失时段的实际排放量。

（3）一般排放口

水泥工业排污单位一般排放口颗粒物主要按照手工监测实测法核算实际排放量，核算方法见式（3-8）：

$$M_{一般排放口} = \sum_{i=1}^{n} C_{ij} \times Q_{ij} \times T_{ij} \times 10^{-9} / \beta \tag{3-8}$$

式中：$C_{ij}$——第 $i$ 类污染源（纳入实际排放量核算范围的污染源类型见表 3-13 第 $j$ 类除尘器排放口平均实测浓度，$mg/m^3$；

$Q_{ij}$——第 $i$ 类污染源第 $j$ 类除尘器排放口标准状态下干排气量，$m^3/h$；

$T_{ij}$——第 $i$ 类污染源第 $j$ 类除尘器在核算时段内的累计实际运行时间，h；

$\beta$——纳入核算范围内的污染源（见表 3-13）颗粒物排放量占水泥工业排污单位一般排放口颗粒物排放量的比值；水泥（熟料）制造排污单位正常生产及错峰生产时取 0.75，独立粉磨站取 0.65。

**表 3-13 纳入一般排放口颗粒物实际排放量核算的污染源类型**

| 排污单位类型 | 污染源类型 |
|---|---|
| 水泥（熟料）制造排污单位 | 煤磨、水泥磨、破碎机、包装机 |
| 独立粉磨站排污单位 | 石膏破碎机、水泥磨、包装机 |

一般排放口的其他污染物实际排放量为核算时段内的污染物平均实测浓度、标准状态下的干排气量、累计运行时间之积。

对于表 3-13 中的污染源，若地方生态环境部门要求安装自动监测的，应按照自动监测数据核算其实际排放量，再与表 3-13 中未安装自动监测的其他污染源手工监测数据核算的实际排放量加和代入式（3-8）进行全厂一般排放口排放量的核算。

对于未按照排污许可证要求的监测频次及方法开展手工监测的，若是水泥（熟料）制造排污单位应采用产污系数法核算全厂一般排放口颗粒物实际排放量；对于独立粉磨站，视情形采用产污系数法或排污系数法核算全厂一般排放口颗粒物实际排放量，对采取《技术规范》中的可行技术且保持正常运行或证明具备同等污染防治能力的，按排污系数核算，否则按产污系数核算。核算方法见式（3-7），产污系数、排污系数见表 3-14 和表 3-15。

**表 3-14 水泥（熟料）制造排污单位一般排放口产污系数**

| 产品名称 | 原料名称 | 工艺名称 | 产能规模 | 污染物指标 | 单位 | 产污系数 |
|---|---|---|---|---|---|---|
| 熟料 | 钙、硅铝、铁质原料 | 新型干法 | ≥4 000 t 熟料/d | 颗粒物 | kg/t 熟料 | 34.706 |
| | | | <4 000 t 熟料/d | | | 38.235 |
| 水泥 | | | ≥4 000 t 熟料/d | | kg/t 水泥 | 51.765 |
| | | | 2 000～4 000（不含）t 熟料/d | | | 57.059 |
| | | | <2 000 t 熟料/d | | | 124.118 |
| | | JT 窑（参考立窑） | ≥10 万 t 水泥/a | | | 31.60 |

**表 3-15 独立粉磨站排污单位一般排放口产污系数、排污系数**

| 产品名称 | 原料名称 | 工艺名称 | 规模等级/（万 t 水泥/a） | 污染物指标 | 单位 | 产污系数 | 排污系数 |
|---|---|---|---|---|---|---|---|
| 水泥 | 熟料 混合材 | 粉磨站 | ≥60 | 颗粒物 | kg/t 产品 | 17.7 | 0.177 |
| | | | <60 | | kg/t 产品 | 22.8 | 0.228 |

（4）旁路放风排气筒

对于协同处置水泥工业排污单位设有单独旁路放风排放口的，应按照要求开展自行监测，颗粒物、二氧化硫、氮氧化物的实际排放量按照按式（3-9）核算。

$$M_{旁路放风} = \sum_{i=1}^{n} C_{ij} \times Q_i \times T_i \times 10^{-9} \tag{3-9}$$

式中：$C_{ij}$——第 $i$ 个旁路放风第 $j$ 类污染物平均实测浓度，$mg/m^3$；

$Q_i$——第 $i$ 个旁路放风排放口平均标准状态下干排气量，$m^3/h$；

$T_i$——第 $i$ 个旁路放风排放口在核算时段内的累计实际运行时间，h。

该公式也可以用于烘干机、烘干磨独立排放口中颗粒物、二氧化硫和氮氧化物的实际排放量的核算。

#### 3.6.2.2 非正常情况

水泥窑在启停窑期间应保持自动监测设备同步运行，自动监测设备应记录非正常情况下实时监测数据，根据自动监测数据按式（3-4）核算该时段的各类污染物的实际排放量并计入年实际排放量中。

针对窑头、窑尾未安装自动监测设备或自动监测设备未保持同步运行的，颗粒物、氮氧化物按照产污系数法核算，核算方法见式（3-7）；二氧化硫按照物料衡算法核算，核算方法见式（3-10）。

$$D_{SO_2} = 2\left(G_0 \cdot \frac{\alpha_0}{100} + \sum_{i=1}^{n} G_i \cdot \frac{\alpha_i}{100}\right) \cdot \frac{\eta_1}{100} \tag{3-10}$$

式中：$D_{SO_2}$——核算时段内二氧化硫排放量，t；

$G_0$——核算时段内耗煤量，t；

$G_i$——核算时段内第 $i$ 种原料耗量，t；

$\alpha_0$——煤的含硫率（以单质硫计），为各批次煤的含硫率的加权平均值，%；

$\alpha_i$——第 $i$ 种原料含硫率（以单质硫计），为各批次 $i$ 原料的含硫率的加权平均值，%；

$\eta_1$——硫生成二氧化硫的系数，%，根据各区域或各项目特点取值，一般可取 95。

### 3.6.3 废水污染物实际排放量核算方法

#### 3.6.3.1 正常情况

（1）手工监测法

水泥工业排污单位外排水应按照《技术规范》要求开展手工监测，并按照式（3-11）核算各类污染物排放量。

$$D = \frac{\sum_{i=1}^{n}(\rho_i \times q_i)}{n} \times d \times 10^{-6} \quad (3\text{-}11)$$

式中：$D$——核算时段内污染物排放量，t；

$\rho_i$——第 $i$ 次监测日均排放质量浓度，mg/L；

$q_i$——第 $i$ 次监测日废水排放量，$m^3/d$；

$n$——核算时段内有效监测数据数量，量纲一；

$d$——核算时段内污染物排放时间，d。

（2）自动监测法

对要求采用自动监测的排放口或污染因子可按照式（3-12）核算各类污染物排放量。

$$D = \sum_{i=1}^{n} \rho_i \times q_i \times 10^{-6} \quad (3\text{-}12)$$

式中：$D$——核算时段内污染物排放量，t；

$\rho_i$——第 $i$ 日排放质量浓度，mg/L；

$q_i$——第 $i$ 日废水排放量，$m^3/d$；

$n$——核算时段内废水污染物排放时间，d。

采用在线监测数据核算废水污染物源强，应采用核算时段内所有日平均数据进行计算。

对要求采用自动监测的排放口或污染因子，在自动监测数据由于某种原因出现中断或其他情况，应按照 HJ/T 356 进行补遗。

（3）产排污系数法

要求采用自动监测的排放口或污染因子而未采用的，采用产排污系数法核算化学需氧量、氨氮排放量，按直排进行核算，其他污染因子视情形采用产污系数法或排污系数法核算。对采取《技术规范》中的可行技术且保持正常运行或证明具备同等污染防治能力的，按排污系数核算，否则按产污系数核算实际排放量。

对未要求采用自动监测且未按照《技术规范》要求开展自行监测的排放口或污染因子，视情形采用产污系数法或排污系数法核算。对采取《技术规范》中的可行技术且保持正常运行或证明具备同等污染防治能力的，按排污系数核算，否则按产污系数核算实际排放量。核算方法见式（3-13）。

$$D = K \times P \times 10^{-6} \quad (3\text{-}13)$$

式中：$D$——核算时段内化学需氧量的排放量，t；

$K$——污染物产生或排放系数，g/t 产品；

$P$——核算时段内熟料或水泥生产线产量，t。

废水污染物产污系数、排污系数见表 3-16。

表 3-16　废水污染物产污系数、排污系数

| 产品名称 | 原料名称 | 工艺名称 | 规模等级 | 污染物指标 | 单位 | 产污系数 | 排污系数 |
|---|---|---|---|---|---|---|---|
| 水泥 | 钙、硅铝铁质原料 | 新型干法 | ≥2 000 t 熟料/d | 化学需氧量 | g/t 产品 | 3.0 | 0.12 |
| 水泥 | 钙、硅铝铁质原料 | 新型干法 | ＜2 000 t 熟料/d | 化学需氧量 | g/t 产品 | 3.6 | 0.16 |
| 水泥 | 钙、硅铝铁质原料 | JT 窑（参考立窑） | ≥10 万 t 水泥/a | 化学需氧量 | g/t 产品 | 4.2 | 0.21 |
| 水泥 | 熟料<br>混合材 | 粉磨站 | — | 化学需氧量 | g/t 产品 | 1.35 | 0.06 |
| 熟料 | 钙、硅铝铁质原料 | 新型干法 | — | 化学需氧量 | g/t 产品 | 1.50 | 0.06 |

位于总磷、总氮总量控制区内的水泥工业排污单位总磷、总氮实际排放量核算方法同上。

#### 3.6.3.2　非正常情况

废水处理设施非正常情况下的排水，如无法满足排放标准要求时，不应直接排入外环境，待废水处理设施恢复正常运行后方可排放。如因特殊原因造成污染治理设施未正常运行超标排放污染物的或偷排偷放污染物的，按产污系数与未正常运行时段（或偷排偷放时段）的累计排水量核算非正常排放期间实际排放量。

## 3.7　合规判定方法

### 3.7.1　总体思路及确定原则

合规是指水泥工业排污单位许可事项和环境管理要求符合排污许可证规定。许可事项合规是指排污单位排污口位置和数量、排放方式、排放去向、排放污染物种类、排放限值符合许可证规定，其中，排放限值合规是指水泥工业排污单位污染物实际排放浓度和排放量满足许可排放限值要求；环境管理要求合规是指水泥工业排污单位按许可证规定落实自行监测、台账记录、执行报告、信息公开等环境管理要求。

### 3.7.2　废气

#### 3.7.2.1　排放浓度合规判定

（1）正常情况

正常情况下，各有组织排放口和厂界无组织污染物排放浓度满足许可排放浓度要求。

根据排污单位自行监测（包括自动监测和手工监测）、执法监测获得的有效排放浓度值对标判定是否达标。注意两点，对于应当采用自动监测而未采用的排放口或污染物，即

视为不合规；针对排污单位的手工监测和执法部门的执法监测，根据《排污单位自行监测技术指南　总则》（HJ 819—2017）“管理部门执法监测与排污单位自行监测数据不一致的，以管理部门执法监测结果为准，作为判断污染物排放是否达标、自动监测设施是否正常运行的依据”的规定，给出了“若同一时段的管理部门执法监测与排污单位自行监测数据不一致的，以管理部门执法监测数据为准”的要求。

（2）非正常情况

水泥窑启停窑过程中，会产生污染物非正常排放。水泥窑启停窑过程具体如下：

水泥回转窑检修结束后，根据要求进行冷态点火升温烘窑；在刚点火升温前 4 h 单独用柴油升温，燃料较少，氧气充足，剩余氧含量高，基本在 19%左右；随着窑内温度上升，4 h 后开始使用油煤混烧，随着系统温度的上升，用煤量也逐渐上升；此时系统温度偏低，煤粉燃烧不充分，为了保证煤粉比较充分的燃烧，系统用风也逐渐增加，燃料燃烧消耗了部分多余的氧气，系统氧气含量逐渐下降，至 20 h 开始准备投料时，氧气含量逐渐下降至 14%左右；窑投料后，系统用煤量和用风量开始急剧上升，系统氧含量逐渐开始下降，由于系统温度没有完全恢复正常，煤粉燃烧仍相对不充分，氧气含量仍然较正常值偏高，喂料为 300 t/h 时，氧气含量基本在 11%左右；随着窑系统温度的恢复，工况的逐渐稳定，至 30 h 时，氧含量逐渐下降至正常水平 9%左右，窑系统正常运行。在回转窑正常运转时由于设备等方面的原因需要临时停机处理时，窑处于保温状态，此时由于燃料的大量减少（有时甚至为 0），系统氧含量会异常偏高，达到 15%左右；若 2～4 h 内故障处理结束，窑开始投料，基本在投料后 2 h 左右系统氧气含量能恢复正常水平。

在冷点火、热点火和停窑非正常情况下，水泥窑中尚未投加生料粉或投加量明显较少，生料磨处于停运状态，无法脱除二氧化硫或者脱除效果差，容易造成超标。水泥工业 SNCR 脱硝温度窗口在 850～1 000℃，点火、停窑过程中，在脱硝温度窗口之外，SNCR 处于停运状态，容易导致氮氧化物的折算浓度超标。

国外排污许可证对水泥窑启动和停窑的要求。

①启动和停窑管理要求

水泥窑点火采用天然气或液化石油气。任何情况下，包括启动、停窑和故障期间，应尽可能减少排放。

在发生故障时，持证人须在切实可行的范围内尽快降低回转窑的运转率，采取其他纠正措施结束或停窑。

申请人应形成记录每一次故障以及由故障和启动导致过量排放的日志，并在本许可证签发之日起至每个日历季度的第四十五天，提交该日志的副本到该机构的区域办事处。此记录应包含所有相关的数据，如生产速率、日期、时间、原因、时间、冷却器袋式除尘器压降，以及尽量减少超标时间和超标排放量采取的措施。

点火、停窑、故障等情况下的操作，不构成性能测试条件，排放量超过适用的排放限值时，也不应被视作违反适用的排放限值，除非另有规定的适用标准。

②启动和停窑时间限值要求

除启动和停窑期间外，CEMS 系统显示的超标排放均视为违反适用的排放限值。

冷启动（用油点火预热，至生料和煤投入窑后 8 h）时间不超过 36 h（耐火砖养护除外），热启动（不用预热，生料和煤重新开始入窑）时间不得超过 8 h；停窑指停止加生料和煤，至下一次冷启动的过程。除启动、停窑外，部分停窑（生料和煤停止入窑至煤重新入窑即下一次热启动或生料和煤停止入窑至开始停窑）时间不得超过连续 24 h。在启动、停窑和故障期间的操作不构成性能测试的代表条件。

《技术规范》结合水泥窑启、停工况以及美国对水泥窑启停窑的排污许可管理要求，最终确定：对于启停窑等非正常情况，冷点火时 36 h（大面积更换耐火砖及冬季时，时间可适当延长）、热点火时 8 h、停窑 8 h 内窑尾二氧化硫、氮氧化物排放浓度不视为违反许可排放浓度限值的规定。

另外，对非正常情况下，因氧含量较大，导致的窑尾颗粒物等其他污染物排放浓度超标不纳入豁免，后期将根据实际情况修订完善 GB 4915，明确启停窑非正常情况下颗粒物等其他污染物浓度限值。

针对水泥窑协同处置固体废物排污单位，按照 GB 30485 要求规定：当水泥窑出现故障或事故造成运行工况不正常，如窑内温度明显下降、烟气中污染物浓度明显升高等情况时，必须立即停止投加固体废物，待查明原因并恢复正常运行后方可恢复投加。每次故障或事故持续排放污染物时间不应超过 4 h，每年累计不得超过 60 h。

#### 3.7.2.2 排放量合规判定

对应排污单位的 2 类 4 种许可排放量，实际排放量也包括 2 类 4 种，即年实际排放量（主要排放口实际排放量、排污单位实际排放量）、特殊时段实际排放量（重污染天气应急预警期间日实际排放量、错峰生产期间月实际排放量），都应满足对应许可排放量的要求。

#### 3.7.2.3 无组织排放控制要求合规判定

水泥工业排污单位排污许可证无组织排放源合规性以现场检查《技术规范》规定的无组织控制要求落实情况为主，主要认定这些措施有没有落实、落实了有没有效果、效果是否能确保达标，必要时，辅以现场监测方式判定水泥工业排污单位无组织排放合规性。

### 3.7.3 废水

废水对排放浓度进行合规判定。根据排污单位自行监测（包括自动监测和手工监测）、执法监测获得的有效排放浓度值对标判定是否达标。

## 3.8 独立粉磨站排污许可技术规范内容

《技术规范》同样适用于独立粉磨站排污单位，根据《固定污染源排污许可分类管理名录（2017 年版）》，水泥粉磨站实行简化管理，简化了申请材料、自行监测、台账记录、执行报告等方面的内容，本节摘录出《技术规范》中与独立粉磨站排污单位相关的内容。同时，对水泥（熟料）制造排污单位、独立粉磨站进行排污许可对比分析，具体见表 3-17。

表 3-17 水泥（熟料）制造排污单位、独立粉磨站排污许可管理内容对比

<table>
<tr><th colspan="3">许可证内容</th><th>水泥（熟料）制造排污单位</th><th>独立粉磨站排污单位</th></tr>
<tr><td rowspan="5">载明事项</td><td colspan="2">主要产品及产能</td><td>5 个主要生产单元、15 项主要工艺、28 类生产设施</td><td>2 个主要生产单元、8 项主要工艺、11 类生产设施</td></tr>
<tr><td rowspan="2">产污环节</td><td>废气</td><td>18 类</td><td>8 类</td></tr>
<tr><td>废水</td><td>生活污水+4 类生产废水</td><td>生活污水+2 类生产废水</td></tr>
<tr><td rowspan="2">污染物</td><td>废气</td><td>不协同处置固废：6 项；<br>协同处置非危废：（13+$m$）项；<br>协同处置危废：（14+$n$）项</td><td>除带有独立热源的烘干设备控制 3 项外，其余仅控制颗粒物 1 项</td></tr>
<tr><td>废水</td><td>不协同处置固废：8 项；<br>协同处置固废：（14+$j$）项</td><td>8 项</td></tr>
<tr><td rowspan="4">许可事项</td><td rowspan="2">排放口</td><td>废气</td><td>窑尾和窑头为主要排放口，其余均为一般排放口；<br>主要排放口管控许可排放浓度和许可排放限值</td><td>均为一般排放口，管控许可排放浓度</td></tr>
<tr><td>废水</td><td colspan="2">均为一般排放口，管控许可排放浓度；<br>单独排入城镇集中污水处理设施的生活污水仅说明去向</td></tr>
<tr><td rowspan="2">许可排放量</td><td>废气</td><td>许可 3 项污染物（颗粒物、二氧化硫和氮氧化物）排放量</td><td rowspan="2">不设置许可排放量要求</td></tr>
<tr><td>废水</td><td>除有水环境质量改善需求或者地方政府有要求的需明确各项水污染物年许可排放量外，不设置许可排放量要求</td></tr>
<tr><td rowspan="4">环境管理要求</td><td rowspan="2">自行监测</td><td>因子</td><td colspan="2">与污染物种类对应</td></tr>
<tr><td>频次</td><td>连续监测、季度、半年、年、两年</td><td>季度、半年、年、两年</td></tr>
<tr><td rowspan="2">执行报告</td><td>频次</td><td>年报、季报，地方管理有要求可报月报</td><td>年报、季报</td></tr>
<tr><td>内容</td><td>年报：13 项；月或季报：2 项</td><td>年报：9 项；季报：2 项</td></tr>
</table>

### 3.8.1 排污单位基本情况填报要求

#### 3.8.1.1 基本信息

排污单位基本信息要填报单位名称、注册地址、生产经营场所经纬度、行业类别、技术负责人等，以及是否投产、投产日期，所在地是否属于重点控制区域，环评批复文件及

文件号（备案编号）或地方政府对违规项目的认定或备案文件及其文件号，主要污染物总量分配计划文件及其文件号和主要污染物总量指标。

#### 3.8.1.2 主要产品及产能

排污许可体系设计中，要求许可证中载明与污染物排放直接相关的主要生产单元、主要工艺和生产设施，依生产设施或排放口进行许可管理。独立粉磨站排污单位分为独立粉磨和公用单元共 2 个主要生产单元。主要生产单元对应 8 项主要工艺，包括破碎系统、贮存系统、输送系统、水泥粉磨系统、水泥包装系统、物料烘干系统、供水处理系统和装卸系统。此外，因排污单位涉及生产设施众多，为减少不必要的填报工作量，通过对独立粉磨站排污单位进行认真研究，发现单条生产线设计生产设施有 77 类，《技术规范》中仅要求填报主机设备及与污染物排放有关的生产设施 11 类，主要包括辊压机、选粉机、包装机、散装机等。生产设施编号应优先按照排污单位内部编号填报，若无内部编号，则可根据《固定污染源（水、大气）编码规则（试行）》进行编号并填报。注意一点，许可证中载明主要生产单元、主要工艺和生产设施仅是在许可证中记录，而非进行许可。

生产能力为环评文件及批复、地方政府对违规项目的认定或备案文件等确定水泥产能，不包括国家或地方政府予以淘汰或取缔的产能；设计年生产时间为环评文件及批复、地方政府对违规项目的认定或备案文件确定的年生产天数。

#### 3.8.1.3 主要原辅材料及燃料

应填报主要原辅材料名称、成分及设计年使用量，当采用独立热源的烘干设备时，还需填报燃料上述信息。

主要原辅材料包括熟料、缓凝剂、混合材等，燃料主要包括燃煤、柴油、重油、天然气等。

燃料应填报灰分、硫分、挥发分、热值，可参考设计值或上一年的实际使用情况填报。

原辅材料和燃料均应填报设计年使用量。针对独立粉磨站排污单位原辅材料硫元素占比，对于建有烘干机等独立热源的应填报，否则可不填报。

#### 3.8.1.4 产排污环节、污染物及污染治理设施

（1）废气

产排污环节：包括 8 类有组织排污设施，主要为水泥磨、破碎机、包装机、烘干机等。

污染物：根据 GB 4915 明确各生产设施或排放口管控的污染物，除带有独立热源的烘干设备排放口控制颗粒物、二氧化硫、氮氧化物 3 项外，水泥磨及其他排放口控制颗粒物 1 项。

对于无组织排放，控制颗粒物。对于使用氨水、尿素等脱硝剂时，厂界无组织排放还应控制氨。

污染治理设施：包括除尘设施、脱硝设施（若有）、脱硫设施（若有）等。污染治理

设施编号优先填报排污单位内部污染治理设施编号，如 1#包装机袋除尘，若无内部编号，则可根据《固定污染源（水、大气）编码规则（试行）》进行编号并填报。

污染治理工艺见表 3-18。

表 3-18 独立粉磨站有组织废气处理工艺

| 污染治理设施 | 治理污染物及位置 | 治理工艺 |
|---|---|---|
| 除尘设施 | 水泥磨、破碎机等处颗粒物的治理 | 袋式除尘分为玻纤袋式除尘器、聚酯袋式除尘器、诺梅克斯袋式除尘器、聚酰亚胺袋式除尘器、聚四氟乙烯袋式除尘器及其他袋式除尘器 |
| 脱硝设施 | 带独立热源的烘干设备烟气 $NO_x$ 的治理 | 源头治理措施为低氮燃烧技术（低氮燃烧器、分解炉分级燃烧等）；末端治理为 SNCR 脱硝技术，排污单位可采用 SNCR 或低氮燃烧技术 |
| 脱硫设施 | 烘干设备采用的燃料硫含量较高 | 低硫煤或脱硫（干法、半干法、湿法脱硫）措施 |

（2）废水

产排污环节：主要包括设备冷却排污水、辅助生产废水（机修废水）等 2 类生产废水及生活污水。

污染物：根据 GB 8978、GB/T 31962 明确外排放口管控的污染物，控制 pH、悬浮物、化学需氧量、$BOD_5$、石油类、氟化物、氨氮、总磷共 8 项污染物。

污染治理设施：为废污水处理系统。污染治理设施编号优先填报排污单位内部污染治理设施编号，若无内部编号，则可根据《固定污染源（水、大气）编码规则（试行）》进行编号并填报。

#### 3.8.1.5 排放口类型及其基本信息

（1）排放口类型

独立粉磨站生产工序较多，除带独立热源的烘干设备排放二氧化硫和氮氧化物外，其余环节均仅排放颗粒物，一般都安装布袋除尘器，各排放口排放特征及治理设施同质性高。除水泥磨、辊压机运转率较高外，破碎机、包装机等为间歇式运行。目前仅有个别省、市生态环境部门要求排污单位水泥磨安装在线监测设备。根据各固定源污染物排放量大小、因子多少、在线监测设施安装情况等确定主要排放口的原则，独立粉磨站排污单位排放口均确定为一般排放口，管控许可排放浓度（核发部门有其他规定的，从其规定）。

独立粉磨站排污单位，废水排放量较小、水质简单，废水排放口按一般排放口管理，管控许可排放浓度（核发部门有其他规定的，从其规定）。

（2）排放口基本信息

排污单位在填报废气排放口基本信息时，应包括：排放口类型、编号、设置是否符合要求、地理坐标、排气筒高度及其出口内径、国家或地方污染物排放标准、环境影响评价批复要求、承诺更加严格的排放限值。

填报废水排放口基本信息时，应包括：排放口类型、编号、设置是否符合要求，废水排放去向为直接排入地表水体的，还包括排放口地理坐标、间歇排放时段、受纳自然水体信息及汇入受纳自然水体处地理坐标及执行的国家或地方污染物排放标准；废水间接排放的，还包括排放口地理坐标、间歇排放时段、受纳污水处理厂名称及执行的国家或地方污染物排放标准。单独排入城镇集中污水处理设施的生活污水仅说明去向。

排放口编号填报原则同水泥（熟料）排污单位的要求。

## 3.8.2 许可排放限值确定方法

### 3.8.2.1 总体思路及确定原则

按照《排污许可证管理暂行规定》，对实行排污许可简化管理的排污单位，许可事项只包括排污口位置和数量、排放方式、排放去向等，以及排放污染物种类、许可排放浓度。基于上述规定，原则上独立粉磨站排污单位许可排放限值仅包括许可排放浓度。

对于大气污染物，以生产设施或有组织排放口为单位确定许可排放浓度；无组织废气按照厂界确定许可排放浓度。

对于水污染物，按照排放口确定许可排放浓度。

许可排放浓度确定原则：按照国家或地方污染物排放标准等法律法规和管理制度要求，按照从严原则确定许可排放浓度。

### 3.8.2.2 许可排放浓度

（1）废气

根据许可排放浓度确定原则，列出了独立粉磨站排污单位涉及的污染物排放标准，具体见表 3-19。根据排放标准，废气许可排放浓度为小时均值浓度。

**表 3-19 水泥工业排污单位涉及的大气污染物排放标准**

| 要素 | 国家排放标准 | 地方排放标准 |
|---|---|---|
| 废气 | GB 4915 | 1.《北京市水泥工业大气污染物排放标准》(DB 11/1054—2013)<br>2.《河北省水泥工业大气污染物排放标准》(DB 13/2167—2015)<br>…… |

此外，位于大气污染防治重点控制区的独立粉磨站排污单位，还应按照《关于执行大气污染物特别排放限值的公告》（环境保护部公告 2013 年 第 14 号）的要求确定是否执行特别排放限值，京津冀“2+26”城市根据《关于京津冀大气污染传输通道城市执行大气污染物特别排放限值的公告》（环境保护部公告 2018 年 第 9 号）判断是否执行特别排放限

值，具体见 3.4.2.1 节。

（2）废水

根据许可排放浓度确定原则，列出了独立粉磨站排污单位涉及的污染物排放标准，具体见表 3-20。根据排放标准，许可排放浓度为日均浓度（pH 值为任意一次监测值）。

**表 3-20 水泥工业排污单位涉及的水污染物排放标准**

| 要素 | 国家排放标准 | 地方排放标准 | 其他 |
|---|---|---|---|
| 废水 | GB 8978、GB/T 31962 | 1.《北京市水污染物综合排放标准》（DB 11/307—2013）<br>…… | — |

### 3.8.2.3 无组织排放控制要求

《技术规范》中对无组织排放源实行措施管控，不设置许可排放量要求。按照两大主要生产单元，按重点地区和一般地区分别提出了 12 项管控要求。其中，重点地区指执行 GB 4915 中特别排放限值的地区。重点地区和一般地区无组织排放控制要求主要在配置的除尘器、物料存储和转运方面有所差异，具体为：

除尘器配置：重点地区——物料破碎、转运、贮存、转载等过程颗粒物产生点应配置高效袋式除尘器；一般地区——上述颗粒物产生点配置袋式除尘器。

物料存储：重点地区——物料储库、储仓、堆棚都要求进行封闭；一般地区——结合《大气污染防治法》和 GB 4915 的要求，对于粉状物料全部密闭储存，如粉煤灰、水泥等，其他黏湿物料、浆料等原辅材料设置不低于堆放物高度的严密围挡，并采取有效覆盖等措施防治扬尘污染。

物料转运：重点地区——物料转运皮带等应进行封闭；一般地区——物料转运皮带等转运设施应进行封闭，对黏湿物料、浆料以及车船装卸过程也可采取其他有效抑尘措施（见表 3-21）。

**表 3-21 独立粉磨站无组织排放控制要求**

<table>
<tr><th rowspan="2">序号</th><th rowspan="2" colspan="2">主要生产单元</th><th colspan="2">无组织排放控制要求</th></tr>
<tr><th>重点地区</th><th>一般地区</th></tr>
<tr><td rowspan="3">1</td><td rowspan="3">水泥粉磨</td><td rowspan="3">物料堆存</td><td>（1）粉状物料全部密闭储存，其他物料全部封闭储存</td><td>（1）粉状物料全部密闭储存，其他块石、黏湿物料、浆料等辅材设置不低于堆放物高度的严密围挡，并采取有效覆盖等措施防治扬尘污染</td></tr>
<tr><td>（2）封闭式皮带、斗提、斜槽运输，各物料破碎、转载、下料口应设置集尘罩并配置高效袋式除尘器，库顶等泄压口配备高效袋式除尘器</td><td>（2）封闭式皮带、斗提、斜槽运输，对块石、黏湿物料、浆料等装卸过程也可采取其他有抑尘措施的运输方式，各转载、下料口等产尘点应设置集尘罩并配备袋式除尘器，库顶等泄压口配备袋式除尘器</td></tr>
<tr><td colspan="2">（3）粉煤灰采用密闭罐车运输</td></tr>
</table>

<table>
<tr><th rowspan="2">序号</th><th rowspan="2" colspan="2">主要生产单元</th><th colspan="2">无组织排放控制要求</th></tr>
<tr><th>重点地区</th><th>一般地区</th></tr>
<tr><td rowspan="2">1</td><td rowspan="2">水泥粉磨</td><td>水泥散装</td><td colspan="2">（4）水泥散装采用密闭罐车，散装应采用带抽风口的散装卸料装置，物料装车与除尘同步进行，抽取的气体除尘后排放</td></tr>
<tr><td>包装运输</td><td colspan="2">（5）包装车间全封闭；<br>（6）袋装水泥装车点位采用集中通风除尘系统</td></tr>
<tr><td rowspan="2">2</td><td rowspan="2">公用单元</td><td>码头发运</td><td>（1）物料采用封闭式皮带、斗提、斜槽运输，各转载、下料口等产尘点应设置集尘罩并配备高效袋式除尘器，库顶等泄压口配备高效袋式除尘器；<br>（2）水泥及熟料等物料采用密闭库存储；<br>（3）装卸船机配备高效袋式除尘器</td><td>（1）物料采用封闭式皮带、斗提、斜槽运输，各转载、下料口等产尘点应设置集尘罩并配备袋式除尘器；库顶等泄压口配备袋式除尘器；<br>（2）水泥及熟料等物料采用密闭库存储，其他块石、黏湿物料、浆料等辅材设置不低于堆放物高度的严密围挡，并采取有效覆盖等措施防治扬尘污染；<br>（3）装卸船机配备袋式除尘器</td></tr>
<tr><td>其他</td><td colspan="2">（4）厂区、码头运输道路全硬化，定期洒水，及时清扫；<br>（5）各除尘器、管道等设备应完好运行，无粉尘外溢；<br>（6）厂区设置车轮清洗、清扫装置</td></tr>
</table>

注：重点地区是指执行 GB 4915 中特别排放限值的地区。

### 3.8.3 排污许可环境管理要求

环境管理要求包括对排污单位提出的自行监测、台账记录、执行报告、污染防治设施运行及维护等要求。

#### 3.8.3.1 企业自行监测

排污单位在申请排污许可证时，可按照《技术规范》或已发布的《排污单位自行监测技术指南　水泥工业》（HJ 848）填报自行监测方案，开展自行监测。

自行监测主要是明确排污单位监测内容、监测设施、监测频次、监测设施、手工监测采样方法及个数、手工监测频次、手工测定方法等；采用自动监测的，应当如实填报采用自动监测的污染物指标、自动监测系统联网情况、自动监测系统的运行维护情况等，同时也应填报自动监测设备发生故障时的手工监测要求。

排污单位可自行或委托第三方监测结构开展监测工作，并安排专人专职对监测数据进行记录、整理、统计和分析，对监测结果的真实性、准确性、完整性负责。自行监测的技术、质量、仪器设备要求等应满足《排污单位自行监测技术指南　总则》（HJ 819—2017）要求。

手工监测时的生产负荷不低于本次监测与上一次监测周期内的平均生产负荷。独立粉磨站排污单位，烘干机、烘干磨、破碎机、水泥磨、包装机排气筒每半年监测一次，并应合理安排监测计划，保证每个季度相同种类治理设施的监测点位数量基本平均分布，需要特别说明的是，对于无相同种类治理设施的监测点位，每季度都应开展监测；其余排放口颗粒物每两年监测一次，建议每年监测一半。废水每半年监测一次；厂界无组织废气中颗粒物每季度监测一次，氨每年监测一次。

#### 3.8.3.2 环境管理台账记录

结合独立粉磨站排污单位目前环境管理台账实际情况和排污许可证管理要求，规定了生产设施和污染治理设施基本信息、运行管理信息应记录的内容和记录频次。生产设施运行信息按天记录，原辅材料（需记录硫元素占比的）及燃料信息按批次记录；污染治理设施运行管理信息中，除尘、脱硫脱硝、无组织废气治理设施和废水治理设施分别列出了每班、每天、每周应检查记录的内容。

此外，对于污染治理设施故障等非正常情况，也规定了应记录的内容。

#### 3.8.3.3 执行报告要求

自行监测、环境管理台账都是企业运行期关于环境的原始数据，企业要对数据进行处理，定期编制执行报告。

报告频次：排污单位只要求上报年/季度执行报告。

报告时间：①年度执行报告。每自然年上报一次，次年一月底前提交至核发机关；不足三个月的，当年可不上报年度执行报告，许可证执行情况纳入下一年年度执行报告。②季度执行报告。季度执行报告周期为自然季，于下一季度首月十五日前提交至排污许可证核发机关。对于持证时间不足一个月的，该报告周期内可不上报季报，排污许可证执行情况纳入下一季度执行报告。

报告内容：年度执行报告的内容包括：①基本生产信息；②遵守法律法规情况；③污染防治措施运行情况；④自行监测情况；⑤台账管理情况；⑥实际排放情况及达标判定分析；⑦排污费（环境保护税）缴纳情况；⑧结论；⑨附图、附件要求。季度报告至少要包括第⑥项中颗粒物、二氧化硫、氮氧化物等主要污染物的实际排放量核算信息、合规判定分析说明以及第③项中污染防治设施运行异常情况共 2 项内容。

对于地方要求独立粉磨站排污单位也要实施错峰生产的，排污单位也应报告该时期排污许可证要求的执行情况。

#### 3.8.3.4 污染防治可行技术及运行管理要求

在排污许可证申报阶段，采用达标可行技术的，核发机关可认为具备达标排放能力；未采用可行技术的，企业应提供相应证明材料，自证能达标排放或能达到与可行技术相当的处理能力，如提供监测数据；首次采用的还应当提供中试数据等说明材料。未采用可行技术的企业，企业应加强自我监测、台账记录，评估达标可行性，监管部门应当尽早开展执法监测。

水泥工业废气、废水污染防治推荐可行技术引自《水泥工业污染防治可行技术指南（试行）》，并且结合重点地区和一般地区在大气污染物排放浓度限值上的差异，分别给出了可行技术要求。同时，增补了烘干机废气的污染防治推荐可行技术。

对废气、废水污染防治设施，均提出了应按照相关法律法规、标准和技术规范等要求运行水污染防治设施并进行维护和管理，保证设施运行正常的要求。对于有组织排放控制，还提出如下要求：①生产工艺设备、废气收集系统以及污染治理设施应同步运行。废气收集系统或污染治理设施发生故障或检修时，应停止运转对应的生产工艺设备，待检修完毕后共同投入使用。②加强除尘设备巡检，消除设备隐患，保证正常运行。布袋除尘器应定期更换滤袋。

### 3.8.4 实际排放量核算方法

实际排放量核算方法具体见 3.6 节。

### 3.8.5 合规判定方法

#### 3.8.5.1 总体思路及确定原则

合规是指独立粉磨站排污单位许可事项和环境管理要求符合排污许可证规定。许可事项合规是指排污单位排污口位置和数量、排放方式、排放去向、排放污染物种类、排放浓度符合许可证规定；环境管理要求合规是指水泥工业排污单位按许可证规定落实自行监测、台账记录、执行报告、信息公开等环境管理要求。

#### 3.8.5.2 废气

（1）排放浓度合规判定

正常情况下，各有组织排放口和厂界无组织污染物排放浓度满足许可排放浓度要求。

根据排污单位自行监测（包括自动监测和手工监测）、执法监测获得的有效排放浓度值对标判定是否达标。需要注意两点，对于应当采用自动监测而未采用的排放口或污染物，即视为不合规；针对排污单位的手工监测和执法部门的执法监测，根据《排污单位自行监测技术指南　总则》（HJ 819—2017）“管理部门执法监测与排污单位自行监测数据不一致的，以管理部门执法监测结果为准，作为判断污染物排放是否达标、自动监测设施是否正常运行的依据”规定，给出了“若同一时段的管理部门执法监测与排污单位自行监测数据不一致的，以管理部门执法监测数据为准”的要求。

（2）无组织排放控制要求合规判定

独立粉磨站排污单位排污许可证无组织排放源合规性以现场检查《技术规范》规定的无组织控制要求落实情况为主，必要时，辅以现场监测方式判定水泥工业排污单位无组织排放合规性。

#### 3.8.5.3 废水

废水仅包括排放浓度合规判定。根据排污单位自行监测（包括自动监测和手工监测）、执法监测获得的有效排放浓度值对标判定是否达标。

# 4 水泥工业排污单位排污许可申报流程

## 4.1 排污许可证申报材料的准备

### 4.1.1 排污许可证申报的材料收集的必要性

根据目前排污许可的管理要求，为落实“自证守法”，企业要确保填报内容的全面、合理、真实、有效。水泥企业在排污许可证申报过程中主要存在以下难点：①申报时需要从设计文件、环评文件、总量指标控制文件、执行标准文件、行业相关技术规范、生产统计报表、各类证件等材料中获取资料，而这些资料分别存放在办公室、生产处等部门。②水泥工业生产工艺流程多，环保管理信息按照工艺的流程责任到不同的部门、工段、班组，环保管理信息较为分散。③水泥企业在填报排污许可证时，填报的信息涵盖电气、机修、热工等专业，信息涵盖专业较多。

因此，为了满足排污许可申报的要求，排污单位在申报前应做好申报信息的收集、整理并要求各相关部门配合。

### 4.1.2 排污许可证填报内容简介

排污许可证申请表填报包括 14 张主表，分别为：

（1）排污单位基本情况；

（2）主要产品及产能；

（3）主要燃料及原辅材料；

（4）排污节点、污染物及污染治理设施；

（5）大气污染物排放信息-排放口；

（6）大气污染物排放信息-有组织排放信息；

（7）大气污染物排放信息-无组织排放信息；

（8）大气污染物排放信息-企业大气排放总许可量；

（9）水污染物排放信息-排放口；

（10）水污染物排放信息-申请排放信息；

（11）环境管理要求-自行监测要求；

（12）环境管理要求-环境管理台账记录要求；

（13）地方生态环境部门依法增加的内容；

（14）相关附件。

企业应按照表（1）～（14）的顺序进行填写。由于各填报信息的表格之间有逻辑性和关联性，企业在填报时应确保每一步填报信息的准确性和完整性。

### 4.1.3 排污许可证申报所需的资料梳理

各申请表所需参考资料见表 4-1。

表 4-1 各申请表所需资料/数据清单

| 序号 | 申报表名称 | 需要资料/数据名称 |
| --- | --- | --- |
| 1 | 排污单位基本情况 | 公司经营许可证；全部项目环评报告书及其批复文件；地方政府对违规项目的认定或备案文件（若有）；主要污染物总量分配计划文件 |
| 2 | 排污单位登记信息-主要产品及产能 | 各生产设施设计文件；项目环评报告书、产能确定文件、内部设备编码表（优先使用）、《固定污染源（水、大气）编码规则》；各环保设备、主机设备的说明书等 |
| 3 | 排污单位登记信息-主要原辅材料及燃料 | 设计文件；生产统计报表；生产工艺流程图；生产厂区总平面布置图；原辅燃料购买合同 |
| 4 | 排污单位登记信息-排污节点、污染物及污染治理设施 | GB 4915、GB 30485、GB 14554、GB 8978、GB/T 31962 等国家及地方排放标准；环评文件、设计文件、内部设备编码表（优先使用）、《固定污染源（水、大气）编码规则》、有组织排放口编号（优先使用生态环境部门已核定的编号）、滤袋采购合同、环保管理台账、技术规范 |
| 5 | 大气污染物排放信息-排放口 | 环保管理台账；GB 4915、GB 30485、GB 14554 等国家及地方排放标准；环评文件 |
| 6 | 大气污染物排放信息-有组织排放信息 | GB 4915、GB 30485、GB 14554 等国家及地方排放标准；申请年许可排放量、错峰生产时段月许可排放量计算过程；国家或地方政府关于错峰生产要求文件 |
| 7 | 大气污染物排放信息-无组织排放信息 | GB 4915、GB 30485、GB 14554 等国家及地方排放标准；现场无组织源管控的措施梳理统计表 |
| 8 | 大气污染物排放信息-企业大气排放总许可量 | 环评文件、总量控制指标文件、申请年许可排放量核算文件 |
| 9 | 水污染物排放信息-排放口 | GB 8978、GB/T 31962 等国家或地方污染物排放标准；排放口信息、受纳自然水体、污水处理厂信息及其排放限值（排入污水处理的）等 |
| 10 | 水污染物排放信息-申请排放信息 | GB 8978、GB/T 31962 等国家或地方排放标准 |
| 11 | 环境管理要求-自行监测要求 | 监测相关技术规范、行业自行监测指南等；GB 4915、GB 30485、GB 14554、GB 8978、GB/T 31962 等国家及地方排放标准 |

| 序号 | 申报表名称 | 需要资料/数据名称 |
|---|---|---|
| 12 | 环境管理要求-环境管理台账记录要求 | 行业技术规范、环保管理台账等 |
| 13 | 地方生态环境部门依法增加的内容 | — |
| 14 | 相关附件 | 守法承诺书（法人签字）；排污许可证信息公开情况说明表；符合建设项目环境影响评价程序的相关文件或证明材料；通过排污权交易获取排污权指标的证明材料；城镇污水集中处理设施应提供纳污范围、管网布置、排放去向等材料；地方规定排污许可证申请表文件（如有） |

## 4.2 申报系统注册

### 4.2.1 注册网址及注意事项

信息填报系统的网址为 http：//permit.mep.gov.cn，也可以通过生态环境部官网 http：//www.mee.gov.cn 进入，然后点击右下方“排污许可”模块，在下方的“公示公告”模块的“许可申请前信息公开”或“许可信息公开”处进入。

对于初次申请排污许可证的单位应首先打开网址，点击网上申报后注册（见图 4-1）。

图 4-1

注意事项：①关于浏览器，建议优先采用 IE9 及以上 IE 浏览器，将浏览器设为兼容模式。若发现仍无法正常使用，建议尝试其他浏览器；②若登录不正常，请公司网管协助解决登录权限，确保网络正常；③在试填报系统注册的账号和密码在正式系统中无法使用，申报单位应在正式系统重新注册。

### 4.2.2 注册信息填报流程及注意事项

（1）注册信息需要填报内容：申报单位名称、总公司单位名称、注册地址、生产经营场所地址、邮编、省份、城市、区县、流域、行业类别、其他行业类别、是否有统一社会信用代码、总公司统一社会信用代码、用户名、密码、电子邮箱、统一社会信用代码或组织机构代码证或营业执照注册号复印件（见图 4-2）。

图 4-2

（2）注意事项：①企业填报时应对注册说明进行审阅，确保填报信息准确。②本系统所有“*”皆为必填项，有信息的按照要求填报，无信息的填报“/”，不能为空。③水泥行业类别应选择编码为“C3011 水泥制造”。④一定要妥善保存用户名和密码，用户名建议使用公司名称的缩写，防止遗忘及人员调动造成的不便。⑤“注册地址”及“生产经营场所地址”应与企业营业执照上信息相同。⑥“总公司单位名称”需与统一社会信用代码对应单位名称一致，“申报单位名称”可以是分厂名称或所在部门名称。

## 4.3　信息申报系统正式填报

### 4.3.1　系统的登录流程及注意事项

信息申报系统的登录流程及注意事项见图 4-3 和图 4-4。

注意事项：①针对首次填报申请排污许可证，应选择“首次申请”。②针对已取得排污许可证的其他行业配套“水泥制造”行业的，应选择“补充申请”。

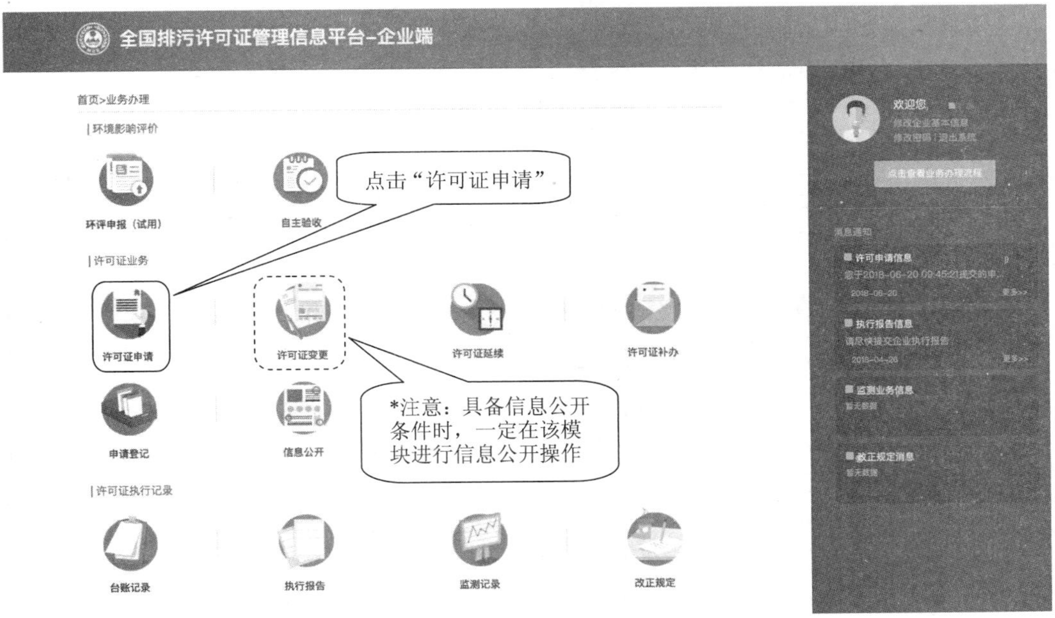


图 4-3

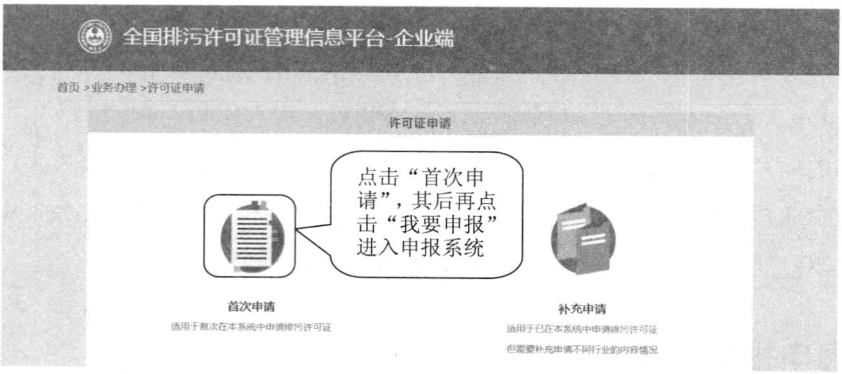


图 4-4

## 4.3.2 排污单位基本情况-排污单位基本信息填报流程及注意事项

### 4.3.2.1 排污单位基本信息填报

（1）填报内容：是否需整改、许可证管理类别、是否投产、投产日期、生产场所经纬度、法定代表人、技术负责人、联系方式、所在地是否属于大气重点控制区、所在地是否属于总磷总氮控制区、是否位于工业园区、是否有环评审批意见及相关文号（备案编号）、是否有地方政府对违规项目的认定或备案文件、是否有主要污染物总量分配计划文件，以及废气废水污染物控制指标（除二氧化硫、氮氧化物、颗粒物、挥发性有机物、化学需氧量和氨氮外）。

现以填报“环评文件”为例介绍具体文件文号添加步骤（见图 4-5），其他信息填报方法类似。

（2）注意事项：①是否需要整改应根据《排污许可管理办法（试行）》第二十九条规定确定。对于需要整改的，核发部门应提出限期整改要求，改正期限为 3～6 个月、最长不超过一年。②许可证管理类别应根据企业类型选填，针对水泥行业，独立粉磨站排污单位为简化管理，其余为重点管理。③关于是否投产，以公司第一条生产线的实际投产为准。④关于生产经营场所中心经纬度，必须通过系统地图定位与拾取。⑤组织机构代码和统一社会信用代码可查公司营业执照等证件填报，两者应仅填一个。⑥法定代表人、技术负责人、联系方式为必填，需要特别说明的是技术责任人为“了解公司排污许可内容、精通公司环保管理工作”的管理人员，联系方式应为技术负责人的电话。⑦所在地是否属于大气重点控制区，企业可以通过点击“重点控制区域”进行查看并确定。⑧所在地是否属于总磷总氮控制区应根据《国务院关于印发“十三五”生态环境保护规划的通知》（国发〔2016〕65 号）以及生态环境部相关文件中确定的需要对总磷、总氮进行总量控制文件确定。⑨是否属于工业园区应根据地方园区规划文件进行确定。⑩环评审批意见文件或地方政府对违

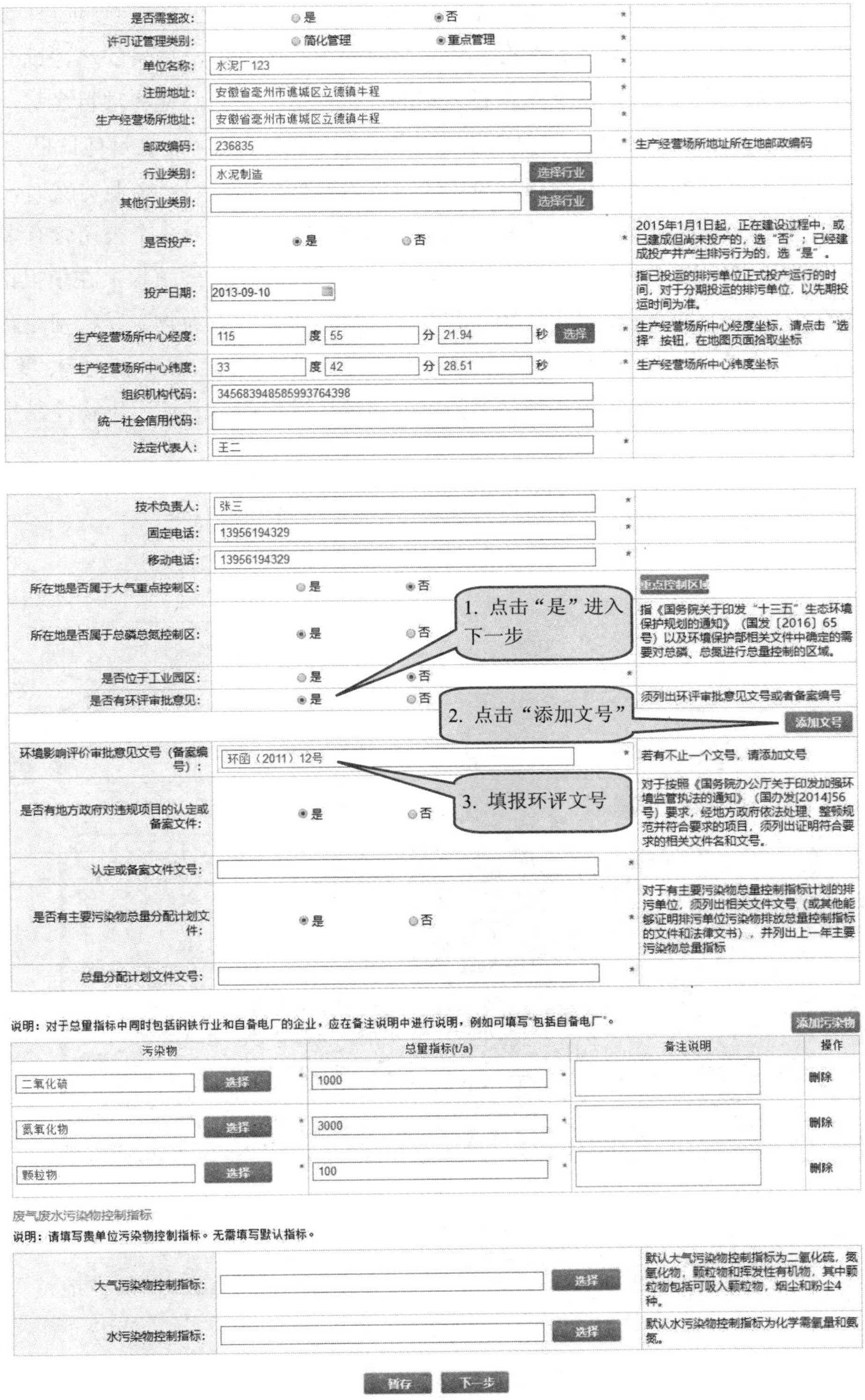

| | | | |
|---|---|---|---|
| 是否需整改: | ○是 ◉否 | * | |
| 许可证管理类别: | ○简化管理 ◉重点管理 | * | |
| 单位名称: | 水泥厂123 | * | |
| 注册地址: | 安徽省亳州市谯城区立德镇牛程 | * | |
| 生产经营场所地址: | 安徽省亳州市谯城区立德镇牛程 | * | |
| 邮政编码: | 236835 | * | 生产经营场所地址所在地邮政编码 |
| 行业类别: | 水泥制造 [选择行业] | | |
| 其他行业类别: | [选择行业] | | |
| 是否投产: | ◉是 ○否 | * | 2015年1月1日起，正在建设过程中，或已建成但尚未投产的，选“否”；已经建成投产并产生排污行为的，选“是”。 |
| 投产日期: | 2013-09-10 | | 指已投运的排污单位正式投产运行的时间，对于分期投运的排污单位，以先期投运时间为准。 |
| 生产经营场所中心经度: | 115 度 55 分 21.94 秒 [选择] | * | 生产经营场所中心经度坐标，请点击“选择”按钮，在地图页面拾取坐标 |
| 生产经营场所中心纬度: | 33 度 42 分 28.51 秒 | * | 生产经营场所中心纬度坐标 |
| 组织机构代码: | 345683948585993764398 | | |
| 统一社会信用代码: | | | |
| 法定代表人: | 王二 | * | |

| | | | |
|---|---|---|---|
| 技术负责人: | 张三 | * | |
| 固定电话: | 13956194329 | * | |
| 移动电话: | 13956194329 | * | |
| 所在地是否属于大气重点控制区: | ○是 ◉否 | | [重点控制区域] |
| 所在地是否属于总磷总氮控制区: | ◉是 ○否 | | 指《国务院关于印发“十三五”生态环境保护规划的通知》（国发〔2016〕65号）以及环境保护部相关文件中确定的需要对总磷、总氮进行总量控制的区域。 |
| 是否位于工业园区: | ○是 ◉否 | * | |
| 是否有环评审批意见: | ◉是 ○否 | | 须列出环评审批意见文号或者备案编号 |
| | | | [添加文号] |
| 环境影响评价审批意见文号（备案编号）: | 环函（2011）12号 | * | 若有不止一个文号，请添加文号 |
| 是否有地方政府对违规项目的认定或备案文件: | ◉是 ○否 | | 对于按照《国务院办公厅关于印发加强环境监管执法的通知》（国办发[2014]56号）要求，经地方政府依法处理、整顿规范并符合要求的项目，须列出证明符合要求的相关文件名和文号。 |
| 认定或备案文件文号: | | * | |
| 是否有主要污染物总量分配计划文件: | ◉是 ○否 | * | 对于有主要污染物总量控制指标计划的排污单位，须列出相关文件文号（或其他能够证明排污单位污染物排放总量控制指标的文件和法律文书），并列出上一年主要污染物总量指标 |
| 总量分配计划文件文号: | | * | |

1. 点击“是”进入下一步

2. 点击“添加文号”

3. 填报环评文号

说明：对于总量指标中同时包括钢铁行业和自备电厂的企业，应在备注说明中进行说明，例如可填写“包括自备电厂”。 [添加污染物]

| 污染物 | 总量指标(t/a) | 备注说明 | 操作 |
|---|---|---|---|
| 二氧化硫 [选择] * | 1000 * | | 删除 |
| 氮氧化物 [选择] * | 3000 * | | 删除 |
| 颗粒物 [选择] * | 100 * | | 删除 |

废气废水污染物控制指标

说明：请填写贵单位污染物控制指标。无需填写默认指标。

| | | |
|---|---|---|
| 大气污染物控制指标: | [选择] | 默认大气污染物控制指标为二氧化硫、氮氧化物、颗粒物和挥发性有机物，其中颗粒物包括可吸入颗粒物、烟尘和粉尘4种。 |
| 水污染物控制指标: | [选择] | 默认水污染物控制指标为化学需氧量和氨氮。 |

[暂存] [下一步]

图 4-5

规项目的认定或备案文件至少应填报一个（1998 年 11 月 29 日之前的建设项目除外）。环评或备案批文应填报全面，尤其是配套矿山、余热发电、码头等小项目的环评批文也应填报。针对环保批文无文号的、甚至无项目名称的，企业应言简意赅地将项目名称、批文时间填报上去，如“1999 年 2 500 t/d 熟料线环评批文”；特别注意，若项目环评批文为 2015 年 1 月 1 日（含）后取得的，在填报污染因子、许可排放量以及自行监测方案时，应考虑环评及审批意见文件要求。⑪总量分配计划文件信息填报时，针对一个公司含有多个有效的总量分配计划文件的，应在“总量分配计划文件文号”栏中一一填报，在填报指标时，应结合总量分配计划文件从严确定，烟尘和粉尘应统一填报为颗粒物。⑫特别注意，针对“废气废水污染物控制指标”，系统已默认的污染物指标为“颗粒物、二氧化硫、氮氧化物、挥发性有机物、氨氮、COD”等 6 项，若国家或当地核发部门有其他污染物控制指标，应选填，否则不填。

#### 4.3.2.2 经纬度定位方法（系统地图定位法）

经纬度定位方法（系统地图定位法），见图 4-6。

图 4-6

注意事项：①申报单位必须通过系统 GIS 地图定位（因为不同的定位系统都存在一定的偏差，为了确保定位准确，方便环保执法，必须通过该系统定位）。②针对新建项目在地图上无法显示的问题，可以利用附近参照物进行位置定位。

### 4.3.3 排污单位基本情况-主要产品及产能填报流程及注意事项

（1）主要填报内容：行业类别（在注册时已经填报）、主要生产单元名称、主要工艺名称、生产设施名称、生产设施编号、设施参数、产品名称、计量单位、生产能力、设计年生产时间以及其他信息。

现以熟料生产单元的熟料煅烧系统为例进行填报（按照图 4-7 中步骤 1～9 完成生产单元的信息填报）。

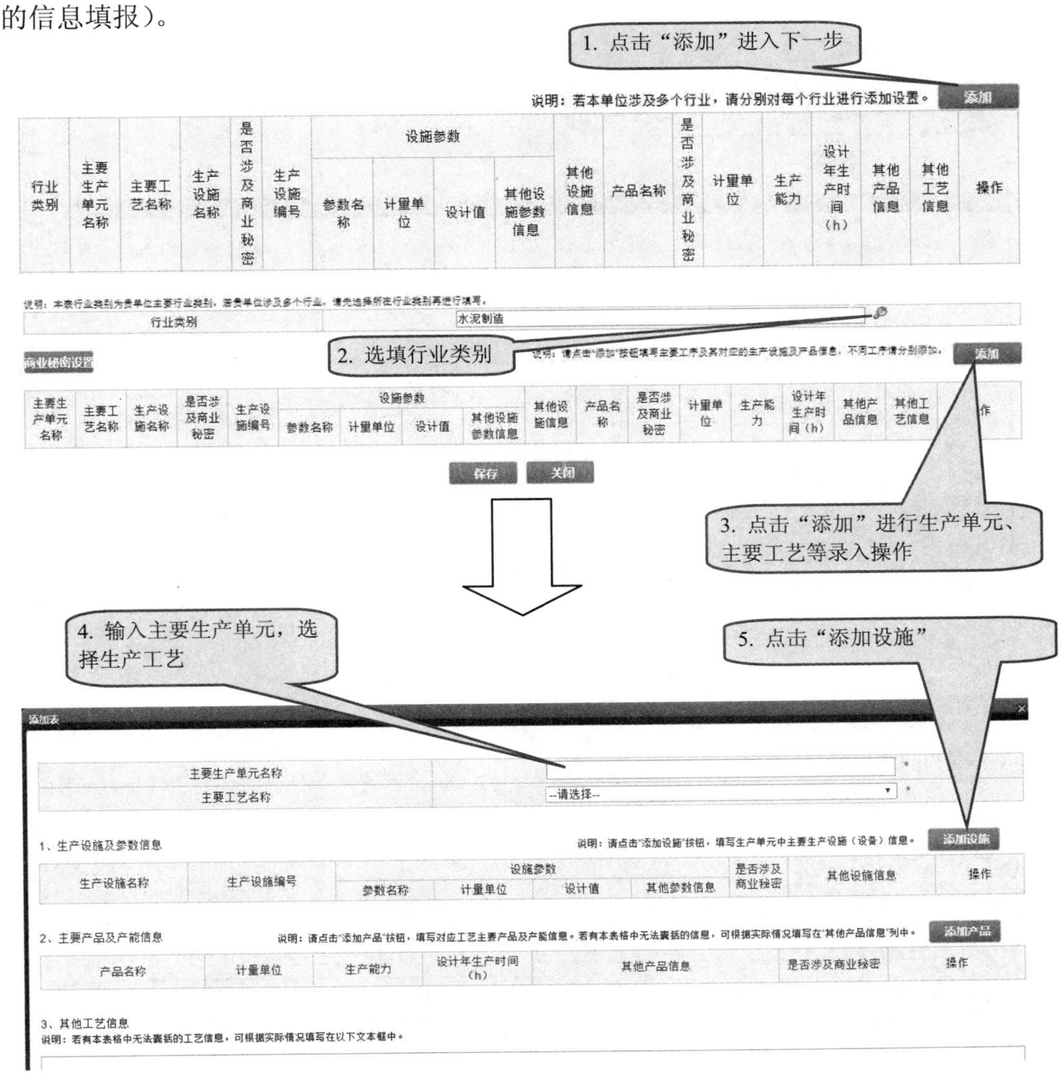

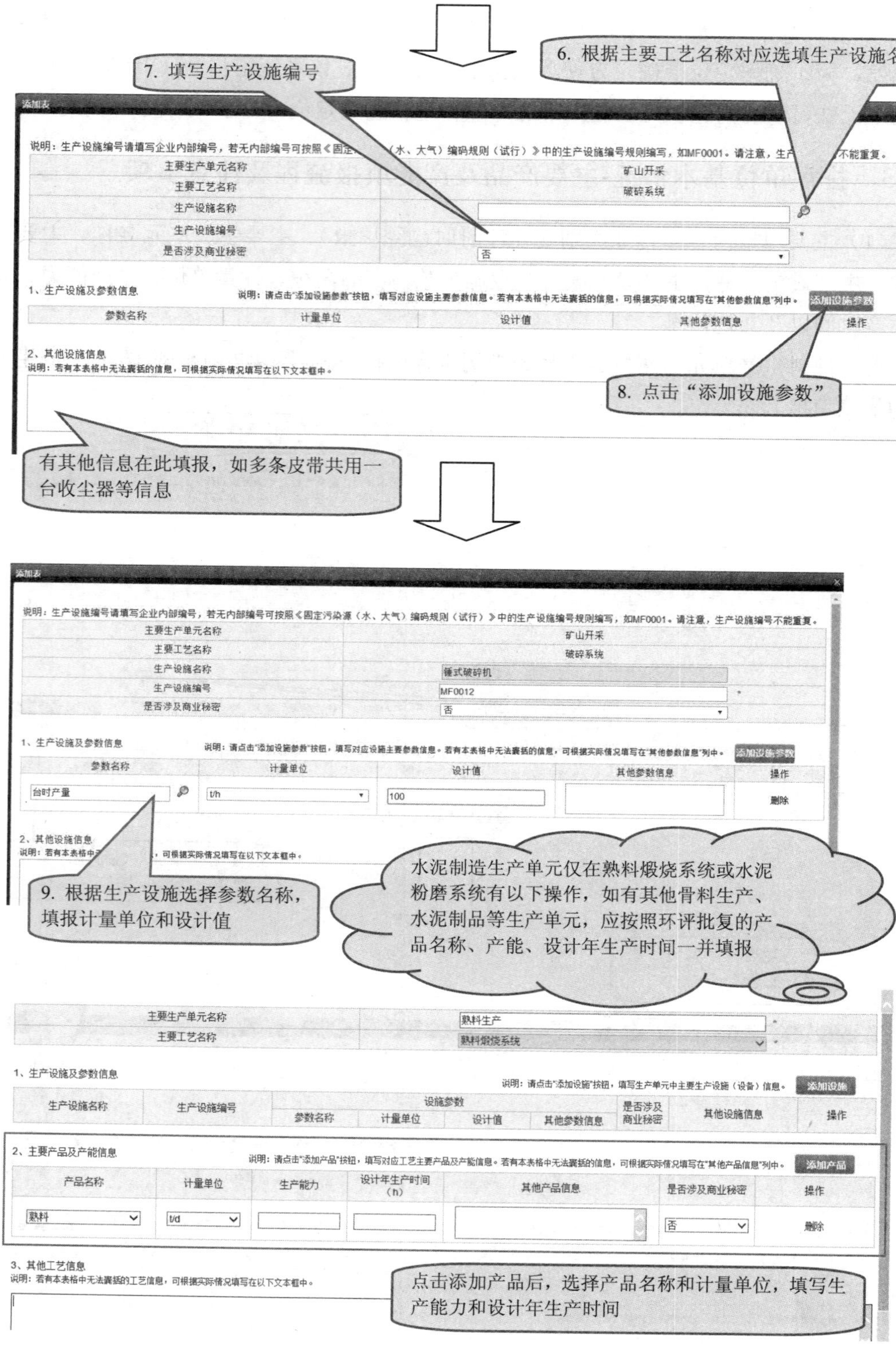
7. 填写生产设施编号
6. 根据主要工艺名称对应选填生产设施名称
添加表
主要生产单元名称
矿山开采
主要工艺名称
破碎系统
生产设施名称
生产设施编号
是否涉及商业秘密
否
1、生产设施及参数信息
添加设施参数
参数名称
计量单位
设计值
其他参数信息
操作
2、其他设施信息
说明：若有本表格中无法囊括的信息，可根据实际情况填写在以下文本框中。
8. 点击“添加设施参数”
有其他信息在此填报，如多条皮带共用一台收尘器等信息
说明：生产设施编号请填写企业内部编号，若无内部编号可按照《固定污染源（水、大气）编码规则（试行）》中的生产设施编号规则编写，如MF0001。请注意，生产设施编号不能重复。
锤式破碎机
MF0012
台时产量
t/h
100
删除
9. 根据生产设施选择参数名称，填报计量单位和设计值
水泥制造生产单元仅在熟料煅烧系统或水泥粉磨系统有以下操作，如有其他骨料生产、水泥制品等生产单元，应按照环评批复的产品名称、产能、设计年生产时间一并填报
熟料生产
熟料煅烧系统
添加设施
生产设施名称
生产设施编号
设施参数
是否涉及商业秘密
其他设施信息
2、主要产品及产能信息
添加产品
产品名称
生产能力
设计年生产时间（h）
其他产品信息
熟料
t/d
3、其他工艺信息
说明：若有本表格中无法囊括的工艺信息，可根据实际情况填写在以下文本框中。
点击添加产品后，选择产品名称和计量单位，填写生产能力和设计年生产时间

图 4-7

（2）注意事项：①应按照主要生产单元、工艺的先后顺序填报（见表 4-2），防止漏填，也方便复核。②填报过程中“行业类别”系统默认选择“水泥制造”，针对非水泥制造业，填报时应根据最新的《国民经济行业分类》进行确认和选填。③在填报过程中，针对多条熟料生产线，一定要对主要生产单元进行编号识别并分别填报，如“1#熟料生产、2#熟料生产”，以便审核。④对存在多条生产线的企业，一定预先做好各生产线共用设备的分配，防止漏填或重复并进行备注相应信息。⑤每个填报层次中的所有信息填报完全后方可保存、退出，进入上一级，否则可能导致漏填。⑥水泥工业主要产品仅为水泥、熟料，熟料产能仅在熟料生产单元熟料煅烧系统中填报，水泥产能仅在水泥粉磨单元的水泥粉磨系统中填报，其他系统不应填报产能。⑦该处填报的“产能”是实际核定产能或环评批复产能。⑧根据《技术规范》，应将设备参数填报齐全（储库类仅填报一个参数即可，其他要求填报两个参数的应按照要求填报），如回转窑等生产设施。企业在按照《技术规范》要求填报所要求填报的参数后，也可自行添加其他参数。⑨仅运输皮带等转载运输设备在共用除尘器的情况下可合并填报并备注相关信息，其他生产设备应一一填报。⑩针对下拉菜单未包含的设备名称或参数，可选择“其他”并修改成所需填报的信息。⑪填报时应结合公司的生产设施配置情况填报全面，以确保“排污节点、污染物及污染治理设施”等表的填报全面。

**表 4-2　填报顺序**

| 主要生产单元（一级排序） | 主要工艺（二级排序） |
|---|---|
| 矿山开采 | 爆破系统 |
| | 破碎系统 |
| 熟料生产 | 破碎系统 |
| | 贮存及预均化系统 |
| | 生料制备系统 |
| | 煤粉制备系统 |
| | 熟料煅烧系统 |
| 熟料生产 | 熟料煅烧系统 |
| | 余热发电系统 |
| | 输送系统 |
| 协同处置 | 贮存系统 |
| | 预处理系统 |
| | 输送系统 |
| 水泥粉磨 | 贮存系统 |
| | 破碎系统 |
| | 水泥粉磨系统 |
| | 水泥包装系统 |
| | 物料烘干系统 |
| | 输送系统 |
| 公用单元 | 供水处理系统 |
| | 输送系统 |
| | 装卸系统 |

## 4.3.4 排污单位基本情况-主要原辅燃料填报

### 4.3.4.1 原辅料的填报

（1）原辅料的填报内容为：行业类别、种类、名称、年最大使用量计量单位、年最大使用量、硫元素占比、有毒有害成分及占比以及其他信息（见图 4-8）。

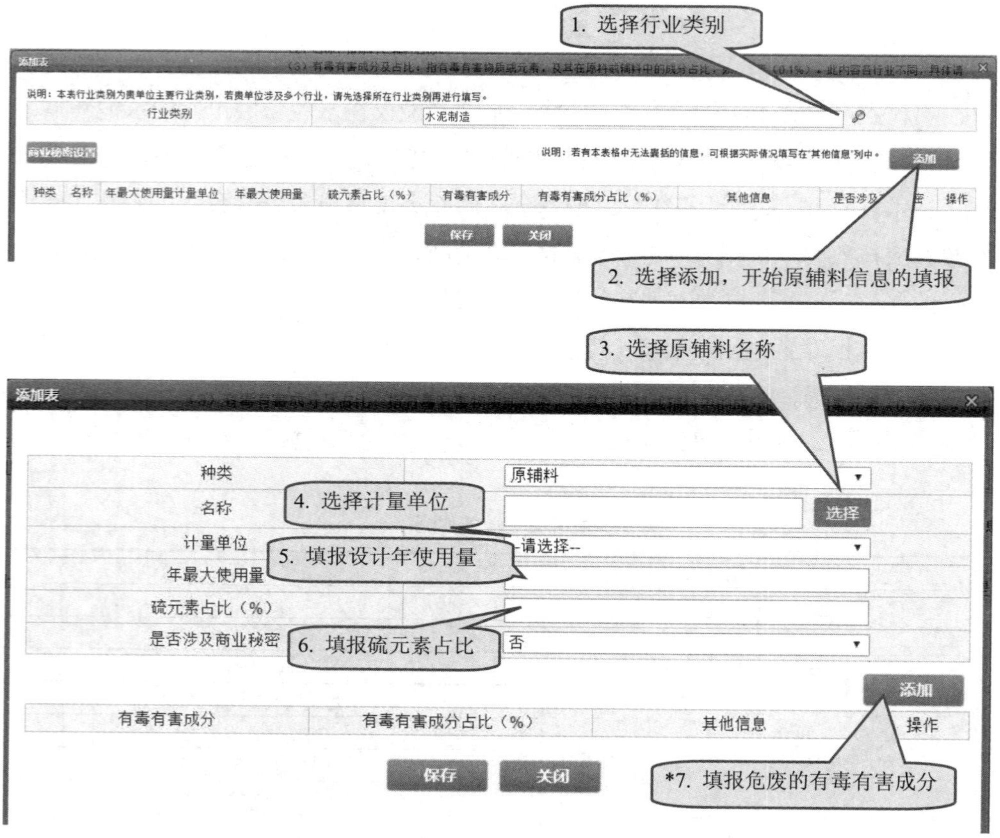


图 4-8

（2）注意事项：①原辅料的选填，不仅选填生产水泥（熟料）所用的原辅料，还应选填脱硫剂、脱硝剂、污水处理添加剂等辅料。②年最大使用量为全厂同类原辅料的总计（注意计量单位）。③含硫的原辅料的硫元素占比应填报数据，无烘干机的独立粉磨站的硫元素占比可不填报。④针对熟料，仅填报外购量（企业内部生产的不应填报）。⑤有毒有害成分及占比仅要求协同处置危险废物的水泥（熟料）制造排污单位根据危险废物的特性填报氯、氟、汞、铊、镉、铅、砷、铍、铬、锡、锑、铜、钴、锰、镍、钒等有毒有害成分，其他不做要求。

#### 4.3.4.2 燃料的填报

（1）燃料的填报内容为：行业类别、燃料名称、灰分、硫分、挥发分、热值、年最大使用量以及其他信息。填报步骤此处不做介绍，具体参考原辅料填报过程。

（2）注意事项：①针对水泥（熟料）排污单位，不仅填报熟料生产的燃料，烘窑用燃油以及烘干机的燃料也应填报；针对独立粉磨站排污单位，配套烘干机的也应填报燃料信息。②燃煤应填报灰分、硫分、挥发分、热值等内容。③燃油应填报硫分、热值等内容，灰分和挥发分处填“/”。④特别注意“热值单位”为 MJ/kg 或 $MJ/m^3$，“年最大使用量”的单位为万 t/a 或万 $m^3/a$。

#### 4.3.4.3 生产工艺流程图、生产厂区总平面布置图上传（见图 4-9 和图 4-10）

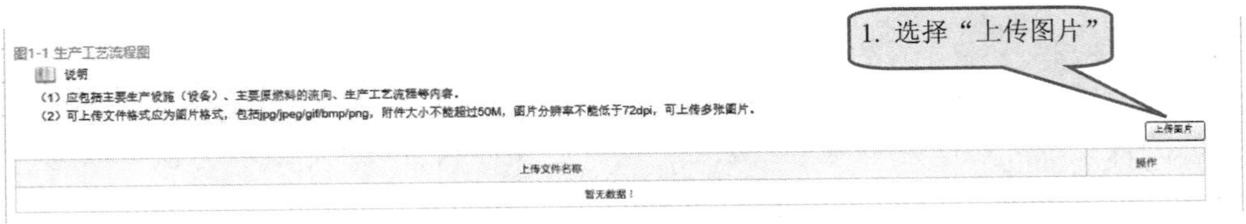


图 4-9

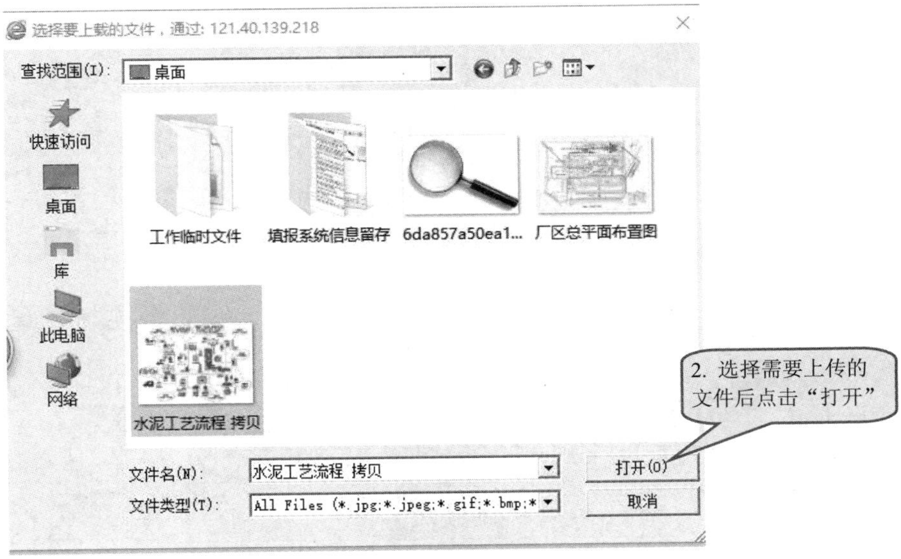


图 4-10

注意事项：①生产工艺流程图应包括主要生产设施（设备）、主要原辅燃料的流向、生产工艺流程等内容。厂区总平面布置图应包括主要生产单元、厂房、设备位置关系，注明厂区污水收集和运输走向等内容。②针对存在多个生产工艺而一张图难以涵盖全的，可以上传多张工艺流程图。③总平面布置图应能够真实、清晰地反映公司的现状，图例明确，且不存在上下左右颠倒的情况。针对未建的项目，不应在总平面布置图上体现（或增加备注）。④上传文件应清晰，分辨率精度在 72 dpi[①]以上。

## 4.3.5 产排污节点、污染物及污染治理设施填报流程及注意事项

### 4.3.5.1 废气产排污节点、污染物及污染治理设施信息填报

（1）填报的内容：生产设施编号（自“排污单位基本情况-主要产品及产能”表带入）、生产设施名称（同前带入）、对应产污环节名称、污染物种类、排放形式、污染治理设施编号、名称、工艺、是否为可行技术、有组织排放口编号、排放口设置是否符合要求、排放口类型、其他信息等内容。

填报过程：有两种方法，一种选择“带入新增生产设施”（推荐方法），将“表 2：排污单位基本情况-主要产品及产能”填报的生产设施信息全部带入过来，根据要求，对于部分不产污的设备或无组织排放源进行删除。另一种就是自行添加，这种方法可以选择产污设备进行填报（不推荐方法）。企业可以根据自己的情况选择合适的填报方法。

①“带入新增生产设施”法（见图 4-11 和图 4-12）。

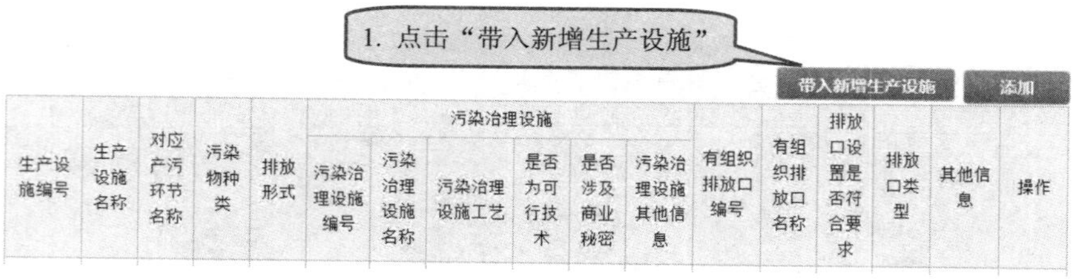


| 生产设施编号 | 生产设施名称 | 对应产污环节名称 | 污染物种类 | 排放形式 | 污染治理设施 | | | | | | 有组织排放口编号 | 有组织排放口名称 | 排放口设置是否符合要求 | 排放口类型 | 其他信息 | 操作 |
|---|---|---|---|---|---|---|---|---|---|---|---|---|---|---|---|---|
| | | | | | 污染治理设施编号 | 污染治理设施名称 | 污染治理设施工艺 | 是否为可行技术 | 是否涉及商业秘密 | 污染治理设施其他信息 | | | | | | |

图 4-11

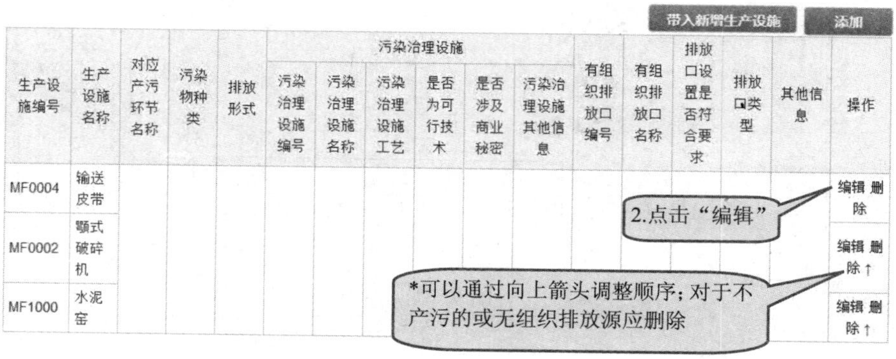


| 生产设施编号 | 生产设施名称 | 对应产污环节名称 | 污染物种类 | 排放形式 | 污染治理设施 | | | | | | 有组织排放口编号 | 有组织排放口名称 | 排放口设置是否符合要求 | 排放口类型 | 其他信息 | 操作 |
|---|---|---|---|---|---|---|---|---|---|---|---|---|---|---|---|---|
| | | | | | 污染治理设施编号 | 污染治理设施名称 | 污染治理设施工艺 | 是否为可行技术 | 是否涉及商业秘密 | 污染治理设施其他信息 | | | | | | |
| MF0004 | 输送皮带 | | | | | | | | | | | | | | | 编辑 删除 |
| MF0002 | 颚式破碎机 | | | | | | | | | | | | | | | 编辑 删除↑ |
| MF1000 | 水泥窑 | | | | | | | | | | | | | | | 编辑 删除↑ |

图 4-12

① dpi 表示图像每英寸长度内的像素点数。

②“添加”法（见图 4-13 至图 4-15）。

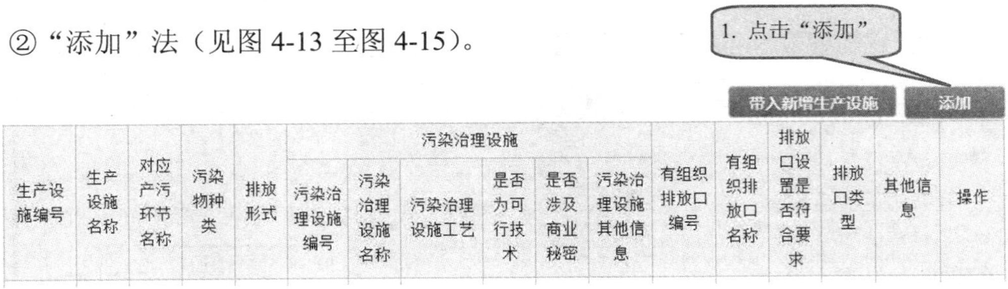


图 4-13

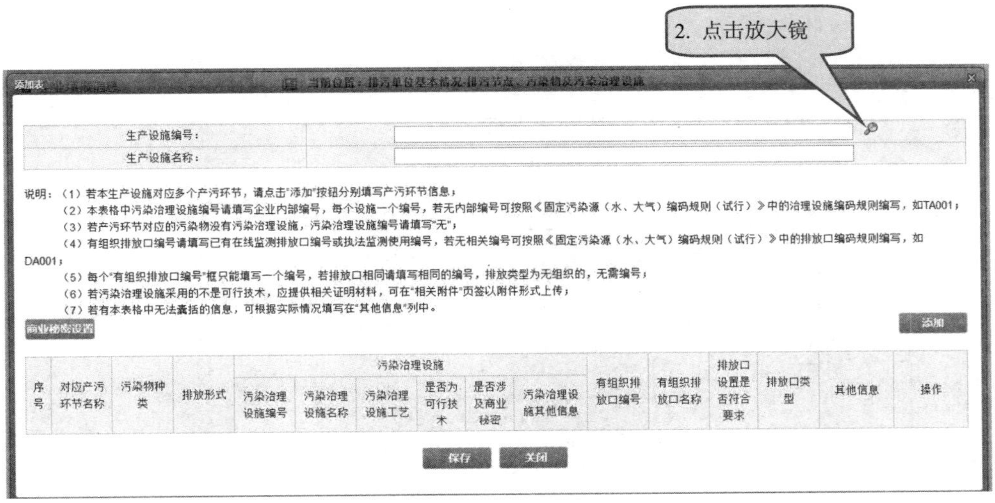


图 4-14

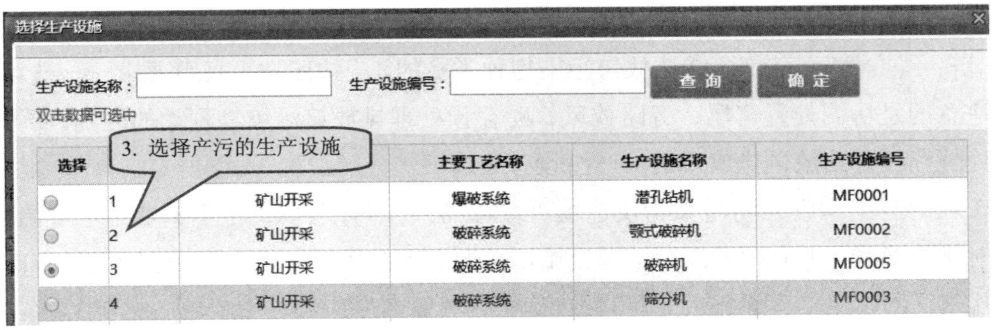


图 4-15

点击选择生产单元信息后通过点击“添加”完成相关信息的填报，具体步骤见图 4-16 和图 4-17。

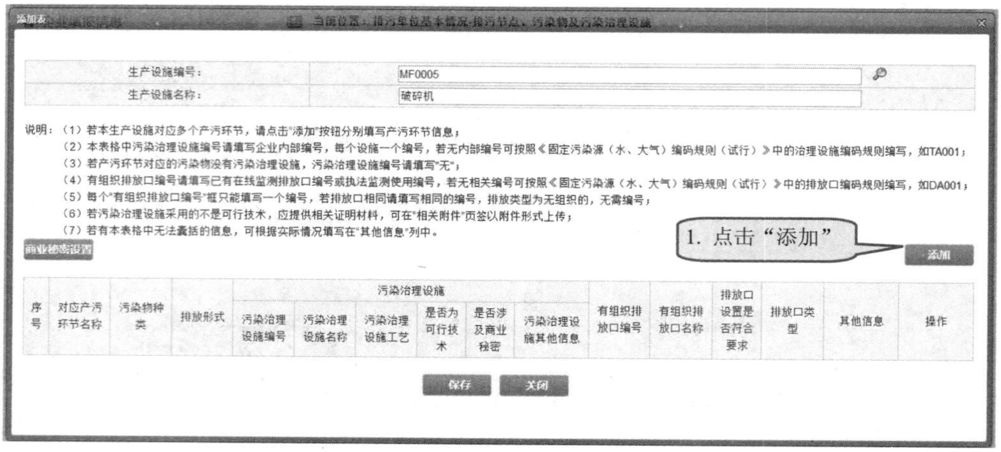


图 4-16

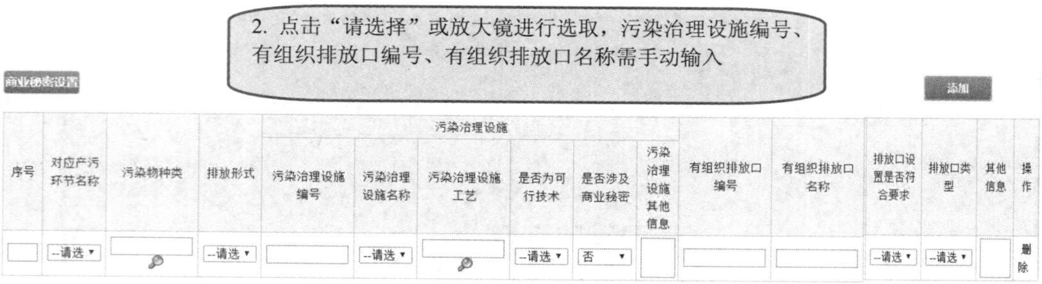


图 4-17

（2）注意事项：①针对带入不涉及有组织废气产污环节的生产设施应进行删除，如"冷却塔、预热器"等设备。②排放口污染物种类多的，应按照技术规范要求一一选填全，特别注意的是协同处置窑尾、旁路放风、贮存预处理排放口污染物种类的区别。③针对协同处置存在旁路放风排放口的，产污设备应选填"分解炉"。④根据 GB 4915 等标准，水泥工业的有组织颗粒物污染物仅选填"颗粒物"，不可选填"粉尘、烟尘"等名称。⑤针对排放形式，所有配置污染治理设施污染源，皆选择"有组织"。⑥针对低矮甚至无固定排气筒的污染治理设施应进行整改，确保排气筒高度应满足 GB 4915 的 4.3.3 条款的要求。⑦污染治理设施编号优先使用企业内部编号，如"1#水泥库顶袋除尘"，也可按照《固定污染源（水、大气）编码规则（试行）》编号（后者不推荐）。⑧排放口编号优先使用生态环境管理部门已核发的编号，若无，应使用内部编号，如"1#窑头排放口"，也可按照《固定污染源（水、大气）编码规则（试行）》编号（后者不推荐）。⑨针对多个污染源共用一个污染治理设施的情况，应在"污染治理设施其他信息"中备注清楚。⑩针对一个污染源配多个污染治理设施的情况，应一一填报。例如，1#熟料库顶、库底共配置了 7 台除尘器，应全部对应填报。⑪窑磨一体的生料磨机排气筒也应填报，与窑尾的排气筒编号一致。⑫采用独立热源的或窑尾余热的烘干设备排气筒的污染物种类应选填颗粒物、二氧化硫和氮氧化物。⑬水泥工业中，仅窑头、窑尾的废气排气筒为主要排放口，其余的皆为一般排放口。⑭污染治理设施工艺可以多选，企业应根据实际配置情况选填，并与《技术规范》附录 B 作对比，确定是否为可行技术。特别说明的是，对于未采用本标准所列污染防治可行技术的，排污单位应当在申请时提供相关证明材料（如已有监测数据；对于国内外首次采用的污染治理技术，还应当提供中试数据等说明材料），证明具备同等污染防治能力。

#### 4.3.5.2 废水产排污节点、污染物及污染治理设施信息填报流程及注意事项

（1）填报的内容：行业类别（默认“水泥制造”）、废水类别、污染物种类、排放去向、排放规律、污染治理设施编号、名称、工艺、是否为可行技术、有组织排放口编号、排放口设置是否符合要求、排放口类型等信息。

废水相关信息的填报流程见图 4-18 和图 4-19。

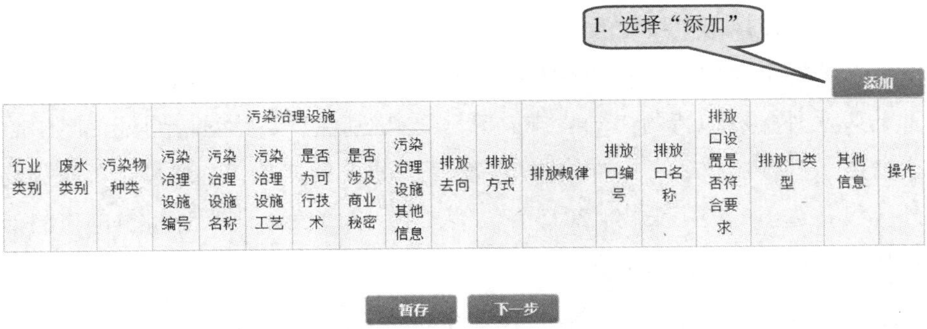


图 4-18

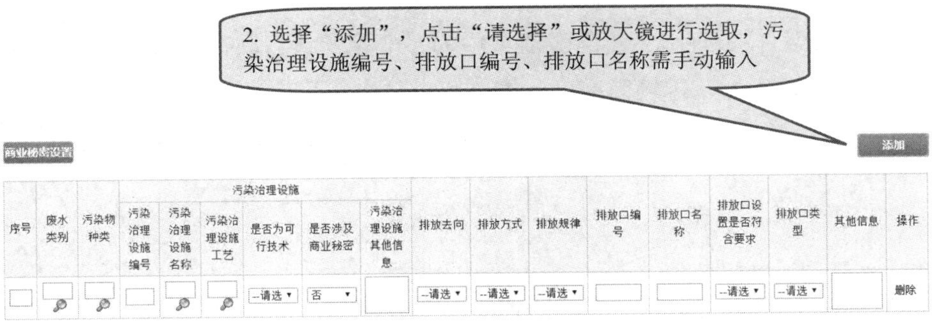


图 4-19

（2）注意事项：①行业类别默认为“水泥制造”，若有他业，根据要求选填。②水泥行业的废水类别为设备冷却排污水、余热发电锅炉循环冷却排污水、机修等辅助生产废水、垃圾渗滤液或其他生产废水、生活污水，应根据实际产污情况选填，即使不外排也应填报。③针对排放去向，“排至厂内综合污水处理站”指工序废水经处理后排至综合处理站。对于综合污水处理站，“不外排”指全厂废水经处理后全部回用不排放；废水直接排放至海域等外排的是指“经过厂内污水处理站处理达标后外排”，并填报相应的排放口编号。④废水污染治理设施编号优先使用企业内部编号，若无内部编号，可按照《固定污染源（水、大气）编码规则（试行）》编号（后者不推荐），废水污染治理设施编码为“TW”开头+三位数字。⑤应根据实际情况选择污染治理设施名称，针对废水直接入窑或分解炉焚烧的，应选择“篦冷机一段”或“分解炉”。⑥应根据污染治理设施对应选填污染治理设施工艺，此处为多选，应与《技术规范》附录C对照确定是否为可行技术。特别说明的是，对于未采用本标准所列污染防治可行技术的，排污单位应当在申请时提供相关证明材料（如已有监测数据；对于国内外首次采用的污染治理技术，还应当提供中试数据等说明材料），证明具备同等污染防治能力。⑦废水外排放口编号优先使用生态环境管理部门已核发的编号，若无生态环境管理部门已核发的编号，可填报内部编号，也可按照《固定污染源（水、大气）编码规则（试行）》编号（后者不推荐），废水排放口编码以“DW”开头+三位数字。⑧水泥工业的废水外排放口皆为“一般排放口”。⑨特别注意，针对协同处置产生的渗滤液或其他生产废水间接排放或直接排放的，首先应填报车间排放口并选填一类污染物，然后再填报外排口并选填二类污染物。2015年1月1日（含）后取得环评批复的协同处置项目还应根据环评文件确定其他污染物。

## 4.3.6 大气污染物排放信息-排放口信息填报流程及注意事项

### 4.3.6.1 大气排放口基本情况表填报流程及注意事项

（1）填报的内容：排放口编号（自动带入）、排放口名称（自动带入）、污染物种类（自动带入）、排放口地理坐标、排气筒高度、排气筒出口内径等信息（见图4-20和图4-21）。

| 排放口编号 | 排放口名称 | 污染物种类 | 排放口地理坐标 | | 排气筒高度（m） | 排气筒出口内径（m） | 其他信息 | 操作 |
|---|---|---|---|---|---|---|---|---|
| | | | 经度 | 纬度 | | | | |
| DA001 | 窑尾排放口 | 颗粒物 | | | | | | 编辑 |



图4-20

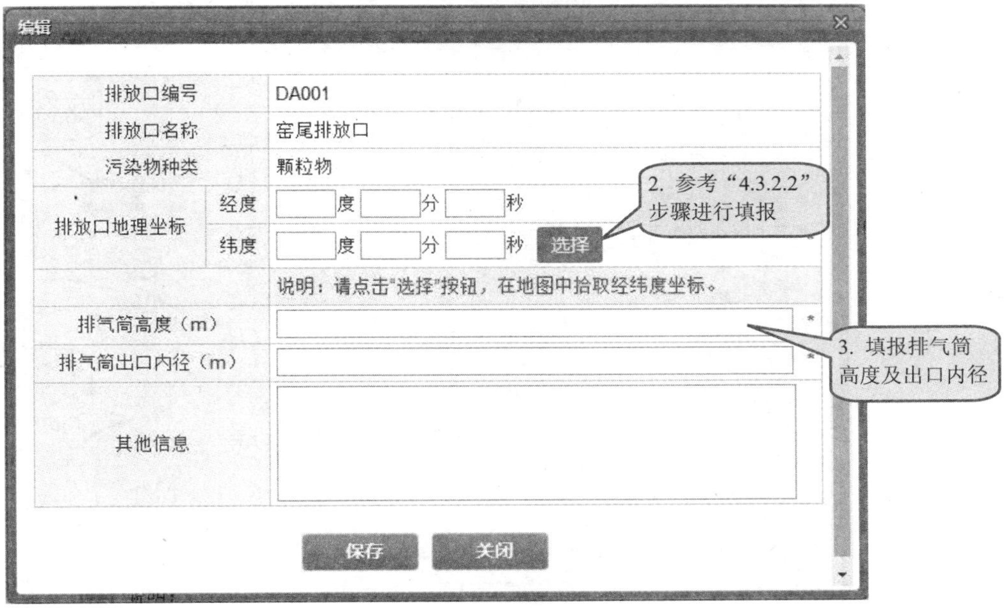


图 4-21

（2）注意事项：①排气筒高度为排气筒顶端距离地面的高度。②排气筒出口内径为监测点位的内径。③排气筒高度应满足 GB 4915 文件的 4.3.3 条款要求。④排放口地理坐标必须在系统上拾取。对于排放口的经纬度拾取过程中地图分辨率无法满足要求的，仅在可显示的分辨率下拾取大概位置即可（无法在地图上显示的新建项目可通过周边参照物拾取）。

#### 4.3.6.2 废气污染物排放执行标准信息表填报流程及注意事项

（1）填报内容：国家或地方污染物排放标准、环境影响评价批复要求、承诺更加严格排放限值等信息。按照下列步骤完成颗粒物排放限值信息的填报（见图 4-22）。

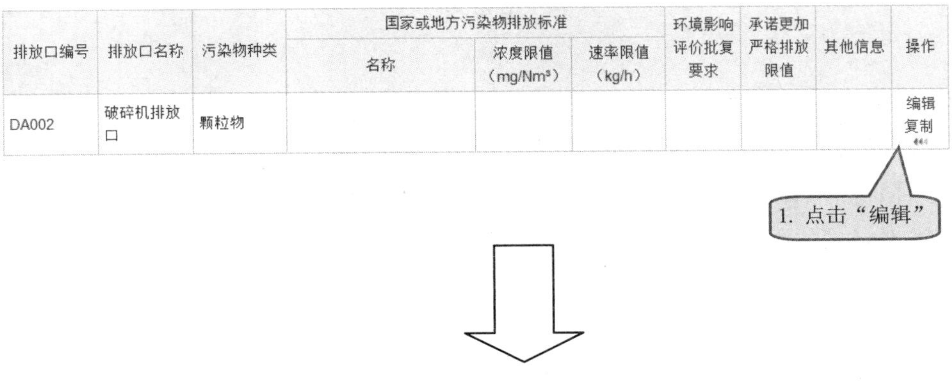

| 排放口编号 | 排放口名称 | 污染物种类 | 国家或地方污染物排放标准 | | | 环境影响评价批复要求 | 承诺更加严格排放限值 | 其他信息 | 操作 |
|---|---|---|---|---|---|---|---|---|---|
| | | | 名称 | 浓度限值（mg/Nm³） | 速率限值（kg/h） | | | | |
| DA002 | 破碎机排放口 | 颗粒物 | 水泥工业大气污染物排放标准GB 4915-2013 | 20 | / | / | / | | 编辑 复制 |

注：mg/Nm$^3$表示标准态气体浓度限值单位为mg/m$^3$。

图 4-22

（2）注意事项：①选择执行标准时，应先确定所在地有无地方标准，并根据“排放浓度限值从严确定原则”选择执行标准名称。②执行的标准中有速率限值的应填报，否则填“/”。③“环评影响评价批复要求”无须填报。④企业可根据自身的管理需求决定是否填报“承诺更加严格排放限值”。若填报，该限值不作为达标判定的依据。⑤若有地方标准而选填时缺少该标准，应与地方生态环境管理部门联系添加。

## 4.3.7 大气污染物排放信息-有组织排放信息填报流程及注意事项

### 4.3.7.1 主要排放口信息填报流程及注意事项（一般排放口填报流程参考主要排放口）

（1）填报内容：排放口编号（自动带入）、排放口名称（自动带入）、污染物种类（自动带入）、申请许可排放浓度限值（自动带入）、申请许可排放速率限值（自动带入）、申请年许可排放量、申请特殊排放浓度限值、申请特殊时段许可排放量限值（见图4-23）。

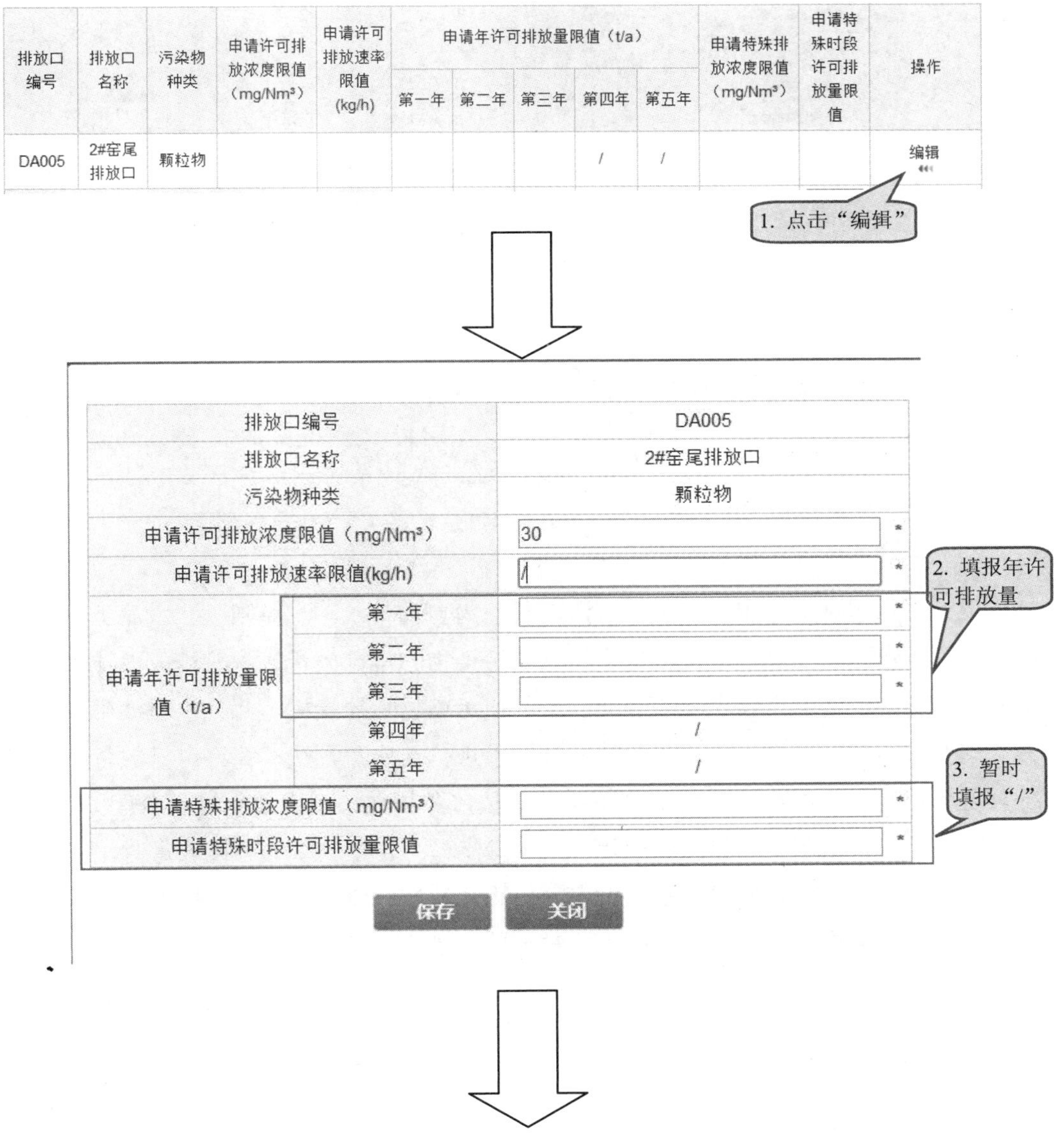

| 排放口编号 | 排放口名称 | 污染物种类 | 申请许可排放浓度限值（mg/Nm³） | 申请许可排放速率限值（kg/h） | 申请年许可排放量限值（t/a） | | | | | 申请特殊排放浓度限值（mg/Nm³） | 申请特殊时段许可排放量限值 | 操作 |
|---|---|---|---|---|---|---|---|---|---|---|---|---|
| | | | | | 第一年 | 第二年 | 第三年 | 第四年 | 第五年 | | | |
| DA005 | 2#窑尾排放口 | 颗粒物 | | | | | | / | / | | | 编辑 |

| | | |
|---|---|---|
| 排放口编号 | | DA005 |
| 排放口名称 | | 2#窑尾排放口 |
| 污染物种类 | | 颗粒物 |
| 申请许可排放浓度限值（mg/Nm³） | | 30 * |
| 申请许可排放速率限值(kg/h) | | / * |
| 申请年许可排放量限值（t/a） | 第一年 | * |
| | 第二年 | * |
| | 第三年 | * |
| | 第四年 | / |
| | 第五年 | / |
| 申请特殊排放浓度限值（mg/Nm³） | | * |
| 申请特殊时段许可排放量限值 | | * |

保存 关闭

| 排放口编号 | 排放口名称 | 污染物种类 | 申请许可排放浓度限值（mg/Nm³） | 申请许可排放速率限值(kg/h) | 申请年许可排放量限值（t/a） | | | | | 申请特殊排放浓度限值（mg/Nm³） | 申请特殊时段许可排放量限值 | 操作 |
|---|---|---|---|---|---|---|---|---|---|---|---|---|
| | | | | | 第一年 | 第二年 | 第三年 | 第四年 | 第五年 | | | |
| DA005 | 2#窑尾排放口 | 氟化物 | | | | | | / | / | | | 编辑 |
| DA005 | 2#窑尾排放口 | 二氧化硫 | 200 | / | 365 | 365 | 365 | / | / | / | / | 编辑 |
| DA005 | 2#窑尾排放口 | 汞及其化合物 | | | | | | / | / | | | 编辑 |
| DA005 | 2#窑尾排放口 | 氮氧化物 | 400 | / | 730 | 730 | 730 | / | / | / | / | 编辑 |
| DA005 | 2#窑尾排放口 | 颗粒物 | 30 | / | 190 | 190 | 190 | / | / | / | / | 编辑 |
| DA005 | 2#窑尾排放口 | 氨（氨气） | | | | | | / | / | | | 编辑 |
| 主要排放口合计 | | | | 颗粒物 | | | | / | / | / | / | 计算<br>请点击计算按钮，完成加和计算 |
| | | | | SO2 | | | | / | / | / | / | |
| | | | | NOx | | | | / | / | / | / | |
| | | | | VOCs | | | | / | / | / | / | |
| | | | | 铅 | | | | / | / | / | | |

备注信息（说明：若有表格中无法囊括的信息或其他需要备注的信息，可根据实际情况填写在以下文本框中。）

4. 点击“计算”

↓

| | | | | | | | | |
|---|---|---|---|---|---|---|---|---|
| 主要排放口合计 | 颗粒物 | 190 | 190 | 190 | / | / | / | / |
| | SO2 | 365 | 365 | 365 | / | / | / | / |
| | NOx | 730 | 730 | 730 | / | / | / | / |
| | VOCs | | | | / | / | / | / |
| | 铅 | | | | / | / | / | |

计算 请点击计算按钮，完成加和计算

图 4-23

（2）注意事项：①申请许可排放浓度限值为自动带入。②原则上，水泥工业主要排放口仅许可颗粒物、二氧化硫、氮氧化物三项污染物的年排放量，一般排放口计算颗粒物年排放量。特别说明的是，表 1 中若增加了其他污染物管控指标，此处也自动生成，根据相关管理要求申报许可量。③该表应按照《技术规范》推荐方法核算许可排放量并填报（系统有返算机制，系统会将最终的许可排放量按照各排放口所占比例进行分配）。④本表的特殊时段许可排放限值和排放量暂填“/”。⑤核算主要排放口许可排放量时，应根据核算公式按排放口逐个进行核算，求和得出；核算一般排放口排放量，应根据核算公式按排放口分类类型逐类进行核算，求和得出。对于排污单位有多条生产线的，首先按单条生产线核算许可排放量，加和后即为排污单位许可排放量。

#### 4.3.7.2 申请特殊时段许可排放量限值填报流程及注意事项（见图 4-24）

| | 时间 | 污染物 | 申请特殊时段许可排放量限值（t/d） |
|---|---|---|---|
| 申请特殊时段许可排放量限值 | 第1年 | 颗粒物 | |
| | | 二氧化硫 | |
| | | 氮氧化物 | |
| | 第2年 | 颗粒物 | |
| | | 二氧化硫 | |
| | | 氮氧化物 | |
| | 第3年 | 颗粒物 | |
| | | 二氧化硫 | |
| | | 氮氧化物 | |

图 4-24

暂时填报“/”，由生态环境主管部门在“增加的管理内容”中增加管理要求。

#### 4.3.7.3 错峰生产时段月许可排放量限值填报流程及注意事项

（1）填报内容：年份、时间段、错峰生产时段月许可排放量限值（见图 4-25）。

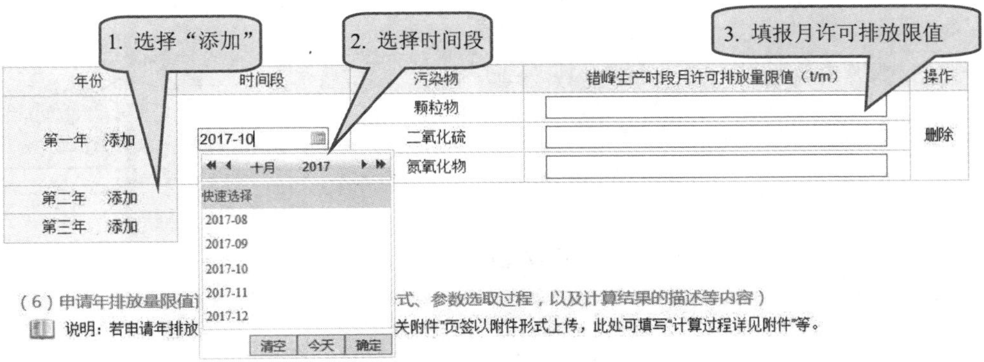


图 4-25

（2）注意事项：①因排污许可证的有效期为滚动 12 个月，因此添加时间段时，应添加完自申报日期后 12 个月内的错峰生产时间段。②核算月许可排放量时，应充分考虑取证时间、错峰生产要求、申请月的自然天数。③错峰生产期间窑磨全停的也应申请月许可排放量，各类污染物月许可排放量为 0。

### 4.3.8 大气污染物排放信息-无组织排放信息

#### 4.3.8.1 大气污染物无组织排放信息填报流程及注意事项

（1）填报内容：行业类别（自动带入）、无组织排放编号、产污环节、污染物种类、主要污染防治措施、污染物排放标准、浓度限值、年许可排放量限值等信息（见图 4-26

和图 4-27）。

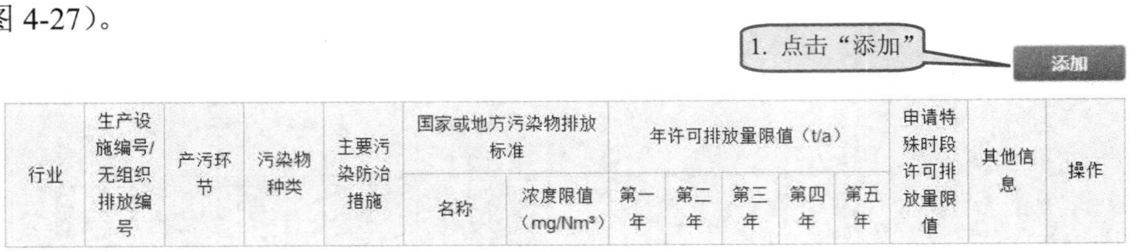


图 4-26

图 4-27

（2）注意事项：①本表仅填报厂界无组织。“无组织排放编号”选填“厂界”即可（针对无组织排放源的总体管控要求，在该表的下表填报）。②厂界无组织污染物种类的选填应根据企业的类型确定。③执行标准的选填及限值的填报应从严确定。特别注意的是，协同处置固体废物时的厂界无组织“氨”排放限值应执行 GB 4915。④针对水泥工业排污单位，无组织排放不设置许可排放量要求，该表的“年许可排放量限值”“申请特殊时段许可排放量限值”处填报“/”。

#### 4.3.8.2 水泥工业企业生产无组织排放控制要求

（1）填报内容：是否属于重点地区、生产单元、生产工序、无组织排放控制要求、公司无组织管控现状（见图 4-28 至图 4-30）。

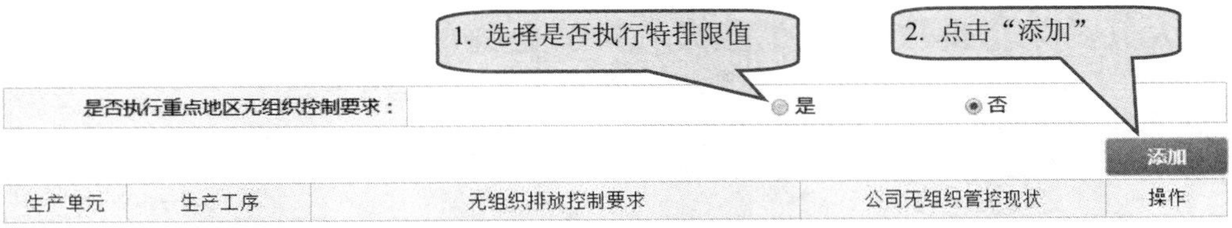


图 4-28

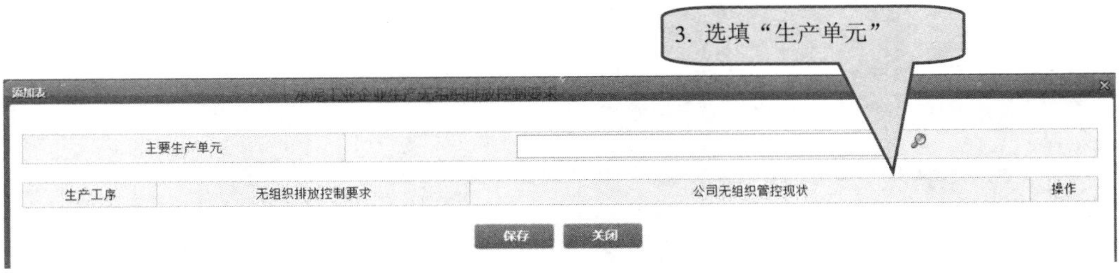


图 4-29

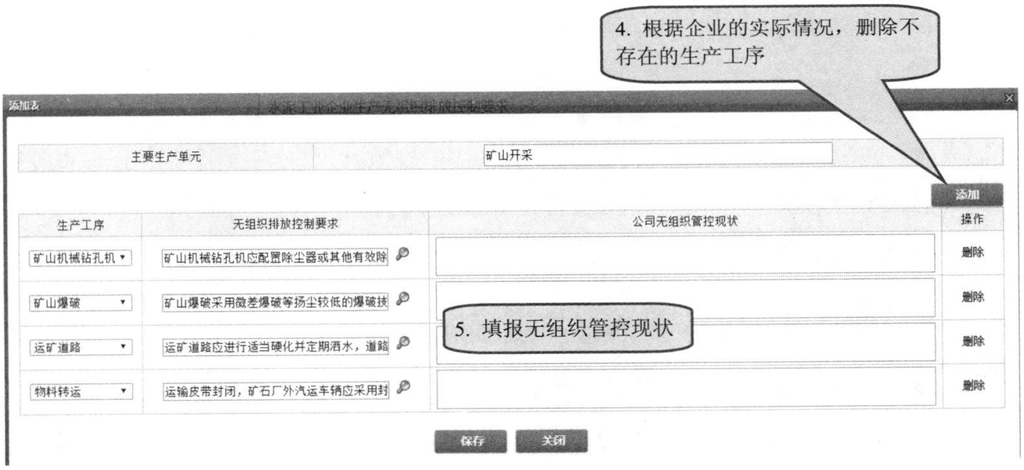


图 4-30

（2）注意事项：①企业填报时，执行特别排放限值或严于国标排放限值的排污单位应选择“是”，否则应选择“否”。②排污单位在“生产单元”选填时，应根据企业类型选填，不可漏选。③针对选填的“生产单元”中不存在的生产工序应进行删除。④结合“无组织排放控制要求”和企业的实际情况填报“公司无组织管控现状”。特别注意的是，企业填报的管控措施不应低于管控要求。⑤特别注意：任何类型企业都应选填“公用单元”的“其他”管理要求。

## 4.3.9 大气污染物排放信息-企业大气排放总许可量

（1）填报内容：全厂合计量（见图 4-31）。

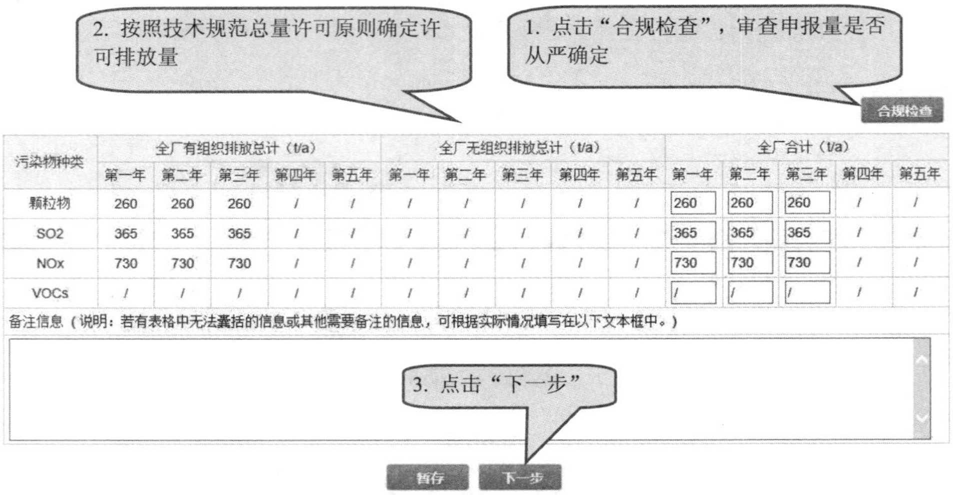


| 污染物种类 | 全厂有组织排放总计（t/a） | | | | | 全厂无组织排放总计（t/a） | | | | | 全厂合计（t/a） | | | | |
|---|---|---|---|---|---|---|---|---|---|---|---|---|---|---|---|
| | 第一年 | 第二年 | 第三年 | 第四年 | 第五年 | 第一年 | 第二年 | 第三年 | 第四年 | 第五年 | 第一年 | 第二年 | 第三年 | 第四年 | 第五年 |
| 颗粒物 | 260 | 260 | 260 | / | / | / | / | / | / | / | 260 | 260 | 260 | / | / |
| SO2 | 365 | 365 | 365 | / | / | / | / | / | / | / | 365 | 365 | 365 | / | / |
| NOx | 730 | 730 | 730 | / | / | / | / | / | / | / | 730 | 730 | 730 | / | / |
| VOCs | / | / | / | / | / | / | / | / | / | / | / | / | / | / | / |

备注信息（说明：若有表格中无法囊括的信息或其他需要备注的信息，可根据实际情况填写在以下文本框中。）

图 4-31

（2）注意事项：①该表的全厂合计值为按照技术规范从严取值原则核算出来的最终许可量。②综合公司的实际情况确定是否进行返算及返算的年份。③企业应将许可排放量（包括月许可排放量）的详细核算过程作为附件上传，方便后期环保执法。

## 4.3.10 水污染物排放信息-排放口填报流程及注意事项

### 4.3.10.1 废水直接排放口基本情况填报流程及注意事项

（1）填报内容：排放口编号（自动带入）、排放口名称（自动带入）、排放去向（自动带入）、排放规律（自动带入）、间歇式排放时段、排放口地理位置、受纳水体信息、受纳水体经纬度。其填报内容具体见图 4-32 和图 4-33。

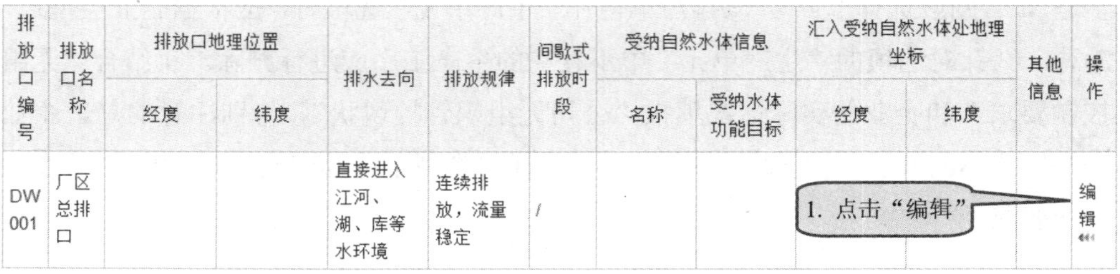


| 排放口编号 | 排放口名称 | 排放口地理位置 | | 排水去向 | 排放规律 | 间歇式排放时段 | 受纳自然水体信息 | | 汇入受纳自然水体处地理坐标 | | 其他信息 | 操作 |
|---|---|---|---|---|---|---|---|---|---|---|---|---|
| | | 经度 | 纬度 | | | | 名称 | 受纳水体功能目标 | 经度 | 纬度 | | |
| DW001 | 厂区总排口 | | | 直接进入江河、湖、库等水环境 | 连续排放，流量稳定 | / | | | | | | 编辑 |

图 4-32

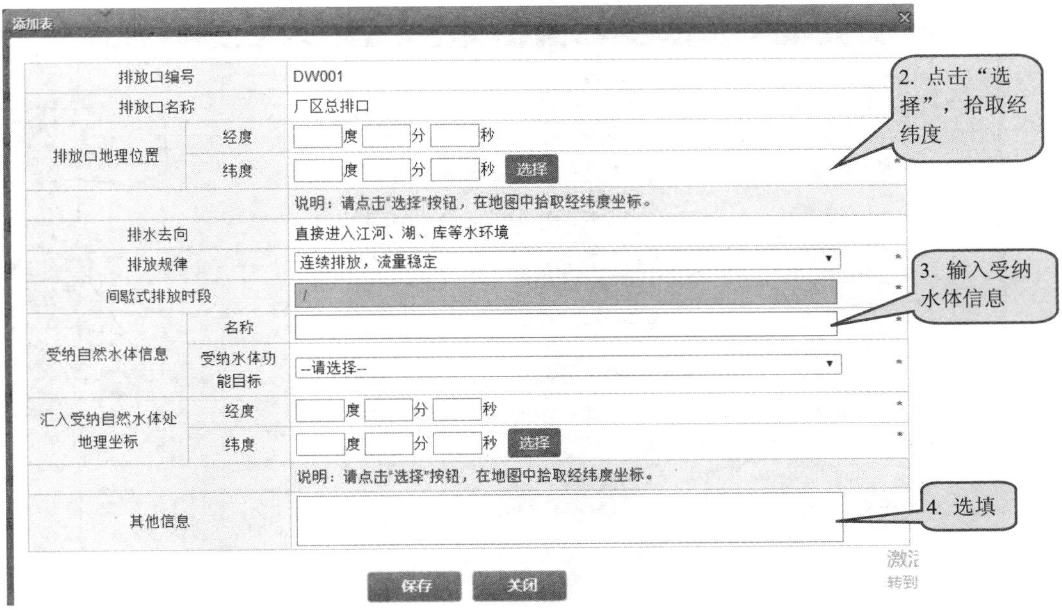


图 4-33

（2）注意事项：①受纳水体功能目标应根据各地的水功能区划进行确定。②经纬度的选择参考前文的方法。

### 4.3.10.2 废水间接排放口基本情况表填报流程及注意事项

（1）填报内容：排放口编号（自动带入）、排放口名称（自动带入）、排放口地理坐标、排放去向（自动带入）、排放规律（自动带入）、间歇式排放时段、受纳污水处理厂信息。其填报内容具体见图 4-34 和图 4-35。

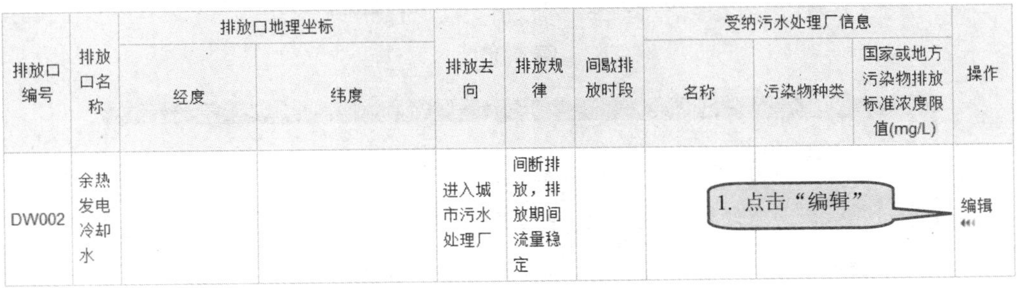

| 排放口编号 | 排放口名称 | 排放口地理坐标 | | 排放去向 | 排放规律 | 间歇排放时段 | 受纳污水处理厂信息 | | | 操作 |
|---|---|---|---|---|---|---|---|---|---|---|
| | | 经度 | 纬度 | | | | 名称 | 污染物种类 | 国家或地方污染物排放标准浓度限值(mg/L) | |
| DW002 | 余热发电冷却水 | | | 进入城市污水处理厂 | 间断排放，排放期间流量稳定 | | | | | 编辑 |



图 4-34

图 4-35

（2）注意事项：①选填"污染物种类"时应选填排入受纳污水处理厂的所有污染因子。②选填"国家或地方污染物排放标准浓度限值"时应填报污水处理厂外排浓度限值。

### 4.3.10.3 废水污染物排放执行标准表填报流程及注意事项

（1）填报内容：排放口编号（自动带入）、排放口名称（自动带入）、污染物种类（自动带入）、国家或地方污染物排放标准、浓度限值。按照图 4-36 至图 4-39 中步骤 1～4 完成该表的填报，其他污染物参考此步骤填报，同类污染物可采用复制法填报。

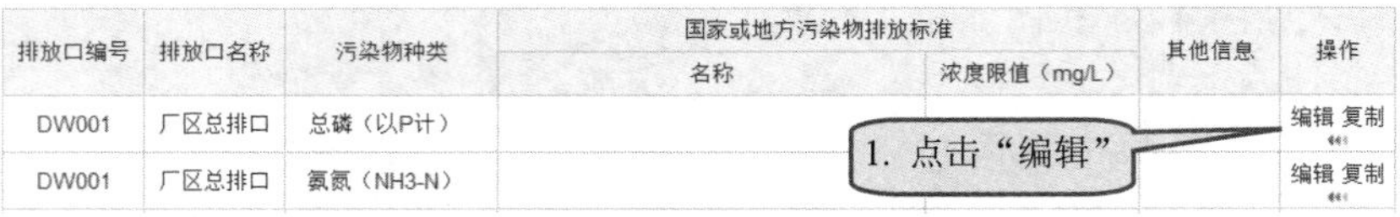


图 4-36

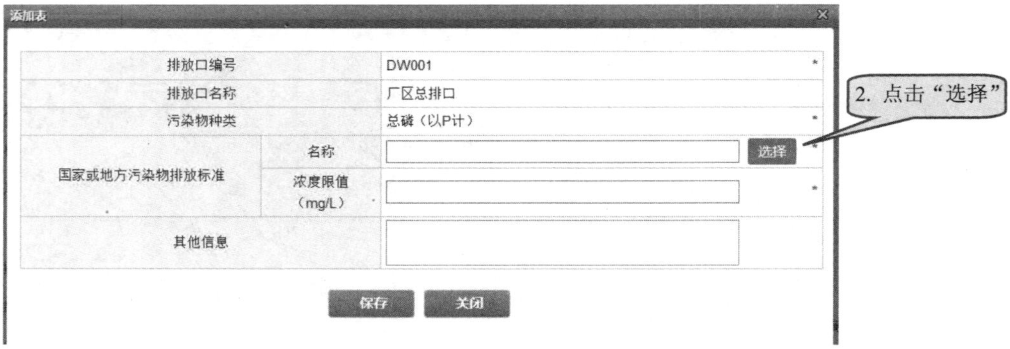


图 4-37

图 4-38

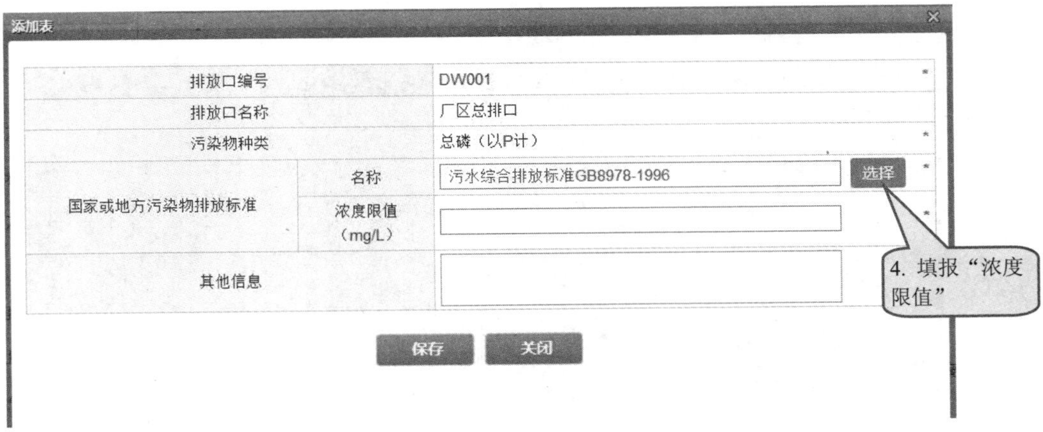


图 4-39

（2）注意事项：①针对执行标准名称的选择，填报时应先确定有无地方标准，然后再根据 GB 8978、GB/T 31962 从严确定。②根据选填的执行标准确定“浓度限值”。③若有地方标准而选填时缺少该标准，应与地方生态环境管理部门联系添加。

### 4.3.11 水污染物排放信息-申请排放信息填报流程及注意事项

根据《技术规范》，水泥工业废水原则上仅许可排放浓度，不许可排放量，因此该表皆填报“/”即可。针对核发部门有总量控制要求的从其规定（此处不再说明，具体原则可参考废气）。

## 4.3.12 环境管理要求-自行监测要求填报流程及注意事项

### 4.3.12.1 自行监测要求

（1）填报内容：污染源类别（自动带入）、排放口编号（自动带入）、排放口名称（自动带入）、监测内容、监测设施、自动监测信息、手工监测信息等（见图 4-40 和图 4-41）。

该处基本上都是选填项，仅需手工填报自动监测仪器名称、自动监测仪器安装位置信息，企业根据实际情况选择填报即可。

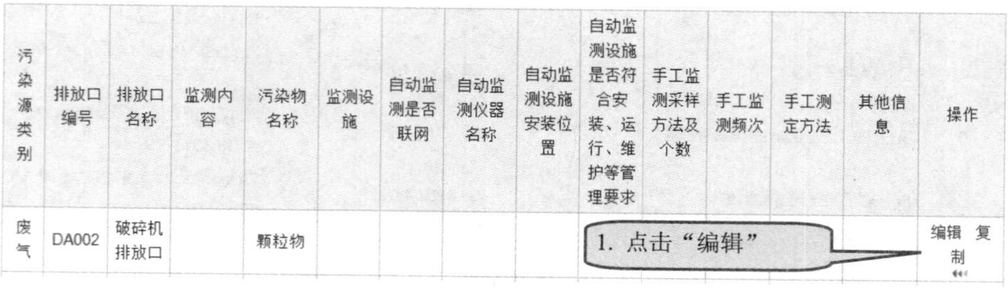

| 污染源类别 | 排放口编号 | 排放口名称 | 监测内容 | 污染物名称 | 监测设施 | 自动监测是否联网 | 自动监测仪器名称 | 自动监测设施安装位置 | 自动监测设施是否符合安装、运行、维护等管理要求 | 手工监测采样方法及个数 | 手工监测频次 | 手工测定方法 | 其他信息 | 操作 |
|---|---|---|---|---|---|---|---|---|---|---|---|---|---|---|
| 废气 | DA002 | 破碎机排放口 | | 颗粒物 | | | | | | | | | | 编辑 复制 |



图 4-40

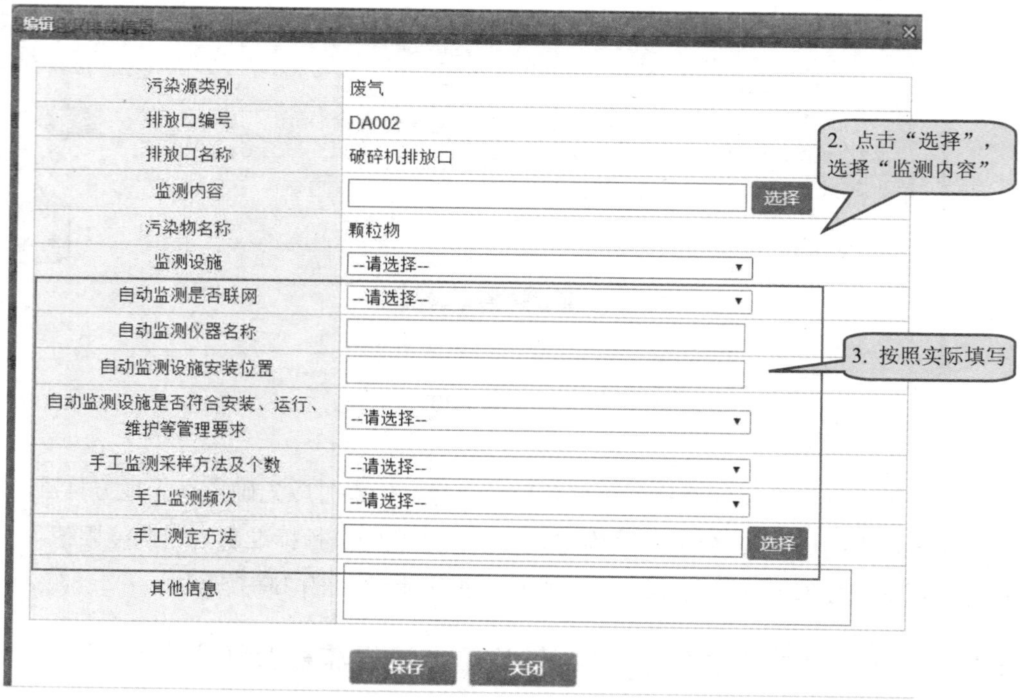



图 4-41

（2）注意事项：①监测内容是为监测污染物浓度而需要监测的各类参数，而非选择污染物名称。有组织一般排放口（颗粒物）及窑头排放口的监测内容为“烟气温度、烟气湿度、烟气流速、烟道截面积”，特别注意的是，监测水泥窑尾、使用窑尾余热烘干物料、独立热源的排气筒污染物时，还应选填“氧含量”。污水的监测内容为“流量”。②同一污染物的自行监测信息可以通过复制法完成填报，监测内容、频次等不一致的应进行调整。③手工监测频次应不低于行业自行监测指南要求。针对煤磨机、水泥磨机、包装机、破碎机配套除尘器的监测频次选填“1 次/半年”，应备注“合理安排监测计划，保证每个季度相同种类治理设施的监测点位数量基本平均分布”。特别说明的是，如果以上四类除尘器每一类仅有一台的，每个季度都应开展监测。④手工监测方法应根据相关监测技术规范、标准要求选填。⑤针对采用“自动监测”的污染物，还应选填在线监测故障时的手工监测，监测频次为“每天不少于 4 次，间隔不得超过 6 h”，其他信息中备注“在线监测发生故障时”。

#### 4.3.12.2 其他自行监测及记录信息

（1）填报内容：污染源类别、编号、监测内容、污染物名称、监测设施、自动监测相关信息、手工监测相关信息等。

（2）注意事项：①针对水泥工业排污单位，应在本表填报废气厂界无组织的自行监测。特别注意的是，针对新增排放源环评文件要求的环境质量监测，也应在此填报。②无组织监测内容选填“风向、风速”，而非选择污染物名称。③针对厂界无组织，排污单位应根据生产线配置情况选填污染物名称。④监测频次应满足技术规范或监测技术指南要求。

### 4.3.13 环境管理台账记录要求填报流程及注意事项

（1）填报内容：设施类别、操作参数、记录内容、记录频次、记录形式等信息。具体内容应按照《技术规范》8.1 章节的要求填报（见图 4-42）。

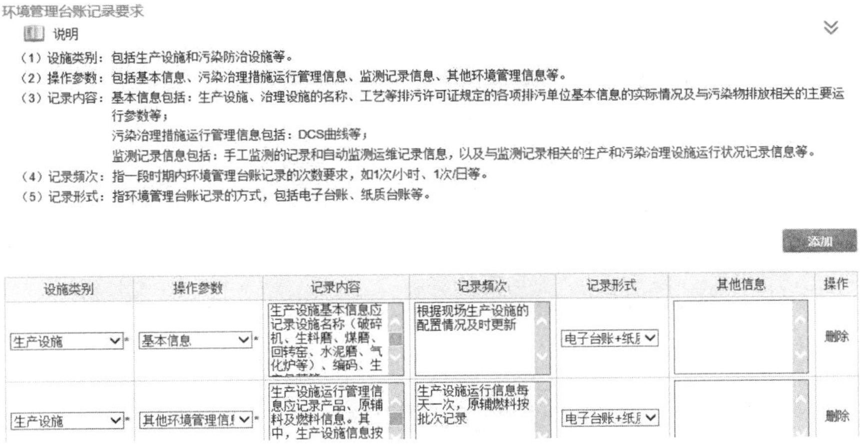


图 4-42

（2）注意事项：①设施类别中，一定要按照《技术规范》填报。生产设施应填报基本信息和运行管理信息。污染治理设施信息应填报基本信息、运行管理信息、监测记录信息和其他环境管理信息。②因《技术规范》中对各类环保设施的运行台账记录频次要求不同，填报时记录内容和记录频次应一一对应填报，填报的记录内容和频次不得低于《技术规范》要求。③记录形式应选择“电子台账+纸质台账”并备注“台账保存期限不少于三年”。

### 4.3.14 地方生态环境部门依法增加的内容

（1）填报内容：有核发权的地方生态环境主管部门增加的管理内容和改正措施（如需，此处不做流程介绍）（见图 4-43）。

噪声排放信息

| 噪声类别 | 生产时段 | | 执行排放标准名称 | 厂界噪声排放限制 | | 备注 |
|---|---|---|---|---|---|---|
| | 昼间 | 夜间 | | 昼间,dB(A) | 夜间,dB(A) | |
| 稳态噪声 | 至 | 至 | 选择 | | | |
| 频发噪声 | 是 否 | 是 否 | 选择 | | | |
| 偶发噪声 | 是 否 | 是 否 | 选择 | | | |

固体废物排放信息

添加

| 固体废物来源 | 固体废物名称 | 固体废物种类 | 固体废物类别 | 固体废物描述 | 固体废物产生量（t/a） | 固体废物处理方式 | 固体废物综合利用处理量（t/a） | 固体废物处置量（t/a） | 固体废物贮存量（t/a） | 固体废物排放量（t/a） | 备注 | 操作 |
|---|---|---|---|---|---|---|---|---|---|---|---|---|

有核发权的地方环境保护主管部门增加的管理内容：

*

改正规定：

说明：针对申请的排污许可要求，评估污染排放及环境管理现状，对需要改正的，提出改正措施。

添加改正问题

| 序号 | 改正问题 | 改正措施 | 时限要求 | 操作 |
|---|---|---|---|---|

暂存　下一步

图 4-43

（2）注意事项：该表由生态环境部门根据企业的实际情况和填报情况进一步提出的管理要求。

### 4.3.15 相关附件填报流程

（1）填报内容：守法承诺书（必填）、排污许可证申领信息公开情况说明表（必填），其余信息根据企业的实际情况填报（文件上传流程参考前面步骤，此处不再介绍）（见图4-44）。

当前位置：相关附件

注：*为必填项，请上传doc;docx;xls;xlsx;pdf;zip;rar;jpg;png;gif;bmp;dwg;格式的文件,文件最大为1000MB

| 必传文件 | 文件类型名称 | 上传文件名称 | 操作 |
|---|---|---|---|
| * | 守法承诺书（需法人签字） | | 点击上传 |
| | 符合建设项目环境影响评价程序的相关文件或证明材料 | | 点击上传 |
| * | 排污许可证申领信息公开情况说明表 | | 点击上传 |
| | 通过排污权交易获取排污权指标的证明材料 | | 点击上传 |
| | 城镇污水集中处理设施应提供纳污范围、管网布置、排放去向等材料 | | 点击上传 |
| | 排污口和监测孔规范化设置情况说明材料 | | 点击上传 |
| | 达标证明材料（说明：包括环评、监测数据证明、工程数据证明等。） | | 点击上传 |
| | 生产工艺流程图 | 工艺流程.jpg 删除 | 点击上传 |
| | 生产厂区总平面布置图 | 厂区总平面布置.jpg 删除 | 点击上传 |
| | 监测点位示意图 | | 点击上传 |
| | 申请年排放量限值计算过程 | | 点击上传 |
| | 自行监测相关材料 | | 点击上传 |
| | 地方规定排污许可证申请表文件 | | 点击上传 |
| | 其他 | | 点击上传 |

下一步

图 4-44

（2）注意事项：守法承诺书（见图4-45）、排污许可证信息公开情况说明表（见图4-46）为必上传项，同时法人代表必须签字、单位盖章，建议将环评批复、申请年许可排放量计算过程等附件也上传，方便核发部门核发。

①承诺书中法定代表人或实际负责人应签字。②排污许可证信息公开情况说明表中，原则上必须选择公开“排污单位基本信息、拟申请的许可事项、产排污环节、污染防治设施”，否则应填写未公开内容的原因说明；“其他信息”为选择项，若选，则应填写相关的公开信息。③联系人、联系电话为“基本信息表”中的技术负责人及联系电话。④“公开方式”应明确公开的方式（若为网络公开，还应附上网络地址）。⑤“反馈意见处理情况”处不能为空，即使无反馈意见也要据实填报说明。⑥针对简化管理的独立粉磨站排污单位可不进行信息公开，但是也应填报不进行信息公开的情况说明并且法定代表人必须签字。

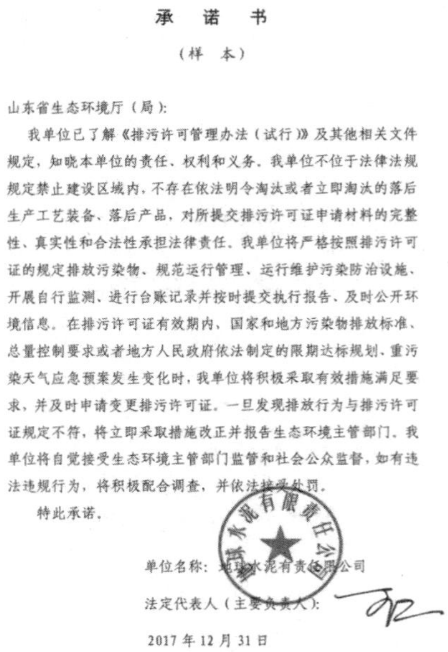

承　诺　书

（样　本）

山东省生态环境厅（局）：

我单位已了解《排污许可管理办法（试行）》及其他相关文件规定，知晓本单位的责任、权利和义务。我单位不位于法律法规规定禁止建设区域内，不存在依法明令淘汰或者立即淘汰的落后生产工艺装备、落后产品，对所提交排污许可证申请材料的完整性、真实性和合法性承担法律责任。我单位将严格按照排污许可证的规定排放污染物、规范运行管理、运行维护污染防治设施、开展自行监测、进行台账记录并按时提交执行报告、及时公开环境信息。在排污许可证有效期内、国家和地方污染物排放标准、总量控制要求或者地方人民政府依法制定的限期达标规划、重污染天气应急预案发生变化时，我单位将积极采取有效措施满足要求，并及时申请变更排污许可证。一旦发现排放行为与排污许可证规定不符，将立即采取措施改正并报告生态环境主管部门。我单位将自觉接受生态环境主管部门监管和社会公众监督，如有违法违规行为，将积极配合调查，并依法接受处罚。

特此承诺。

单位名称：地球水泥有责任限公司

法定代表人（主要负责人）：

2017 年 12 月 31 日

图 4-45

排污许可证申领信息公开情况说明表（试行）

| 企业基本信息 | | | |
|---|---|---|---|
| 1. 单位名称 | 地球水泥有责任限公司 | 2. 通讯地址 | 山东省**市**县 |
| 3. 生产区所在地 | 山东省**市**县 | 4. 联系人 | 张三 |
| 5. 联系电话 | 12345678910 | 6. 传真 | 0530-1111111 |
| 信息公开情况说明 | | | |
| 信息公开起止时间 | 自 2017 年 12 月 10 日至 2017 年 12 月 15 日 | | |
| 信息公开方式 | 公共网站<br>http://permit.mee.gov.cn/permitExt/syssb/xxgk/xxgk!sqqlist.action | | |
| 信息公开内容 | 是否公开下列信息<br>☑排污单位基本信息<br>☑拟申请的许可事项<br>☑产排污环节<br>☑污染防治设施<br>□其他信息<br><br>未公开内容的原因说明：无 | | |
| 反馈意见处理情况 | 信息公开期间无反馈意见 | | |

单位名称：地球水泥有责任限公司

法定代表人（签字）：

日期：2017 年 12 月 31 日

图 4-46

## 4.3.16　许可证变更流程

许可证变更时首先点击“许可证变更”（见图 4-47），后按照实际情况进行变更填报（见图 4-48），具体填报内容同 4.3.2 节至 4.3.15 节。

图 4-47

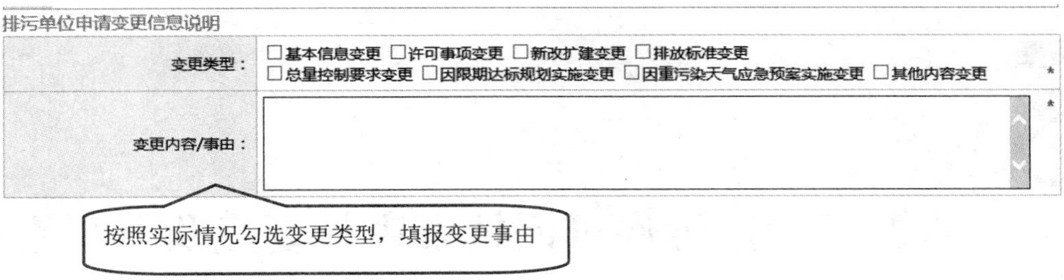
排污单位申请变更信息说明
变更类型：
□基本信息变更 □许可事项变更 □新改扩建变更 □排放标准变更
□总量控制要求变更 □因限期达标规划实施变更 □因重污染天气应急预案实施变更 □其他内容变更
变更内容/事由：
按照实际情况勾选变更类型，填报变更事由

图 4-48

# 5 水泥工业排污许可证核发审核要点及典型案例分析

## 5.1 申报材料的审查要点

### 5.1.1 审核总体要求

（1）企业各项申请材料和生态环境部门补充信息应完整、规范。

（2）复审时，除应关注是否按照前版审核意见修改外，还需注意是否出现新问题。

### 5.1.2 申报资料的完整性审核

申报资料的完整性应具备以下条件：

（1）排污许可证申请表；

（2）守法承诺书；

（3）申请前信息公开情况说明表（简化管理除外）；

（4）附图（工艺流程图和平面布置图）；

（5）相关附件等材料。

以下两种情形不予受理：

（1）位于法律法规明确规定禁止建设区域内的水泥工业排污单位或者生产装置。

（2）属于国家或地方已明确规定予以淘汰或取缔的水泥工业排污单位或者生产装置。

### 5.1.3 申报资料的规范性审核

#### 5.1.3.1 申请前信息公开

（1）信息公开时间应不少于 5 个工作日，公开的起止时间应和《排污许可证申请前信息公开表》的公开时间一致。

（2）公开方式应明确，若为网络公示，还应明确相应的网址。

（3）信息公开内容应符合《排污许可管理办法（试行）》要求。若选填了“其他信息”，应明确涵盖的内容。

（4）申请前信息公开期间收到的意见应进行逐条答复。若未收到意见，也应填报情况说明，不可为空。

（5）署名应为法定代表人，且应与排污许可证申请表、承诺书等保持一致。有法定代表人的一定要填写法定代表人，对于没有法定代表人的企事业单位，如个体工商户、私营企业者等，这些单位可以由实际负责人签字。此外，对于集团公司下属不具备法定代表人资格的独立分公司，也可由实际负责人签字。

（6）开具日期应在信息公开截止日期之后。

#### 5.1.3.2 守法承诺书

应按照模板签字上报，严禁删改。

#### 5.1.3.3 排污许可证申请表

排污许可证申请表主要核查企业基本信息，主要生产装置、产品及产能信息，主要原辅材料及燃料信息，生产工艺流程图，厂区总平面布置图，废气、废水等产排污环节，排放污染物种类及污染治理设施信息，执行的排放标准，许可排放浓度和排放量，申请排放量限值计算过程，自行监测及记录信息，环境管理台账记录等。

（1）表 1-排污单位基本信息表

①组织机构代码和统一社会信用代码仅需填报一个。

②是否属于重点控制区，应结合生态环境部相关公告进行确定。对于属于重点控制区的，是否执行特别排放限值应根据环评文件取得时间和地方政府发文进行确定，具体原则为“2013 年 12 月 27 日（含）后取得环评批文的水泥项目排放限值应按照 GB 4915 中的特别排放限值及其他国家标准、地方标准（若有）从严确定。2013 年 12 月 27 日前取得环评批文的水泥项目则根据国务院生态环境主管部门或省级人民政府下发的执行特别排放限值的时间和地域范围文件要求确定是否执行特别排放限值，然后根据国家标准、地方标准（若有）从严确定”。对于京津冀“2+26”城市是否执行特别排放限值按照《关于京津冀大气污染传输通道城市执行大气污染物特别排放限值的公告》（环境保护部公告 2018 年第 9 号）要求执行。

③原则上，企业应具备项目环评批复或违规认定（备案）文件，根据这些文件的文号识别新增排放源和现有排放源，如两者皆无，应核实企业具体情况。

④污染物总量控制要求应具体到污染物类型及其指标，同时应与后续许可量计算过程及许可量申请数据进行对比，按《技术规范》确定许可量。特别注意的是，烟尘和粉尘统一归类为颗粒物。系统已默认六类污染物总量控制指标，若地方有其他需要控制总量指标的，按照要求选填。

（2）表 2-主要产品及产能信息表

①主要生产单元、生产工艺及生产设施按《技术规范》填报，不应混填。

②除运输皮带外，相同生产设施应分别一一填报，不应采取备注数量的方式，具体填报内容按照《技术规范》表 1 填报。

③水泥工业主要产品仅为水泥、熟料（他业除外），熟料产能仅在熟料生产单元熟料煅烧系统中填报，水泥产能仅在水泥粉磨单元的水泥粉磨系统中填报，其他系统不应填报产能。该表填报的“产能”是实际核定产能，为工信部门核定的实际产能批复或根据相关产能核定文件确定。年运行时间依据环境影响评价文件及其批复、地方政府对违规项目的认定或备案文件确定。

④针对多条熟料线的，应在主要生产单元处编号识别。

⑤除储库的参数为容量或储量外，其他需要填报两个参数的应按照要求填报。

⑥重点审查有余热发电设备的是否漏填报软化水制备设备。

⑦对于同一法人单位的骨料生产、矿渣微粉、商混单元，应一并在表 2 中申报，并申报环评批复的产能。

（3）表 3-主要原辅材料及燃料信息表

①原辅料的选填，不仅是生产水泥（熟料）所用的原辅料，还应选填脱硫剂、脱硝剂、污水处理添加剂等辅料。针对熟料，仅填报外购量。年最大使用量为全厂同类型原辅料的总计，可以根据设计文件或环评文件来确定。

②针对水泥（熟料）制造排污单位和有烘干机的独立粉磨站，所有含硫元素的原辅料的硫占比都应填报数据。

③协同处置危险废物的水泥（熟料）制造排污单位还应根据危险废物的特性填报氯、氟、汞、铊、镉、铅、砷、铍、铬、锡、锑、铜、钴、锰、镍、钒等有毒有害成分，协同处置非危险废物的不做要求。

④针对水泥（熟料）排污单位，不仅填报熟料生产的燃料，烘窑用燃油以及烘干磨的燃料也应填报。针对独立粉磨站排污单位，配套烘干磨的应填报燃料信息。

⑤燃煤应填报灰分、硫分、挥发分、热值等内容。燃油应填报硫分、热值等内容，灰分和挥发分处填“/”。

⑥特别注意热值单位为 MJ/kg 或 $MJ/m^3$，若企业统计报表单位为“大卡”或其他，应进行折算填报。

⑦针对协同处置排污单位为独立法人的，水泥（熟料）制造排污单位和协同处置排污单位的排污许可证中都应填报固体废物的类别及处理量。

（4）表 4-废气产排污节点、污染物及污染治理设施信息表

①应按照《技术规范》将产排污环节填写完整；重点审查原料磨的产污环节是否漏填

报、是否与窑尾废气一个排放口。

②针对排放口的识别，仅窑头、窑尾排放口为主要排放口，其余皆为一般排放口。

③根据行业标准，水泥工业的有组织颗粒物污染物仅选填“颗粒物”，不可选填“粉尘、烟尘”等名称。

④针对排放形式，所有配置污染治理设施且有固定排放口的污染源，皆选择“有组织”。

⑤针对颗粒物的“污染治理设施工艺”，若为袋式除尘器，应明确除尘器所采用的滤料。

⑥重点审查脱硝系统的“污染治理设施工艺”，仅“SNCR”的为非可行技术。对于未采用可行技术的污染控制环节，应填写“否”，并提供相关证明材料。

⑦针对窑尾废气污染物无专门治理设施的，如氟化物，应备注“协同控制”。

⑧重点审查使用窑尾余热、独立热源烘干物料的独立排放口污染物种类应为“颗粒物、二氧化硫和氮氧化物”。

⑨针对协同控制，审查是否漏填报贮存预处理排放口，污染物种类是否选填全。

⑩针对协同处置存在旁路放风排放口的，一定在“分解炉”这里对应填报，协同处置危废的污染物种类为 11 类，协同处置非危废的污染物种类为 10 类。

⑪水泥窑尾排放口的污染物为 6 类，协同处置窑尾排放口的污染物为 11 类，审查是否选填全。

（5）表 5-废水类别、污染物及污染治理设施信息表

①各类废水应分行单独填报，重点审查污染因子是否选填全。

②水泥行业的废水类别为设备冷却排污水、余热发电锅炉循环冷却排污水、机修等辅助生产废水、垃圾渗滤液或其他生产废水、生活污水，应根据实际产污情况选填。重点审查协同处置排污单位的渗滤液、有余热发电工序的余热发电循冷却排污水是否漏填报。

③针对协同处置产生的渗滤液或其他生产废水间接排放或直接排放的，首先应填报车间排放口并选填一类污染物，然后再填报外排口并选填二类污染物。2015 年 1 月 1 日（含）后取得环评批复的协同处置项目的渗滤液或其他生产废水中其他污染物还应根据环评文件确定。

（6）表 6-大气排放口基本情况表

对于目前填报的排气筒高度不满足 GB 4915 要求或排放口不规范的，核发部门应提出限期整改要求。

（7）表 7-废气污染物排放执行标准表

①关于选择执行标准时，应先确定所在地有无地方标准，并根据“排放浓度限值从严确定”选择执行标准名称。特别排放限值应根据表 1 的①进行确定。

②贮存预处理的硫化氢、氨、臭气和非甲烷总烃为速率限值，其余的为浓度限值。

③重点审查煤磨独立排放口的浓度限值。

（8）表 8-大气污染物有组织排放表

①申请的许可排放量应与计算过程保持一致，从严确定许可排放量；对于独立粉磨站不许可排放量，地方有要求的从其规定。

②重点审查计算过程中，一般排放口不能按照排放口数量来核算，仅与产能和类型有关系。计算时的产能应按照环评批复产能或备案产能。

③申请特殊排放浓度限值、申请特殊时段许可排放量限值在本表中不应填报。

（9）表 8-1 申请特殊时段排放量限值

本表不要求企业填报，核发部门在应结合重污染天气应急预案及上一年的环境统计数据填写日许可排放量和管控要求。

（10）表 8-2 错峰生产时段月许可排放量限值

①对于有错峰生产要求的排污单位，重点审查是否填报错峰生产月许可排放量。

②计算月许可排放量时，应充分考虑自然月的天数，应填报计算过程。

（11）表 9-大气污染物无组织排放表

①该表仅填报厂界无组织，重点审查协同处置排污单位的厂界无组织的污染因子是否遗漏。

②重点审查协同处置厂界无组织氨的执行标准应为 GB 4915。

（12）表 9-1 水泥工业企业生产无组织排放控制要求

①重点审查执行特别排放限值和严于国家标准的地方排放标准的选填是否正确。

②审查企业选填的内容和企业实际建设是否一致。重点审查是否漏填报公用单元的“其他”管控要求。

③企业“公司无组织管控现状”应结合企业实际情况填报，不可复制“无组织排放控制要求”。

（13）表 12-废水间接排放口基本情况表

间接排放废水应写明受纳污水处理厂执行的外排浓度限值。

（14）表 17-自行监测及记录信息表

①监测内容是为监测污染物浓度而需监测的各类参数，废水的监测内容为“流量”；废气排放口，监测一般排放口颗粒物，需监测“烟气温度、烟气流速、烟气湿度、烟道截面积”，窑尾、独立热源、使用窑尾余热烘干物料的排放口的污染物，还应监测“氧含量”。

②窑头、窑尾排放口对应的污染物一定选择自动监测，地方要求其他排放口安装在线监测的也应选择自动监测，其余为手工监测。采用自动监测的，应在手工监测处补充填写手工监测的采样频次和方法，并备注“在线监测设备发生故障时”。

③重点审查是否漏填报厂界无组织监测，针对新增排放源，还应审查环评是否对环境

质量监测有要求。

④监测频次应满足《技术规范》或监测指南要求，重点审查磨机、包装机、破碎机、窑头、窑尾排放口的监测频次；针对监测频次为 1 次/半年，应备注“合理安排监测计划，保证每个季度相同种类治理设施的监测点位数量基本平均分布”。

（15）表 18-环境管理台账信息表

①设施类别中，一定按照《技术规范》填报。生产设施应填报基本信息和运行管理信息。污染治理设施信息应填报基本信息、运行管理信息、监测记录信息和其他环境管理信息。

②因《技术规范》中对各类环保设施的运行台账记录频次不同，填报时应根据记录频次要求分类填报，填报的记录内容和频次不得低于《技术规范》要求。

③记录形式应选择“电子台账+纸质台账”，同时备注“台账保存期限不少于三年”。

（16）附图-工艺流程图与总平面布置图

①要清晰可见、图例明确，且不存在上下左右颠倒的情况。

②工艺流程图应包括主要生产设施（设备）、主要原燃料的流向、生产工艺流程等内容。

③平面布置图应包括主要工序、厂房、设备位置关系，尤其应注明厂区污水收集和运输走向等内容。

（17）许可排放量计算过程

许可排放量计算过程应清晰完整，且列出计算方法及取严过程。按照《技术规范》计算时，应详细列出计算公式，各参数选取原则、选取值及计算结果；明确给出总量指标来源及具体数值，环评文件及其批复要求；最终按取严原则确定申请的许可排污量。

#### 5.1.3.4 生态环境部门审核意见及排污许可证副本

（1）执行报告信息表核发要点：应按技术规范填写执行报告内容、频次等要求；原则上水泥行业仅要求上报年度、季度执行报告。其中季度或月执行报告应至少包括全年报告中的实际排放量报表、达标判定分析说明及“治污设施异常情况汇总表”。

（2）信息公开表核发要点：应按照《企业事业单位环境信息公开管理办法》《排污许可管理办法（试行）》等现行文件的管理要求，填报信息公开方式、时间、内容等信息。

（3）其他控制及管理要求：生态环境部门可将对排污单位现行废气、废水管理要求，以及法律法规、技术规范中明确的污染防治设施运行维护管理要求写入“其他环境管理要求”部分中。

（4）改正规定：对于污染治理设施不满足水泥工业排污许可申请与核发规范要求的，可将整改要求写入“改正措施”中并限定整改时限。

## 5.2 水泥工业排污许可证审核典型案例分析

### 5.2.1 某水泥（熟料）排污单位基本情况介绍

#### 5.2.1.1 基本情况

某水泥厂位于山东省淄博市某区，目前拥有配套石灰石矿山一座、两条新型干法水泥熟料生产线、一套纯低温余热发电机组（共用）、配套320万t粉磨站项目并有包装车间，二期项目配套水泥窑协同处置城市污水处理厂污泥项目。

> **审核注意要点：**
>
> 1. 该公司位于“山东省淄博市某区”，属于重点控制区，重点关注该公司是否执行GB 4915的特别排放限值。
>
> 2. 二期项目配套了协同处置项目。在污染因子管控、基准排气量、错峰生产要求、自行监测、无组织管控等应加以注意，同时应核实该公司有无独立旁路放风排气筒（经核实无）。

#### 5.2.1.2 主要生产工艺流程

公司生产涵盖了矿山开采、熟料生产、协同处置、水泥粉磨以及公用单元五大生产单元，具体为：

（1）矿山开采采用微差爆破、矿山下设破碎机一台，破碎后的石灰石用皮带输送至厂区。

（2）熟料生产包括各原辅材料的预均化、生料粉磨、煤粉制备以及熟料煅烧，成品熟料入库后可散装外卖或进入水泥粉磨工序。煤磨皆采用窑头余热烘干物料。窑头、窑尾余热皆进行余热发电。公共单元主要为一些转运设备和水处理设备。

（3）协同处置的城市污水处理厂污泥外运至密闭仓储，然后通过密闭转运设备直接入分解炉。

（4）水泥粉磨利用公司生产熟料及外购混合材直接进入辊压机然后球磨机粉磨，配套两套包装机。

> **审核注意要点：**
>
> 1. 该公司具备了五大生产单元（详情见下图），重点审核企业是否填报全面。
>
> 2. 煤磨物料采用窑头余热烘干物料，污染因子为颗粒物（假若使用窑尾余热烘干物料，则排放口污染因子为颗粒物、二氧化硫、氮氧化物）。

3. 经了解，该公司协同处置的存储为密闭仓储，负压废气直接入分解炉焚烧，无独立排放口。

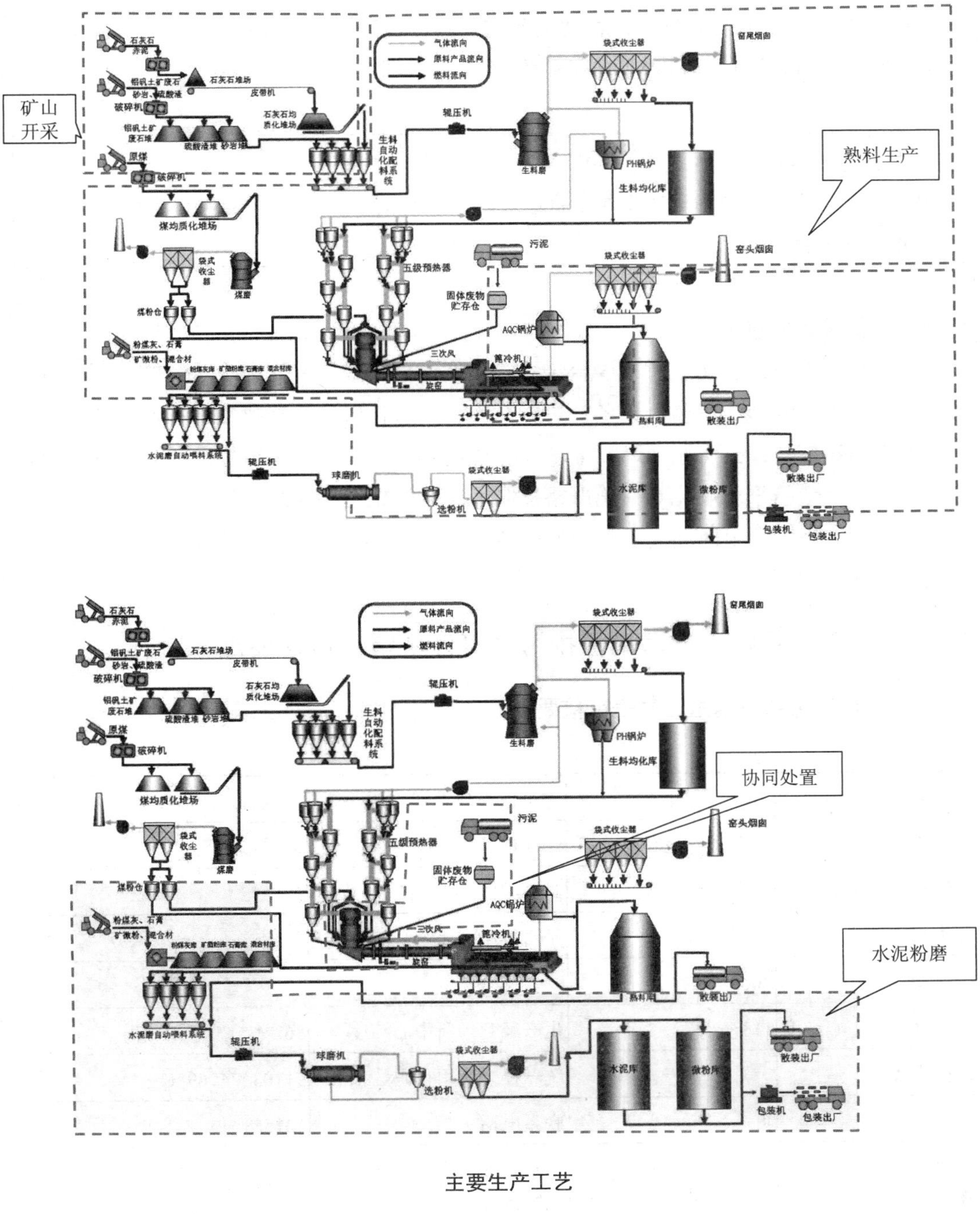


主要生产工艺

#### 5.2.1.3 环保批复取得情况

（1）一期 2 500 t/d 熟料水泥配套 320 万 t 水泥粉磨项目于 2003 年取得环评批文。

（2）二期 5 000 t/d 熟料水泥及纯低温余热发电项目于 2004 年取得环评批文。

（3）二期工程配套 250 t/d 水泥窑协同处置城市污泥项目于 2015 年取得环评批文。

（4）以上项目皆通过项目竣工环保验收。

> **审核注意要点：**
>
> 水泥窑协同处置城市污泥项目属于新增排放源，在污染因子、环境监测、许可排放量等处应考虑环评文件。

#### 5.2.1.4 环保设备配置情况

（1）有组织废气：公司现有 105 台袋式除尘器，熟料线皆配套建有 SNCR 脱硝系统，窑头、窑尾烟囱皆安装在线监测设备，对颗粒物、二氧化硫和氮氧化物进行实时监控。

（2）无组织废气：公司原辅燃料堆场、物料输送皮带采用封闭措施，各转载点皆配套除尘设备，厂区道路采用硬化等措施严格控制了厂区的无组织排放。

（3）废水：公司采用地埋式污水处理设备对生活污水处理后达标外排，其他生产废水经一级处理后全部回用。

### 5.2.2 某水泥（熟料）排污单位排污许可证申请表审核要点

#### 5.2.2.1 表 1 排污单位基本信息表审核要点

| | | | |
|---|---|---|---|
| 是否需要整改 | 否 | 许可证管理类别 | 重点管理 |
| 单位名称 | 山东**水泥有限公司 | 注册地址 | 淄博市**区 |
| 生产经营场所地址 | 山东省*市*区*镇 | 邮政编码 | 25***2 |
| 行业类别 | 水泥制造 | 是否投产 | 是 |
| 投产日期 | 2003-09-28 | | |
| 生产经营场所中心经度 | 118°**′**″ | 生产经营场所中心纬度 | 36°**′**″ |
| 组织机构代码 | | 统一社会信用代码 | 91*03*74*69*C |
| 技术负责人 | 巩 | 联系电话 | 13*5*1*1 |
| 所在地是否属于重点区域❶ | 是 | 所在地是否属于总磷总氮控制区 | 否 |
| 是否位于工业园区 | 否 | 所属工业园区名称 | |

| | | | |
|---|---|---|---|
| 是否有环评批复文件 | 是 | 环境影响评价批复文号（备案编号） | *环报*表〔2013〕142 号<br>*环*表〔2007〕123 号<br>*环*〔2015〕105 号<br>*环*〔2004〕167 号<br>2 500 t 水泥熟料生产线由*市环保局于 2003 年 11 月 14 日批复（此批复无编号）❷ |
| 是否有地方政府对违规项目的认定或备案文件 | 否 | 认定或备案文件文号 | |
| 是否有主要污染物总量分配计划文件 | 是 | 总量分配计划文件文号 | *办发〔2012〕104 号❸ |
| 二氧化硫总量控制指标/（t/a） | 318 | | |
| 氮氧化物总量控制指标/（t/a） | 1 524 | | |
| 颗粒物总量控制指标/（t/a） | 968 | | |

审核注意要点：

❶根据相关文件规定，该公司属于重点控制区。

❷该项目为新增排放源，在许可排放量、污染因子管控、自行监测等方面要考虑环评文件要求（经核实该项目为协同处置项目，且无旁路放风和贮存预处理排放口）。

❸总量分配文件为生态环境主管部门给企业下发的正式总量控制文件。该处填报时应结合各总量分配文件从严确定限值，以便与表 10 进行许可限值对比。

### 5.2.2.2 表 2 主要产品及产能信息表审核要点

| 序号 | 主要生产单元名称❶ | 主要工艺名称 | 生产设施名称 | 生产设施编号 | 设施参数 | | | | 其他设施信息 | 产品名称 | 生产能力 | 计量单位 | 设计年生产时间/h | 其他产品信息 | 其他工艺信息 |
|---|---|---|---|---|---|---|---|---|---|---|---|---|---|---|---|
| | | | | | 参数名称 | 设计值 | 计量单位 | 其他设施参数信息 | | | | | | | |
| 3 | 水泥粉磨 | 水泥粉磨系统 | 辊压机 | MF0152 | 其他❹ | 300 | t/h | | | 水泥 | 330 | 万 t/a | 7 440 | | |
| | | | 其他❺ | MF0154 | 生产能力 | 500 | t | | | | | | | | |
| | | | 选粉机 | MF0164 | 其他❹ | 220 | t/h | | | | | | | | |
| | | | 辊压机 | MF0151 | 其他❹ | 300 | t/h | | | | | | | | |
| | | | 辊压机 | MF0162 | 其他❹ | 1 050 | t/h | | | | | | | | |

| 序号 | 主要生产单元名称❶ | 主要工艺名称 | 生产设施名称 | 生产设施编号 | 设施参数 | | | | 其他设施信息 | 产品名称 | 生产能力 | 计量单位 | 设计年生产时间/h | 其他产品信息 | 其他工艺信息 |
|---|---|---|---|---|---|---|---|---|---|---|---|---|---|---|---|
| | | | | | 参数名称 | 设计值 | 计量单位 | 其他设施参数信息 | | | | | | | |
| 3 | 水泥粉磨 | 水泥粉磨系统 | 其他❺ | MF0165 | 生产能力 | 1 200 | t/h | | | 水泥 | 330 | 万 t/a | 7 440 | | |
| | | | 其他❺ | MF0153 | 生产能力 | 500 | t | | | | | | | | |
| | | | 球磨机 | MF0156 | 筒体外长度 | 13 | m | | | | | | | | |
| | | | | | 筒体外直径 | 3.8 | m | | | | | | | | |
| | | | 球磨机 | MF0167 | 筒体外长度 | 13 | m | | | | | | | | |
| | | | | | 筒体外直径 | 3.8 | m | | | | | | | | |
| 12 | 熟料生产❷ | 熟料煅烧系统 | 冷却机 | MF0028 | 面积 | 71.2 | $m^2$ | | | 熟料 | 3 670❸ | t/d | 7 440 | 1# | |
| | | | 分解炉 | MF0030 | 筒体高度 | 5 | m | | | | | | | | |
| | | | | | 筒体内径❻ | 4 | m | | | | | | | | |
| | | | 分解炉 | MF0026 | 筒体内径 | 4 | m | | | | | | | | |
| | | | | | 筒体高度❻ | 5 | m | | | | | | | | |
| | | | 预热器 | MF0025 | 列 | 2 | 列 | | | | | | | | |
| | | | | | 级数 | 5 | 级 | | | | | | | | |
| | | | 水泥窑 | MF0031 | 筒体内径 | 4.3 | m | | | 熟料 | 3 456❸ | t/d | 7 440 | 2# | |
| | | | | | 筒体长度 | 66 | m | | | | | | | | |
| | | | 预热器 | MF0029 | 级数 | 5 | 级 | | | | | | | | |
| | | | | | 列 | 2 | 列 | | | | | | | | |

| 序号 | 主要生产单元名称❶ | 主要工艺名称 | 生产设施名称 | 生产设施编号 | 设施参数 | | | | 其他设施信息 | 产品名称 | 生产能力 | 计量单位 | 设计年生产时间/h | 其他产品信息 | 其他工艺信息 |
|---|---|---|---|---|---|---|---|---|---|---|---|---|---|---|---|
| | | | | | 参数名称 | 设计值 | 计量单位 | 其他设施参数信息 | | | | | | | |
| 12 | 熟料生产❷ | 熟料煅烧系统 | 水泥窑 | MF0027 | 筒体内径 | 4.3 | m | | | 熟料 | 3 456❸ | t/d | 7 440 | 2$^{\#}$ | |
| | | | | | 筒体长度 | 66 | m | | | | | | | | |
| | | | 冷却机 | MF0032 | 面积 | 100 | $m^2$ | | | | | | | | |
| … | … | … | … | … | … | … | … | … | … | … | … | … | … | … | … |

审核注意要点：

❶主要生产单元名称、主要工艺名称、参数名称、计量单位请参考《技术规范》表 1 进行审核。

❷针对多条熟料生产线的应编号识别，如 1$^{\#}$熟料生产、2$^{\#}$熟料生产。该公司有两条熟料线，未编号识别。

❸该处填报的产能应为根据“工信部原〔2017〕337 号”或工信部门其他产能核定文件确定的产能，而非实际产量。根据该公司填报的水泥窑筒体内径为“4.3 m”，该处填报的产能应为 3 000。

❹关于生产设施参数应按照《技术规范》要求进行填报，该处应填报“筒体内径、筒体长度”。

❺应明确生产设施设备具体名称。

❻该处要求填报的参数应为“有效容积”。

### 5.2.2.3 表 3 主要原辅材料及燃料信息表审核要点

| 序号 | 种类 | 名称❶ | 年最大使用量计量单位 | 年最大使用量 | 硫元素占比/% | 有毒有害成分 | 有毒有害成分及占比/% ❸ | 其他信息 |
|---|---|---|---|---|---|---|---|---|
| 原料及辅料 | | | | | | | | |
| 1 | 原料 | 石灰质原料-石灰石 | t❷ | 265❷ | 1 | | | |
| 2 | 原料 | 硅质原料-砂岩 | t | 20 | 1 | | | |
| 3 | 原料 | 铁质原料-转炉渣 | t | 12 | 1 | | | |
| 4 | 原料 | 铝质原料-铝矾土 | t | 13 | 1 | | | |
| 5 | 原料 | 铝质原料-页岩 | t | 8 | 1 | | | |
| 6 | 原料 | 熟料 | t | 180 | 0.9 | | | |
| 7 | 辅料 | 城市和工业污水处理污泥 | t | 29 000 | 0❹ | | | |

| 燃料 | | | | | | | |
|---|---|---|---|---|---|---|---|
| 序号 | 燃料名称❺ | 灰分/% | 硫分/% | 挥发分/% | 热值/（MJ/kg、MJ/$m^3$） | 年最大使用量/（万 t/a、万 $m^3$/a） | 其他信息 |
| 1 | 烟煤 | 12.09 | 2.02 | 33.47 | 25.37 | 29 | |

审核注意要点：

❶不仅填报生产用原辅料，重点审查工艺过程添加的辅料及污染防治过程中添加的化学品等。该单位明显漏填报了脱硝剂、石膏等。

❷注意年最大使用量和计量单位的对应关系。该公司填报的数据明显错误。

❸有毒有害成分及占比：仅协同处置危险废物的还应审查是否根据危废的特性填报氯、氟、汞、铊、镉、铅、砷、铍、铬、锡、锑、铜、钴、锰、镍、钒等有毒有害成分及占比。其他原辅材料的不用填报。

❹应填报“城市和工业污水处理污泥”的硫元素占比。

❺针对水泥（熟料）排污单位，不仅填报燃煤，还应填报烘窑用燃油。该单位漏填了燃油。

### 5.2.2.4 表 4 废气产排污节点、污染物及污染治理设施信息表审核要点

| 序号 | 生产设施编号 | 生产设施名称 | 对应产污环节名称 | 污染物种类 | 排放形式 | 污染治理设施 | | | | | 有组织排放口编号 | 有组织排放口名称 | 排放口设置是否符合要求 | 排放口类型 | 其他信息 |
|---|---|---|---|---|---|---|---|---|---|---|---|---|---|---|---|
| | | | | | | 污染治理设施编号 | 污染治理设施名称 | 污染治理设施工艺 | 是否为可行技术 | 污染治理设施其他信息 | | | | | |
| 4 | MF0004 | 锤式破碎机 | 破碎机 | 颗粒物 | 有组织 | TA002 | 除尘系统 | 高温芳纶滤袋除尘❶ | 是 | | DA001 | 破碎机排放口 | 是 | 主要排放口❷ | |
| 10 | MF0010 | 石灰石堆场-封闭 | 辅材堆场（筒仓） | 颗粒物 | 无组织❸ | / | / | 堆场封闭 | 是 | | | | | | |
| 282 | MF0027 | 水泥窑 | 水泥窑及窑尾余热利用系统（窑尾）❹ | 颗粒物 | 有组织 | TA004 | 除尘系统 | 高温复合毡滤袋除尘 | 是 | | 37030337 | 1#窑尾排放口 | 是 | 主要排放口 | |

| 序号 | 生产设施编号 | 生产设施名称 | 对应产污环节名称 | 污染物种类 | 排放形式 | 污染治理设施 | | | | | 有组织排放口编号 | 有组织排放口名称 | 排放口设置是否符合要求 | 排放口类型 | 其他信息 |
|---|---|---|---|---|---|---|---|---|---|---|---|---|---|---|---|
| | | | | | | 污染治理设施编号 | 污染治理设施名称 | 污染治理设施工艺 | 是否为可行技术 | 污染治理设施其他信息 | | | | | |
| 283 | MF0027 | 水泥窑 | 水泥窑及窑尾余热利用系统（窑尾）❹ | 氮氧化物 | 有组织 | TA109 | 脱硝系统 | SNCR❻ | 是 | | 37030337 | $1^{\#}$窑尾排放口 | 是 | 主要排放口 | |
| 284 | MF0027 | 水泥窑 | 水泥窑及窑尾余热利用系统（窑尾）❹ | 二氧化硫 | 有组织 | / | / | 工艺脱硫❼ | 是 | | 37030337 | $1^{\#}$窑尾排放口 | 是 | 主要排放口 | |
| 285 | MF0031 | 水泥窑 | 水泥窑及窑尾余热利用系统（窑尾） | 颗粒物❺ | 有组织 | TA005 | 除尘系统 | 高温复合毡滤袋除尘 | 是 | | 37030338 | $2^{\#}$窑尾排放口 | 是 | 主要排放口 | |
| 286 | MF0031 | 水泥窑 | 水泥窑及窑尾余热利用系统（窑尾） | 氮氧化物❺ | 有组织 | TA109 | 脱硝系统 | SNCR❻ | 是 | | 37030338 | $2^{\#}$窑尾排放口 | 是 | 主要排放口 | |
| 287 | MF0031 | 水泥窑 | 水泥窑及窑尾余热利用系统（窑尾） | 二氧化硫❺ | 有组织 | / | / | 工艺脱硫 ❼ | 是 | | 37030338 | $1^{\#}$窑尾排放口 | 是 | 主要排放口 | |
| … | … | … | … | … | … | … | … | … | … | … | … | | … | … | … |

审核注意要点：

❶该公司属于重点控制区且执行严于国家标准的地方标准，应使用覆膜滤料的袋式除尘器。

❷针对水泥工业排污单位，除窑头、窑尾排气筒为主要排放口，其余的皆为一般排放口。该处应选填“一般排放口”。

❸该表仅填报有组织，针对无组织排放源在“无组织排放控制要求”中填报。应删除该表中的无组织排放源。

❹MF0027 该公司 $2^{\#}$水泥窑，配套建设协同处置项目，产污环节应为“协同处置窑尾废气排放口”。

❺编号“37030338”的排放口为协同处置窑尾废气排放口，污染因子未选填全。铊、镉、铅、砷及其化合物，铍、铬、锡、锑、铜、钴、锰、镍、钒及其化合物，TOC，氨，汞及其化合物，氟化氢，氯化氢，二噁英等漏填报，导致表 7 无法填报这些污染因子许可限值。

❻根据《技术规范》附录 B，仅“SNCR”的脱硝系统为非可行技术。若该公司确实采用的非可行技术，应让其提供相关材料证明其具备与可行技术同等的治污能力。

❼该公司使用的是“窑磨一体”的脱硫机制，无窑外脱硫工艺，该处应填报“/”。

### 5.2.2.5 表 5 废水类别、污染物及污染治理设施信息表审核要点

| 序号 | 废水类别❶ | 污染物种类 | 污染治理设施 | | | | | 排放去向 | 排放方式 | 排放规律 | 排放口编号 | 排放口名称 | 排放口设置是否符合要求 | 排放口类型 | 其他信息 |
|---|---|---|---|---|---|---|---|---|---|---|---|---|---|---|---|
| | | | 污染治理设施编号 | 污染治理设施名称 | 污染治理设施工艺 | 是否为可行技术 | 污染治理设施其他信息 | | | | | | | | |
| 1 | 生活污水 | pH 值，悬浮物，化学需氧量，氨氮（$NH_3$-N），总磷（以 P 计），五日生化需氧量，动植物油 | TW001 | 沉淀池，调节池，格栅，接触氧化池、MBR 好氧池❸ | 一级处理-过滤，一级处理-沉淀，二级处理-生物接触氧化工艺 | 是 | | 不外排 | 无 | | | | | | |
| 2 | 机修等辅助生产废水 | 化学需氧量，悬浮物，石油类，pH 值❷ | TW002 | 厂区污水处理站 | 一级处理-过滤，一级处理-沉淀，二级处理-A/O，二级处理-$A^2/O$ | 是 | | 不外排 | 无 | | | | | | |

审核注意要点：

❶水泥工业排污单位废水共分为 5 类，类别及污染因子详见《技术规范》表 2。该公司属于水泥（熟料）制造排污单位，明显漏填了"余热发电锅炉循环冷却排污水"（经核实，该公司协同处置项目无渗滤液或其他生产废水产生）。

❷污染因子的选填，企业漏选了"氟化物"。

❸"污染治理设施名称"选填有误，这些非治理设施名称，而是治理设施的组成部分。

### 5.2.2.6 表 7 废气污染物排放执行标准表审查要点

| 序号 | 排放口编号 | 排放口名称 | 污染物种类 | 国家或地方污染物排放标准 | | | 环境影响评价批复要求❷ | 承诺更加严格排放限值 | 其他信息 |
|---|---|---|---|---|---|---|---|---|---|
| | | | | 名称❶ | 浓度限值（标态）/（mg/m³） | 速率限值/（kg/h） | | | |
| 1 | 37030337 | 1#窑尾排放口 | 颗粒物 | 《山东省区域性大气污染物综合排放标准》（DB 37/2376—2013） | 20 | / | 20 | / | |
| 2 | 37030337 | 1#窑尾排放口 | 氮氧化物 | 《山东省区域性大气污染物综合排放标准》（DB 37/2376—2013） | 300 | / | 400 | / | |
| 3 | 37030337 | 1#窑尾排放口 | 二氧化硫 | 《山东省区域性大气污染物综合排放标准》（DB 37/2376—2013） | 100 | / | 200 | / | |
| 4 | 37030338 | 2#窑尾排放口 | 氮氧化物 | 《山东省区域性大气污染物综合排放标准》（DB 37/2376—2013） | 300 | / | 400 | / | |
| 5 | 37030338 | 2#窑尾排放口 | 二氧化硫 | 《山东省区域性大气污染物综合排放标准》（DB 37/2376—2013） | 100 | / | 200 | / | |
| 6 | 37030338 | 2#窑尾排放口 | 颗粒物 | 《山东省区域性大气污染物综合排放标准》（DB 37/2376—2013） | 20 | / | 20 | / | |
| 7 | DA001 | 破碎机排放口 | 颗粒物 | 《山东省区域性大气污染物综合排放标准》（DB 37/2376—2013） | 20 | / | 20 | / | |
| … | … | … | … | … | … | … | … | … | … |

审核注意要点：

❶在国家标准和地方标准的排放限值一致的情况下，优先选填地标。该单位填报正确。

❷“环境影响评价批复要求”的不应填报。

## 5.2.2.7 表 8 大气污染物有组织排放表审查要点

| 序号 | 排放口编号 | 排放口名称 | 污染物种类 | 申请许可排放浓度限值（标态）/（mg/m³） | 申请许可排放速率限值/（kg/h） | 申请年许可排放量限值/（t/a） | | | | | 申请特殊排放浓度限值（标态）/（mg/m³） | 申请特殊时段许可排放量限值 |
|---|---|---|---|---|---|---|---|---|---|---|---|---|
| | | | | | | 第一年 | 第二年 | 第三年 | 第四年 | 第五年 | | |
| 主要排放口 | | | | | | | | | | | | |
| 1 | 37030337 | 1#窑尾排放口 | 颗粒物 | 20 | / | 62.57 | 62.57 | 62.57 | / | / | / | / |
| 2 | 37030337 | 1#窑尾排放口 | 氮氧化物 | 300 | / | 938.59 | 938.59 | 938.59 | / | / | / | / |
| 3、 | 37030337 | 1#窑尾排放口 | 二氧化硫 | 100 | / | 312.86 | 312.86 | 312.86 | / | / | / | / |
| 4 | 37030338 | 2#窑尾排放口 | 氮氧化物 | 300 | / | 883.91 | 883.91 | 883.91 | / | / | / | / |
| 5 | 37030338 | 2#窑尾排放口 | 二氧化硫 | 100 | / | 294.64 | 294.64 | 294.64 | / | / | / | / |
| 6 | 37030338 | 2#窑尾排放口 | 颗粒物 | 20 | / | 58.93 | 58.93 | 58.93 | / | / | / | / |
| 7 | DA002 | 1#窑头排放口 | 颗粒物 | 20 | / | 40.94 | 40.94 | 40.94 | / | / | / | / |
| 8 | DA003 | 2#窑头排放口 | 颗粒物 | 20 | / | 38.56 | 38.56 | 38.56 | / | / | / | / |
| 主要排放口合计 | | 颗粒物 | | | | 201 | 201 | 201 | / | / | / | / |
| | | $SO_2$ | | | | 607.5 | 607.5 | 607.5 | / | / | / | / |
| | | 二噁英类 | | | | | | | / | / | / | / |
| | | 氨❶ | | | | | | | / | / | / | / |
| | | $NO_x$ | | | | 1 822.5 | 1 822.5 | 1 822.5 | / | / | / | / |
| | | VOCs | | | | | | | / | / | / | / |
| | | 铅❶ | | | | | | | / | / | / | / |
| | | 镉❶ | | | | | | | / | / | / | / |

| 序号 | 排放口编号 | 排放口名称 | 污染物种类 | 申请许可排放浓度限值（标态）/（mg/m³） | 申请许可排放速率限值/（kg/h） | 申请年许可排放量限值/（t/a） | | | | | 申请特殊排放浓度限值（标态）/（mg/m³） | 申请特殊时段许可排放量限值 |
|---|---|---|---|---|---|---|---|---|---|---|---|---|
| | | | | | | 第一年 | 第二年 | 第三年 | 第四年 | 第五年 | | |
| 主要排放口合计 | | 砷❶ | | | | | | | / | / | / | / |
| | | 铬❶ | | | | | | | / | / | / | / |
| | | 汞❶ | | | | | | | / | / | / | / |
| | | 氟化物❶ | | | | | | | / | / | / | / |
| 一般排放口 | | | | | | | | | | | | |
| 9 | DA001 | 破碎机排放口 | 颗粒物 | 10 | / | / | / | / | / | / | / | / |
| 10 | DA004 | 输送皮带排放口 | 颗粒物 | 10 | / | / | / | / | / | / | / | / |
| 11 | DA005 | 输送皮带排放口 | 颗粒物 | 10 | / | / | / | / | / | / | / | / |
| 12 | DA006 | 输送皮带排放口 | 颗粒物 | 10 | / | / | / | / | / | / | / | / |
| 13 | DA007 | 输送皮带排放口 | 颗粒物 | 10 | / | / | / | / | / | / | / | / |
| 14 | DA008 | 输送皮带排放口 | 颗粒物 | 10 | / | / | / | / | / | / | / | / |
| … | … | | | | | | | | | | | |
| 一般排放口合计 | | 颗粒物 | | | | 188.46 | 188.46 | 188.46 | / | / | / | / |
| | | $SO_2$ | | | | / | / | / | / | / | / | / |
| | | 二噁英类❶ | | | | / | / | / | / | / | / | / |
| | | 氨❶ | | | | / | / | / | / | / | / | / |
| | | $NO_x$ | | | | / | / | / | / | / | / | / |
| | | VOCs | | | | / | / | / | / | / | / | / |
| | | 铅❶ | | | | / | / | / | / | / | / | / |

| 序号 | 排放口编号 | 排放口名称 | 污染物种类 | 申请许可排放浓度限值（标态）/（mg/m³） | 申请许可排放速率限值/（kg/h） | 申请年许可排放量限值/（t/a） | | | | | 申请特殊排放浓度限值（标态）/（mg/m³） | 申请特殊时段许可排放量限值 |
|---|---|---|---|---|---|---|---|---|---|---|---|---|
| | | | | | | 第一年 | 第二年 | 第三年 | 第四年 | 第五年 | | |
| 一般排放口合计 | | 镉❶ | | | | / | / | / | / | / | / | / |
| | | 砷❶ | | | | / | / | / | / | / | / | / |
| | | 铬❶ | | | | / | / | / | / | / | / | / |
| | | 汞❶ | | | | / | / | / | / | / | / | / |
| | | 氟化物❶ | | | | / | / | / | / | / | / | / |
| 主要排放口备注信息 | | | | | | | | | | | | |
| ❷ | | | | | | | | | | | | |
| 一般排放口备注信息 | | | | | | | | | | | | |
| ❷ | | | | | | | | | | | | |
| 全厂有组织备注信息 | | | | | | | | | | | | |
| | | | | | | | | | | | | |

审核注意要点：

❶原则上水泥工业排污单位许可颗粒物、二氧化硫、氮氧化物排放量，地方有其他管控要求的在表1增加，在此自动生成。淄博市无其他污染因子管控要求，而企业由于表1填报了二噁英等污染因子，导致此表错误出现了这些污染因子的指标。

❷因淄博市执行《山东省区域性大气污染物综合排放标准》（DB 37/2376—2013），到2020年会执行该标准的第四时段排放限值，因此应在表中备注2020年执行的许可浓度限值。

### 5.2.2.8 表8-1 申请特殊时段排放量限值审查要点

| | 时间 | 污染物 | 申请特殊时段许可排放量限值/（t/d）❶ |
|---|---|---|---|
| 申请特殊时段许可排放量限值 | 第1年 | 颗粒物 | / |
| | | 二氧化硫 | / |
| | | 氮氧化物 | / |
| | 第2年 | 颗粒物 | / |
| | | 二氧化硫 | / |
| | | 氮氧化物 | / |
| | 第3年 | 颗粒物 | / |
| | | 二氧化硫 | / |
| | | 氮氧化物 | / |
| | 第4年 | 颗粒物 | / |
| | | 二氧化硫 | / |
| | | 氮氧化物 | / |

| | 时间 | 污染物 | 申请特殊时段许可排放量限值/（t/d）❶ |
|---|---|---|---|
| 申请特殊时段许可排放量限值 | 第 5 年 | 颗粒物 | / |
| | | 二氧化硫 | / |
| | | 氮氧化物 | / |

审核注意要点：

❶因特殊时段日许可排放量根据各地重污染天气应急预案的各削减比例及上一年环境统计数据确定，是个变量，暂时无法填报，企业暂时不填报（由排污许可证核发部门在管理要求中，根据企业上一年环统数据及特殊时段的减排要求填写具体的管控要求）。

### 5.2.2.9 表 8-2 错峰生产时段月许可排放量限值审查要点

| 序号 | 年份 | 时间段 | 污染物 | 申请特殊时段许可排放量限值/（t/d）❶ |
|---|---|---|---|---|
| 1 | 第一年 | 2017 年 11 月 | 颗粒物 | 0 |
| | | | 二氧化硫 | 0 |
| | | | 氮氧化物 | 0 |
| | | 2017 年 12 月 | 颗粒物 | 0 |
| | | | 二氧化硫 | 0 |
| | | | 氮氧化物 | 0 |
| | | 2018 年 1 月 | 颗粒物 | 0 |
| | | | 二氧化硫 | 0 |
| | | | 氮氧化物 | 0 |
| | | 2018 年 2 月 | 颗粒物 | 0 |
| | | | 二氧化硫 | 0 |
| | | | 氮氧化物 | 0 |
| | | 2018 年 3 月 | 颗粒物 | 0 |
| | | | 二氧化硫 | 0 |
| | | | 氮氧化物 | 0 |
| … | … | … | … | … |
| 错峰生产时段月许可排放量限值备注信息❷： | | | | |

审核注意要点：

❶根据相关错峰生产管理文件，山东省在错峰生产期间“停窑不停磨”，因此应填报 1#水泥（熟料）生产线配套的水泥粉磨系统的月许可排放量。否则在错峰生产期间，1#线配套的粉磨站不能运行。2#水泥（熟料）生产线由于配套协同处置，无须执行错峰生产，因此月许可排放量无须考虑 2#水泥（熟料）生产线。

❷根据相关错峰生产管理文件，山东省错峰生产时间为 11 月 15 日至 3 月 15 日，针对 11 月和 3 月跨月的，应在“错峰生产时段月许可排放量限值备注信息”处备注许可的是全月量还是半月的许可排放量。

### 5.2.2.10 表 9 大气污染物无组织排放表审查要点

| 序号 | 无组织排放编号❶ | 产污环节(1) | 污染物种类 | 主要污染防治措施 | 国家或地方污染物排放标准 | | 其他信息 | 年许可排放量限值/(t/a) | | | | | 申请特殊时段许可排放量限值 |
|---|---|---|---|---|---|---|---|---|---|---|---|---|---|
| | | | | | 名称 | 浓度限值(标态)/($mg/m^3$) | | 第一年 | 第二年 | 第三年 | 第四年 | 第五年 | |
| 1 | MF0008 | 辅材堆场(筒仓) | 颗粒物 | / | 《山东省建材工业大气污染物排放标准》(DB 37/2373—2013) | 0.5 | | / | / | / | / | / | / |
| 2 | MF0018 | 辅材堆场(筒仓) | 颗粒物 | / | 《山东省建材工业大气污染物排放标准》(DB 37/2373—2013) | 0.5 | | / | / | / | / | / | / |
| 3 | MF0016 | 辅材堆场(筒仓) | 颗粒物 | / | 《山东省建材工业大气污染物排放标准》(DB 37/2373—2013) | 0.5 | | / | / | / | / | / | / |
| 4 | 厂界❷ | | 颗粒物❷ | 密闭棚化，除尘设施，喷水增湿 | 《山东省建材工业大气污染物排放标准》(DB 37/2373—2013) | 0.5 | | | | | | | |

审核注意要点：

❶该表仅填报厂界无组织即可，针对无组织排放源不在本表填报。

❷该公司为协同处置非危险废物排污单位，厂界无组织应为“颗粒物、臭气、硫化氢、氨”，该公司漏填报了污染因子。另外，本公司协同处置项目为新增排放源，应查阅环评文件核实是否有其他无组织污染因子。

### 5.2.2.11 表 9-1 水泥工业企业生产无组织排放控制要求审查要点

| 序号 | 主要生产单元 | 矿山爆破 | 无组织排放控制要求 | 公司无组织管控现状 |
|---|---|---|---|---|
| 1 | 矿山开采 | 物料转运 | 矿山爆破采用微差爆破等扬尘较低的爆破技术，爆堆应喷水 | 公司矿山爆破采用扬尘较低的爆破技术，爆堆喷水确保扬尘受控 |

| 序号 | 主要生产单元 | 矿山爆破 | 无组织排放控制要求 | 公司无组织管控现状 |
| --- | --- | --- | --- | --- |
| 1 | 矿山开采 | 物料转运 | 1. 运输皮带封闭，矿石厂外汽运车辆应采用封闭或覆盖等抑尘措施；<br>2. 石灰石转载、下料口等产尘点应设置集气罩并配备高效袋式除尘器❶ | 公司各运输皮带已全部封闭，矿石厂外汽运车辆均已采用封闭或覆盖等抑尘措施，石灰石转载、下料口等产尘点已设置集气罩并配备袋式除尘器❶ |
| | | 矿山机械钻孔机 | 矿山机械钻孔机应配置除尘器或其他有效除尘设施 | 公司矿山机械钻孔机已配置布袋式除尘器，确保生产时扬尘受控 |
| | | 运矿道路 | 运矿道路应定期洒水，道路两旁进行绿化 | 运矿道路已安排进行定期洒水，道路两旁已进行防风网遮盖，持续加强矿山运输道路两旁的绿化 |
| … | … | … | … | … |

审核注意要点：

❶公司的实际污染治理设施满足不了管控要求，应提出限期整改计划。

另外，本表重点审查“无组织排放控制要求”是否选填全，尤其是“公用单元”的“其他”管理要求是否漏填报。

### 5.2.2.12 表 10 企业大气排放总许可量审查要点

| 序号 | 污染物种类 | 第一年/（t/a） | 第二年/（t/a） | 第三年/（t/a） | 第四年/（t/a） | 第五年/（t/a） |
| --- | --- | --- | --- | --- | --- | --- |
| 1 | 颗粒物 | 389.46 | 389.46 | 389.46 | / | / |
| 2 | $SO_2$ | 607.5❶ | 607.5❶ | 607.5❶ | / | / |
| 3 | $NO_x$ | 1 822.5❶ | 1 822.5❶ | 1 822.5❶ | / | / |
| 4 | VOCs | / | / | / | / | / |

审核注意要点：

❶未做到与表 1 从严确定许可排放量。

### 5.2.2.13 表 13 废水污染物排放执行标准表审查要点

| 序号 | 排放口编号 | 排放口名称 | 污染物种类 | 国家或地方污染物排放标准 | | 其他信息 |
| --- | --- | --- | --- | --- | --- | --- |
| | | | | 名称 | 浓度限值/（mg/L） | |
| | | | | | | |

审核注意要点：

根据 GB 8978、GB/T 31962 及地方排放标准从严确定（该公司无废水外排，所有废水全部循环使用，故本表无内容）。

### 5.2.2.14 表 14 废水污染物排放审查要点

| 序号 | 排放口编号 | 排放口名称 | 污染物种类 | 申请排放浓度限值/（mg/L） | 申请年排放量限值/（t/a） | | | | | 申请特殊时段排放量限值 |
|---|---|---|---|---|---|---|---|---|---|---|
| | | | | | 第一年 | 第二年 | 第三年 | 第四年 | 第五年 | |
| 全厂排放口源 | | | | | | | | | | |
| 全厂排放口总计 | | | $COD_{Cr}$ | / | / | / | / | / | / | |
| | | | 氨氮 | / | / | / | / | / | / | |
| | | | pH 值❶ | / | / | / | / | / | / | |
| | | | 悬浮物❶ | / | / | / | / | / | / | |
| | | | 石油类❶ | / | / | / | / | / | / | |
| | | | 动植物油❶ | / | / | / | / | / | / | |
| | | | 五日生化需氧量❶ | / | / | / | / | / | / | |

审核注意要点：

❶表 1 填报有误导致该表有误。

原则上水泥工业废水不设置许可排放量要求，地方生态环境主管部门有要求的，可要求申报单位申报总量指标。

### 5.2.2.15 表 15 噪声排放信息和固体废物排放信息审核要点

| 噪声类别 | 噪声类别 | | 执行排放标准名称 | 执行噪声排放标准/dB（A） | | 备注 |
|---|---|---|---|---|---|---|
| | 昼间 | 夜间 | | 昼间 | 夜间 | |
| 稳态噪声 | 至 | 至 | | | | |
| 频发噪声 | 否 | 否 | | | | |
| 偶发噪声 | 否 | 否 | | | | |

| 固体废物来源 | 固体废物名称 | 固体废物种类 | 固体废物类别 | 固体废物描述 | 固体废物产生量/（t/a） | 固体废物处理方式 | 固体废物综合利用处理量/（t/a） | 固体废物处置量/（t/a） | 固体废物贮存量/（t/a） | 固体废物排放量/（t/a） | 备注 |
|---|---|---|---|---|---|---|---|---|---|---|---|
| | | | | | | | | | | | |

审核注意要点：

原则上水泥工业《技术规范》中未规定噪声和固体废物的许可（无须填报），地方生态环境主管部门有要求的，可要求申报单位申报。

### 5.2.2.16 表 17 自行监测及记录信息表审查要点

| 序号 | 污染源类别 | 排放口编号 | 排放口名称 | 监测内容❶ | 污染物名称 | 监测设施 | 自动监测是否联网 | 自动监测仪器名称 | 自动监测设施安装位置 | 自动监测设施是否符合安装、运行、维护等管理要求 | 手工监测采样方法及个数 | 手工监测频次❷ | 手工测定方法 | 其他信息 |
|---|---|---|---|---|---|---|---|---|---|---|---|---|---|---|
| 5 | 废气 | 37030338 | $2^{\#}$窑尾排放口 | 烟道截面积，氧含量 | 颗粒物 | 自动 | 是 | scs900 | $2^{\#}$窑尾 | 是 | /❸ | /❸ | /❸ | |
| 6 | | 37030338 | $2^{\#}$窑尾排放口 | 烟道截面积，氧含量 | 氮氧化物 | 自动 | 是 | scs900 | $2^{\#}$窑尾 | 是 | / | / | / | |
| 7 | | 37030338 | $2^{\#}$窑尾排放口 | 烟道截面积，氧含量 | 二氧化硫 | 自动 | 是 | scs900 | $2^{\#}$窑尾 | 是 | / | / | / | |
| 8 | | 37030338 | $2^{\#}$窑尾排放口 | 氨，氟化物，汞及其化合物 | 氨 | 手工 | | | | | 非连续采样至少3个 | 1次/季 | 《环境空气和废气 氨的测定 纳氏试剂分光光度法》（HJ 533—2009 代替GB/T 14668—93） | |
| 9 | | 37030338 | $2^{\#}$窑尾排放口 | 氨，氟化物，汞及其化合物 | 氟化物 | 手工 | | | | | 非连续采样至少3个 | 1次/季 | 《大气固定污染源 氟化物的测定 离子选择电极法》（HJ/T 67—2001） | |
| 10 | | 37030338 | $2^{\#}$窑尾排放口 | 氨，氟化物，汞及其化合物 | 汞及其化合物 | 手工 | | | | | 非连续采样至少3个 | 1次/半年 | 《固定污染源废气 汞的测定 冷原子吸收分光光度法（暂行）》（HJ 543—2009） | |

| 序号 | 污染源类别 | 排放口编号 | 排放口名称 | 监测内容❶ | 污染物名称 | 监测设施 | 自动监测是否联网 | 自动监测仪器名称 | 自动监测设施安装位置 | 自动监测设施是否符合安装、运行、维护等管理要求 | 手工监测采样方法及个数 | 手工监测频次❷ | 手工测定方法 | 其他信息 |
|---|---|---|---|---|---|---|---|---|---|---|---|---|---|---|
| 11 | 废气 | 37030338 | 2#窑尾排放口 | 氯化氢，氟化氢，总有机碳 | 总有机碳 | 手工 | | | | | 非连续采样至少3个 | 1次/半年 | /❹ | |
| … | … | … | | … | … | … | … | … | … | … | … | … | … | … |

审核注意要点：

❶监测内容是为监测污染物浓度而需要监测的各类参数，而非选择污染物名称，一般排放口及窑头排放口的监测内容为“烟气温度、烟气湿度、烟气流速、烟道截面积”，窑尾排放口在前述基础上还要增加“氧含量”，厂界无组织监测内容选择“风向、风速”，废水污染物的监测内容为“流量”。该排污单位部分监测内容误填。

❷手工监测频次应不低于《排污单位自行监测技术指南 水泥工业》（HJ 848—2017）的要求。

❸针对采用在线监测的排放口也应填报在线监测设备发生故障时的手工监测。监测频次为“每天不少于4次，间隔不得超过6 h”，并且备注“在线监测发生故障时”。

❹针对“总有机碳”手工监测方法，在国家标准监测方法发布前，应采用HJ/T 38进行监测。该处企业漏填报。

### 5.2.2.17 表18 环境管理台账信息表审查要点

| 序号 | 设施类别❶ | 操作参数❶ | 记录内容❶ | 记录频次❶ | 记录形式❷ | 其他信息❸ |
|---|---|---|---|---|---|---|
| 1 | 生产设施 | 基本信息 | 生产设施的名称、工艺等排污许可证规定的各项排污单位基本信息的实际情况及与污染物排放相关的主要运行参数等 | 1次/班 | 纸质台账 | |
| 2 | 污染防治设施 | 基本信息 | 治理设施的名称、工艺等排污许可证规定的各项排污单位基本信息的实际情况及与污染物排放相关的主要运行参数等 | 1次/班 | 纸质台账 | |

审核注意要点：

❶根据《技术规范》要求，环保管理台账应记录生产设施的基本信息、运行管理信息、污染治理设施的基本信息、运行管理信息、监测记录信息以及其他环境管理信息。该企业漏填报较严重。另外，记录内容及记录频次应对应填报（详见《技术规范》要求）。

❷《技术规范》明确要求所有的台账记录形式按照“纸质台账+电子台账”，该企业仅填报了“纸质台账”，不符合要求。

❸《技术规范》要求“台账保存期限不少于三年”，应在此添加备注。

#### 5.2.2.18 附图审查要点

审核注意要点：

要清晰、图例明确，且不存在上下左右颠倒的情况；平面布置图应包括主要工序、厂房、设备位置关系，尤其应注明厂区污水收集和运输走向等内容。

### 5.2.3 某水泥（熟料）排污单位排污许可证副本审核要点

#### 5.2.3.1 副本表 15 执行报告信息表核发要点

| 序号 | 主要内容 | 上报频次 | 其他信息 |
|---|---|---|---|
| 1 | （1）基本生产信息；<br>（2）遵守法律法规情况；<br>（3）污染防治设施运行情况；<br>（4）自行监测情况；<br>（5）台账管理情况；<br>（6）实际排放情况及合规判定分析；<br>（7）排污费（环境保护税）缴纳情况；<br>（8）信息公开情况；<br>（9）排污单位内部环境管理体系建设与运行情况；<br>（10）其他排污许可证规定的内容执行情况；<br>（11）其他需要说明的问题；<br>（12）结论；<br>（13）附图附件要求。<br>在错峰生产期间，执行报告中应专门报告错峰生产期间排污许可证要求的执行情况 | 1. 年度执行报告包括主要内容的 1—10 项，每年 1 月 15 日前上报❷<br>2. 半年度执行报告❶包括主要内容的 1、3、4、5、6 项，每年 6 月底之前上报<br>3. 季度报告包括主要内容的第 6 项，每年 3 月底、9 月底之前上报❸<br>4. 月度执行报告❶主要包括主要内容的 1—8 项次月 5 日前上报❸ | 1. 如有其他紧急需要上报的信息，企业应当配合生态环境部门完成<br>2. 其他报告要求按《排污许可管理办法（试行）》执行 |
| 2 | (1)污染防治设施运行中超标排放或异常情况说明等；<br>(2) 颗粒物、二氧化硫、氮氧化物等污染物实际排放情况及合规判定分析 | 季度执行报告：应于下一季度首月十五日前提前 | |

核发注意要点：

❶原则上水泥行业仅要求上报年度、季度执行报告。

❷根据《技术规范》的要求，年度执行报告包括 1—13 项内容，应于次年一月底前提交至许可证的核发机关。

❸季度和月度执行报告的期限要求应在第二行中对应填报，应于下一周期首月 15 日前提交。

### 5.2.3.2 副本表 16 信息公开表核发要点

| 序号 | 公开方式 | 时间节点 | 公开内容 | 其他信息 |
|---|---|---|---|---|
| 1 | 1. 国家排污许可信息公开系统；<br>2. 本单位信息公开专栏、信息亭、电子屏幕等场所；<br>3. 其他便于公众及时、准确获取信息的方式 | 及时公开，及时更新 | 1. 基础信息，包括单位名称、组织机构代码、法定代表人、生产地址、联系方式，以及生产经营和管理服务的主要内容、产品及规模；<br>2. 排污信息，包括主要污染物及特征污染物的名称、排放方式、排放口数量和分布情况、排放浓度和总量、超标情况，以及执行的污染物排放标准、核定的排放总量，自行监测等；<br>3. 防治污染设施的建设和运行情况；<br>4. 建设项目环境影响评价及其他环境保护行政许可情况；<br>5. 突发环境事件应急预案；<br>6. 季度、半年及年度排污许可证执行报告中相关内容；<br>7. 其他应当公开的环境信息 | 按照《企业事业单位环境信息公开管理办法》和《排污许可管理办法（试行）》执行 |

核发注意要点：

应按照《企业事业单位环境信息公开管理办法》《排污许可管理办法（试行）》等现行文件的管理要求，填报信息公开方式、时间、内容等信息。

### 5.2.3.3 其他控制及管理要求核发要点

1. 根据国家、省、市有关文件规定，落实错峰生产要求。

2. 根据市政府发布的大气污染防治行动计划，发布重污染天气预警时，企业应按照应急预案要求落实减排、限产等应急响应措施。

3. 日许可排放量：根据2016年的环境统计数据，2017年重污染天气期间，红色预警时日许可排放量分别为颗粒物为××t/d、二氧化硫为××t/d、氮氧化物为××t/d，黄色预警时……。2018 年、2019 年的日许可排放量结合上一年的环境统计数据及重污染天气下削减比例确定。

4. 尽快完成生活、生产废水污水处理设施的安装调试工作，……

核发注意要点：

生态环境部门可将对排污单位现行废气、废水管理要求，以及法律法规、《技术规范》中明确的污染防治设施运行维护管理要求写入“其他环境管理要求”部分中。

#### 5.2.3.4 改正规定核发要点

| 序号 | 改正问题 | 改正措施 | 时限要求 |
| --- | --- | --- | --- |

核发注意要点：

对于污染治理设施不满足水泥工业排污许可申请与核发规范要求的，可将整改要求写入“改正措施”中并限定整改时限。

### 5.2.4 易错问题汇总

从目前排污许可证的质量抽查情况来看，大型水泥集团填报质量优于小型民营企业，主要是小型民营企业环保人员配置不足和重视力度不够、缺少横向沟通的渠道和机制导致，主要问题集中在以下几点：

（1）表 1 中，针对是否属于重点控制区域，很多企业未经核实而随意性填报，导致错填；环境影响评价批复文件（备案文件）填报不全，少数企业仅填报熟料、水泥生产线的环评批文，针对配套的独立矿山、码头、余热发电等小项目易造成漏填；未能按照环评文件取得时间判断新增排放源和现有排放源，导致后面污染因子、自行监测、许可排放量等错填。

（2）表 2 中，主要工艺及生产设施填报不全；主要生产单元中，针对存在多条熟料生产线的，企业未对主要生产单元编号识别；水泥工业的主要产品为熟料和水泥，企业易填报破碎机等产能；熟料产能应在熟料生产单元熟料煅烧系统处填报，水泥产能应在水泥粉磨单元的水泥粉磨系统处填报，部分企业错误填报他处；设施参数填报不全，要求填报两个参数的仅填报一个或者未按《技术规范》填报，造成无法了解生产设施配置情况；本表要求企业填报的“产品生产能力”为实际核定产能，应根据《工业和信息化部关于印发钢铁水泥玻璃行业产能置换实施办法的通知》（工信部原〔2017〕337 号）确定的产能，部分企业错误填报实际产量或环评产能。

（3）表 3 中，关于原辅料，很多企业漏填脱硝剂等；关于燃料，有烘干机的单位漏填烘干机燃料，熟料生产公司漏填烘窑用燃油；热值单位为 MJ/kg、MJ/$m^3$，年最大使用量单位为万 t/a 或万 $m^3$/a，部分单位未注意计量单位导致误填；所有原辅燃料应填报硫元素占比（无烘干热源的独立粉磨站除外），部分企业仅填报燃料和石灰石的硫元素占比，其他未填报；协同处置危险废物的排污单位未根据危险废物的特性填报有毒有害成分及占比。

（4）表 4 中，协同处置旁路放风及贮存预处理独立排放口容易漏填。生产设施对应的污染因子选填有误，如“颗粒物”选择了“粉尘、烟尘或可吸入颗粒物”。污染因子选填不全，如烘干磨，仅选填“颗粒物”，“二氧化硫、氮氧化物”未选填，窑尾仅选填“颗粒物、二氧化硫、氮氧化物”，对于“氨”等污染物未选填。针对2015年1月1日后取得批文的协同处置项目，排污单位的贮存及预处理排放口及废水排放口未考虑环评文件要求而漏填污染因子。对于综合性污染治理设施工艺选择不全，如脱硝系统仅选择“SNCR”，对配套的低氮燃烧、分级燃烧脱硝工艺未选填。未采用可行技术却选择“是”。该表要求企业填报有组织排放源，部分企业填报了无组织排放源。

（5）表5中，废水类别填报不全，易漏填报循环冷却排污水等；选填废水污染因子不全，尤其是协同处置项目渗滤液或其他生产废水（新增排放源未考虑环评）；废水污染治理设施及工艺不符合可行技术却选择“是”；协同处置项目渗滤液有外排的，未填报车间/设施排放口，导致后表对一类污染物的许可浓度、自行监测等许可内容缺失。

（6）表6中，部分企业有组织排放口的高度满足不了GB 4915的要求。

（7）表7中，错误填报环评文件要求的浓度限值；贮存预处理排放口污染物应填报速率限值，部分企业错误填报浓度限值。

（8）表8中，许可排放量核算方法有误，一般排放口错误地按照排放口数量申报排放量；许可排放量核算时未考虑错峰生产时段，错误选用环评批复时间。计算时产能应按照环评批复产能或备案产能填报。

（9）表9中，该表要求企业填报厂界无组织，部分企业错误地选填了无组织排放源；部分企业未按照要求填报厂界无组织；针对协同处置固体废物企业，厂界无组织污染因子未选填全；协同处置排污单位无组织“氨”的执行标准选填有误，错误选填了GB 14554。

（10）表9-1中无组织管控表，在选择是否属于重点地区中选填错误；未能根据公司实际建设情况选填全，漏选部分管控要求，尤其是“公用单元”中的“其他”管理要求；排污单位填报的无组织管控现状低于无组织管控要求。

（11）表10中，未根据从严确定原则从严确定许可排放量；应进行反算的未进行反算。

（12）表13中，未能正确选取应执行的标准；未根据国家标准和地方标准从严确定许可限值。

（13）表17中，自行监测的监测内容填报成污染物；监测频次低于《技术规范》或行业自行监测指南要求；未填报自动监测故障时的手工监测；厂界无组织监测漏填报或监测不全；新增排放源未结合环评文件对环境质量监测进行监测。

（14）表18中，部分企业未能按照《技术规范》的要求填报环保管理台账记录内容及对应的记录频次；记录内容和记录频次未一一对应填报；记录频次低于《技术规范》要求；记录形式未按照《技术规范》要求必须采用“电子台账+纸质台账”形式填报；未填报“台账保存期限不少于三年”的要求。

（15）附件：信息公开表的承诺书的抬头错误，公开方式及网址未明确；信息公开日期错误填报在信息公开前；信息公开表中的“反馈意见及处理情况”未填报；平面布置图遗漏了污水走向。

（16）副本中表 15 和表 16 中，核发部门未填报或填报不符合《技术规范》要求。

# 6 排污许可证监督与管理

## 6.1 如何做好排污许可证应发尽发工作

根据《生态文明体制改革总体方案》要求，尽快在全国范围建立统一公平、覆盖所有固定污染源的企业排放许可制。现就如何做好“核发一个行业，清理一个行业”工作，提出以下几点建议。

（1）摸清企业底数，建立行业清单

通过第二次污染源普查企业清单、环境统计企业清单、电力部门工业企业清单、统计部门工业企业清单等，利用社会信用代码的唯一性，对比筛选出辖区内各行业企业基础清单。基础清单按地址进行分类，交由乡镇、街道对企业的规模、类型、生产状况进行核实，按照排污许可管理名录整理出各行业应发企业清单。

（2）强化核发清理，做到应发尽发

生态环境主管部门应对照企业清单逐一核实，对属于核发范围的企业，严格按《排污许可管理办法（试行）》分类处理处置，实现“应发尽发”。对存在问题的，生态环境部门核发排污许可证，并在排污许可证中明确改正要求和时限；对整改到位的，及时变更排污许可证，并从清单中销号；对到期仍未整改到位的，提出建议报有批准权的人民政府批准责令停业、关闭，并注销排污许可证；通过将应发企业清单中的已发企业清单剔除，建立无证企业清单，进行重点监管。

（3）严格监察执法，督促落实整改

地方生态环境主管部门应尽快启动围绕排污许可证的监管执法，建立监督、监察、监测联动机制，制订排污许可执法计划。严厉打击无证排污、不按证排污，执法过程中发现未按规定申领排污许可证的，及时反馈核发部门，纳入无证企业清单。同时，对纳入无证企业清单中的企业实行重点监管，一是禁止企业无证排污，督促其尽快申领排污许可证；二是督促企业限期改正排污许可证中要求的整改事项。

(4) 加大宣传力度，督促企业申领

加大排污许可制度的宣传力度，通过新闻媒体将无证排污处罚情况进行公开，使企业认识到无证排污、违证排污的后果，使公众了解排污许可证的作用，鼓励公众监督企业排污行为，建立违法举报奖励机制。同时，加大对地方生态环境部门的培训力度，进一步提高管理人员的政策理解能力和业务水平，推动各行业排污许可证的全面清理、核发。

## 6.2 证后监管

排污许可证作为生产运营期排污行为的唯一行政许可，并明确其排污行为依法应当遵守的环境管理要求和承担的法律责任义务，同时也是企事业单位在生产运营期接受环境监管和生态环境部门实施监管的主要法律文书。生态环境部门基于企事业单位守法承诺，依法发放排污许可证，依证强化事中事后监管，对违法排污行为实施严厉打击。

### 6.2.1 建立证后监管机制，制订执法检查计划

明确相关部门职责，建立证后监管机制。许可证核发部门负责许可证核发管理和执行报告管理检查，环境监察部门负责排污许可证的现场检查、调查取证等，环境监测部门负责自行监测情况的检查和现场监测，形成“三监联动”工作机制。

上级生态环境部门负责对下级生态环境部门开展企业许可证质量、执行报告执行情况、自行监测执行情况抽查工作。实现部门之间信息交流，将执行报告未填报或是填报质量差的单位列为现场执法检查重点。

各级生态环境管理部门结合辖区内企业数量排定年度排污许可执法检查计划，已核发排污许可证重点排污单位，每许可周期内至少进行一次重点执法检查。

### 6.2.2 水泥企业污染治理措施运行情况检查

(1) 主要排放口电除尘检查，查阅中控系统（DCS 曲线）及台账记录，检查静电除尘器电压、电流是否有异常波动、颗粒物浓度（烟尘）是否与除尘器出口电场电流波动具备对应关系（电流高对于颗粒物浓度低，反则反之），异常波动是否有正当理由并在台账中予以记录。现场查阅记录或现场质询异常波动原因，如无正当理由，则基本可以判定设施不正常运行。

(2) 主要排放口袋除尘检查，查阅中控系统（DCS 曲线）及台账记录，检查布袋除尘器压差、喷吹压力是否有异常波动，异常波动是否有正当理由并在台账中予以记录。现场查阅记录或现场质询异常波动原因，如无正当理由，则基本可以判定设施不正常运行。

（3）主要排放口脱硝设施检查，通过查阅中控系统（DCS 曲线）及台账记录，检查脱硝还原剂用量、氮氧化物浓度（$NO_x$）、氨水添加台账，判定脱硝设施是否正常运行。检查脱硝设施运行参数的逻辑关系是否合理，如窑尾烟室温度升高（氮氧化物原始浓度变大），是否对应提高还原剂流量、增加分级燃烧效果，如未采取任何操作调整，出口氮氧化物浓度是否升高。

（4）主要排放口脱硫设施检查（如有），查阅脱硫中控系统（DCS 曲线）及台账记录，核实使用量是否合理。判断脱硫剂系统风机电流是否大于空负荷电流。对应用较少的脱硫技术，了解脱硫剂、脱硫反应原理、脱硫最终产物及去向，估计技改项目科研等资料判断技术可行性。

（5）一般排放口袋除尘检查，通过查看排气筒出口是否有明显可见烟，判断滤袋是否有破损（新滤袋尚未进入除尘稳定期时，也会出现可见烟问题，应排除）。

### 6.2.3 自行监测情况检查

（1）检查内容

主要包括是否开展自行监测，以及自行监测的点位、因子、频次是否符合排污许可证要求。

①采用自动监测的，主要检查以下内容与排污许可证载明内容的相符性：排放口编号、监测内容、污染物名称、自动监测设施是否符合安装运行、维护等管理要求。

②采用手工监测的，主要检查以下内容与排污许可证载明内容的相符性：排放口编号、监测内容、污染物名称、手工监测采样方法及个数、手工监测频次。

（2）检查方法

在线检查主要包括监测情况与监测方案的一致性，监测频次是否满足许可证要求、监测结果是否达标等。

现场检查主要为资料检查，包括：自动监测、手工自行监测记录，环境管理台账，自动监测设施的比对、验收等文件。对于自动监测设施，可现场查看运行情况、标准气体有效期限等。

### 6.2.4 环境管理台账检查

（1）检查内容

主要包括是否有环境管理台账，环境管理台账是否符合相关规范要求。

主要检查生产设施的基本信息、污染防治设施的基本信息、监测记录信息、运行管理信息和其他环境管理信息等的记录内容、记录频次和记录形式。

（2）检查方法

现场查阅环境管理台账，对比排污许可证要求，核查台账记录的及时性、完整性、真实性。

### 6.2.5 执行报告检查

（1）检查内容

执行报告上报频次、时限和主要内容是否满足排污许可证要求。

（2）检查方法

在线或现场查阅排污单位执行报告文件及上报记录。核实执行报告污染物排放浓度、排放量是否真实，是否上传污染物排放量计算过程。

### 6.2.6 信息公开情况检查

（1）检查内容

主要包括是否开展了信息公开，信息公开是否符合相关规范要求。主要核查信息公开的公开方式、时间节点、公开内容与排污许可证要求相符性。公开内容应包括：颗粒物、$SO_2$、$NO_x$实时排放浓度、废水排放去向、自行监测结果等。

（2）检查方法

在线检查通过企业公开网址进行信息公开内容检查。现场检查为现场查看信息亭、电子屏幕、公示栏等场所。

## 6.3 现场检查指南

### 6.3.1 现场检查资料准备

现场执法检查前应了解企业基本情况，并对照企业排污许可证填写企业基本信息表，标明被检查企业的单位名称、注册地址、生产经营场所和行业类别，根据企业实际情况勾选主要生产工艺，填写生产线数量以及单条生产线的规模，具体检查表见表 6-1。

表 6-1 企业基本情况表

| | | | |
|---|---|---|---|
| 单位名称 | | 注册地址 | |
| 生产经营场所地址 | | 行业类别 | |
| 主要生产工艺 | □熟料生产 | 水泥窑数量______ 条 | 合计产能规模______t/d |
| | □粉磨站 | 磨机数量________ 台 | 合计产能规模______t/d |
| | □协同处置 | 处置工艺___________ | 合计处理能力______t/d |

## 6.3.2 废气污染治理设施合规性检查

### 6.3.2.1 有组织废气污染防治合规性检查

（1）废气排放口检查

有组织废气排放口检查表见表 6-2。

表 6-2 有组织废气排放口检查表

| 排气口、采样孔、采样监测平台设置 | | | | | |
|---|---|---|---|---|---|
| 污染源 | 采样孔规范设置 | 采样监测平台规范设置 | 排气口规范设置 | 是否合规 | 备注 |
| 水泥窑 | 是□ 否□ | 是□ 否□ | 是□ 否□ | 是□ 否□ | |
| ** | 是□ 否□ | 是□ 否□ | 是□ 否□ | 是□ 否□ | |
| ** | 是□ 否□ | 是□ 否□ | 是□ 否□ | 是□ 否□ | |

（2）废气治理措施

有组织废气治理措施检查表见表 6-3。

表 6-3 有组织废气污染治理措施检查表

| 污染治理措施 | | | | | |
|---|---|---|---|---|---|
| 污染源 | 污染因子 | 排污许可证载明治理措施 | 实际治理措施 | 是否合规 | 备注 |
| 水泥窑窑尾 | 颗粒物 | | | 是□ 否□ | |
| | 二氧化硫 | | | 是□ 否□ | |
| | 氮氧化物 | | | 是□ 否□ | |
| 水泥窑窑头 | 颗粒物 | | | 是□ 否□ | |
| 破碎机 | 颗粒物 | | | 是□ 否□ | |
| 旁路防风 | 二噁英 | | | | |

（3）污染治理措施运行合规性检查

①颗粒物治理措施检查

颗粒物治理措施检查表见表 6-4。

表 6-4 颗粒物治理措施检查表

| 排放口 | 治理措施 | | 备注/填写内容 | 判定方法 |
|---|---|---|---|---|
| 主要排放口 | 电除尘是否运行正常 | 是□ 否□ | | 查看 DCS 曲线（颗粒物浓度、电场电流电压、窑尾氧含量）确定设施运行情况，查找颗粒物异常数据（长时间无波动、超标数据、极小数据）时间段，结合对应时间段电除尘二次电流电压数值、运行维护台账、生产线负荷以及其他相关设备运行情况，判断电除尘历史运行情况 |
| | 电袋复合除尘是否运行正常 | 是□ 否□ | | 查看 DCS 曲线（颗粒物浓度、电场电流电压、除尘进出口压差、窑尾氧含量）确定设施运行情况，查找颗粒物异常数据（长时间无波动、超标数据、极小数据）时间段，结合对应时间段电除尘二次电流电压数值、进出口压差、运行维护台账、生产线负荷以及其他相关设备运行情况，判断除尘设施历史运行情况 |
| | 布袋除尘是否运行正常 | 是□ 否□ | | 查看 DCS 曲线（颗粒物浓度、除尘进出口压差、窑尾氧含量）确定设施运行情况，查找颗粒物异常数据（长时间无波动、超标数据、极小数据）时间段，结合对应时间段进出口压差、运行维护台账、生产线负荷以及其他相关设备运行情况，判断除尘设施历史运行情况 |
| 一般排放口 | 初步判断是否达标排放 | 是□ 否□ | | 观察排放口是否出现冒灰现象 |
| | 布袋除尘是否与主机设备同步运行 | 是□ 否□ | | 结合除尘设施巡检台账、维护台账及对应设备运行台账，对照同一时段里设备开停情况是否一致 |

②二氧化硫治理措施检查

二氧化硫治理措施检查表见表 6-5。

表 6-5 二氧化硫治理措施检查表

| 治理措施 | | 备注/填写内容 | 判定方法 |
|---|---|---|---|
| 脱硫设施运行是否正常 | 是□ 否□ | | 查看 DCS 曲线（$SO_2$ 排放浓度、窑尾氧含量、脱硫剂用量）结合二氧化硫排放历史浓度及原燃材料硫含量台账，对比企业原燃材料含硫率变化对应时间段二氧化硫排放浓度变化（从入均化库生料到入窑通常需经过 6 h）、脱硫剂使用量变化。通常情况下窑磨一体机在停磨情况下二氧化硫会有一定幅度增加 |

③氮氧化物治理措施检查

氮氧化物治理措施检查表见表 6-6。

**表 6-6　氮氧化物治理措施检查表**

| 治理措施 | | 备注/填写内容 | 判定方法 |
|---|---|---|---|
| SNCR 设施是否运行正常 | 是□　否□ | | 通过检查脱硝剂购买凭证、脱硝剂使用情况核实脱硝是否投用。结合窑尾烟温、氮氧化物排放浓度及脱硝剂用量判断脱硝设施是否正常运行。通过查阅 DCS 曲线判断脱硝设施是否与水泥窑同步运行。通常情况下，窑尾温度升高会导致氮氧化物产生浓度增大、脱硝剂用量增大现象。窑尾温度不变，脱硝剂用量增大或减小氮氧化物浓度会对应减小或增大 |

（4）污染物排放浓度与许可浓度的一致性检查

有组织废气浓度达标情况检查表见表 6-7。

**表 6-7　有组织废气浓度达标情况检查表**

| 污染源 | 污染因子 | 自动监测数据是否达标 | 手工监测数据是否达标 | 执法监测数据是否达标 | 备注 |
|---|---|---|---|---|---|
| 水泥窑窑尾废气（需折算至10%氧含量） | 颗粒物 | 是□　否□ | 是□　否□ | 是□　否□ | |
| | 二氧化硫 | 是□　否□ | 是□　否□ | 是□　否□ | |
| | 氮氧化物 | 是□　否□ | 是□　否□ | 是□　否□ | |
| | 汞及其化合物 | — | 是□　否□ | 是□　否□ | |
| | 氟化物 | — | 是□　否□ | 是□　否□ | |
| | 氨 | — | 是□　否□ | 是□　否□ | |
| 水泥窑窑头废气 | 颗粒物 | 是□　否□ | 是□　否□ | 是□　否□ | |
| …… | | | | | |

注：氮氧化物（$NO_x$）浓度是指将 NO 浓度换算成 $NO_2$ 浓度后与 $NO_2$ 浓度加和。

（5）污染物实际排放量与许可排放量的一致性检查

检查颗粒物、$SO_2$、$NO_x$ 的实际排放量是否满足年许可排放量要求时，可参考并填写检查表，具体见表 6-8。

表 6-8 污染物实际排放量与许可排放量一致性检查表（分主要、一般）

| 污染物 | 许可排放量/（t/a） | 实际排放量/（t/a） | 是否满足许可要求 | 备注 |
|---|---|---|---|---|
| 颗粒物 | | | 是□ 否□ | |
| 二氧化硫 | | | 是□ 否□ | |
| 氮氧化物 | | | 是□ 否□ | |

### 6.3.2.2 无组织废气污染防治合规性检查

无组织废气污染防治检查表见表 6-9。

表 6-9 无组织废气污染防治检查表

| 治理环境要素 | 排污节点 | 治理措施 | | 备注 |
|---|---|---|---|---|
| 扬尘 | 矿山开采 | 机械钻孔机是否配置除尘器或其他有效除尘设施 | 是□ 否□ | |
| | | 爆破是否采用微差爆破等扬尘较低的爆破技术，爆堆是否喷水 | 是□ 否□ | |
| | | 运矿道路是否进行适当硬化并定期洒水，道路两旁进行绿化 | 是□ 否□ | |
| | | 运输皮带是否封闭，矿石厂外汽运车辆是否采用封闭或覆盖等抑尘措施 | 是□ 否□ | |
| | | 石灰石转载、下料口等产尘点是否设置集气罩并配备高效袋式除尘器 | 是□ 否□ | |
| | | 其他措施 | | |
| | 物料堆存 | 粉状物料是否全部密闭储存 | 是□ 否□ | |
| | | 块状物料全部封闭储存 | 是□ 否□ | |
| | | 未封闭储存的物料是否设置不低于堆放物高度的严密围挡或采取有效覆盖等措施 | 是□ 否□ | |
| | | 其他措施 | | |
| | 物料转运 | 是否采用密闭型式 | 是□ 否□ | |
| | | 下料口是否配备除尘设施 | 是□ 否□ | |
| | 粉状物料散装 | 是否采用密闭罐车 | 是□ 否□ | |
| | | 是否采用带抽风口的散装卸料装置 | 是□ 否□ | |
| | 水泥包装及运输 | 包装车间是否全封闭 | 是□ 否□ | |
| | | 袋装水泥装车点是否采用除尘系统 | 是□ 否□ | |
| | 码头发运 | 是否密闭，并配备除尘设施 | 是□ 否□ | |
| | | 无法密闭的，是否采取其他控制措施 | 是□ 否□ | |
| | 其他 | 厂区、码头运输道路是否全硬化 | 是□ 否□ | |
| | | 是否定期进行道路洒水及清扫 | 是□ 否□ | |
| | | 是否设置车轮清洗、清扫装置 | 是□ 否□ | |
| 氨气 | 氨罐区 | 是否设有防泄漏围堰 | 是□ 否□ | |
| | | 是否设有氨气泄漏检测设施 | 是□ 否□ | |
| | | 氨水装卸是否设有配氨气回收或吸收回用装置 | 是□ 否□ | |

### 6.3.3 废水污染治理设施合规性检查

（1）废水排放口检查

废水排放口检查表见表 6-10。

表 6-10 废水排放口检查表

| 废水类别 | 排污许可证排放去向 | 实际排放去向 | 是否一致 | 备注 |
|---|---|---|---|---|
| 生活废水 | | | 是□ 否□ | |
| ** | | | 是□ 否□ | |

（2）废水治理措施检查

废水治理措施检查表见表 6-11。

表 6-11 废水治理措施检查表

<table>
<tr><th>废水类别</th><th colspan="3">治理措施</th><th>备注<br>填写内容</th></tr>
<tr><td rowspan="5">生产废水</td><td>辅助生产废水</td><td>经过滤、沉淀、冷却等处理</td><td>是□ 否□</td><td></td></tr>
<tr><td>设备冷却循环水</td><td>经过滤、沉淀、冷却等处理后回用</td><td>是□ 否□</td><td></td></tr>
<tr><td>余热发电循环冷却排污水</td><td>经过滤、沉淀、冷却等处理</td><td>是□ 否□</td><td></td></tr>
<tr><td rowspan="2">协同处置垃圾渗滤液</td><td>是否直接或经处理后浓缩喷入水泥窑高温区焚烧处置</td><td>是□ 否□</td><td></td></tr>
<tr><td>是否经二级处理和深度处理后作为生产循环水回用</td><td>是□ 否□</td><td></td></tr>
<tr><td>生活污水</td><td colspan="2">是否有生活污水处理站</td><td>是□ 否□</td><td></td></tr>
</table>

（3）污染物排放浓度与许可浓度一致性检查

水泥企业各废水排放口污染物的排放浓度达标是指任一有效日均值均满足许可排放浓度要求。各项废水污染物有效日均值采用执法监测、企业自行开展的手工监测两种方法分类进行确定。

废水达标情况检查表见表 6-12。

表 6-12 废水达标情况检查表

| 废水污染因子 | 实际监测浓度 | 是否符合许可排放量要求 | 备注 |
|---|---|---|---|
| | | 是□ 否□ | |
| …… | …… | …… | |

（4）污染物实际排放量与许可排放量的一致性检查

污染物实际排放量与许可排放量（如有）一致性检查表见表 6-13。

**表 6-13　污染物实际排放量与许可排放量一致性检查表**

| 污染物 | 许可排放量/（t/a） | 实际排放量/（t/a） | 是否满足许可要求 | 备注 |
|---|---|---|---|---|
| 化学需氧量 | | | 是□　否□ | |
| 氨氮 | | | 是□　否□ | |

## 6.3.4　环境管理执行情况合规性检查

（1）自行监测执行情况检查

自行监测执行情况检查表见表 6-14。

**表 6-14　自行监测执行情况检查表**

<table>
<tr><th>序号</th><th colspan="2">合规性检查</th><th>实际执行</th><th>是否合规</th><th>备注</th></tr>
<tr><td>1</td><td colspan="2">是否编制自行监测方案</td><td></td><td>是□　否□</td><td></td></tr>
<tr><td>2</td><td rowspan="4">自行监测方案是否满足排污许可证要求</td><td>监测点位是否齐全</td><td></td><td>是□　否□</td><td></td></tr>
<tr><td>3</td><td>监测指标是否满足规范要求</td><td></td><td>是□　否□</td><td></td></tr>
<tr><td>4</td><td>监测频次是否满足规范要求</td><td></td><td>是□　否□</td><td></td></tr>
<tr><td>5</td><td>采样方法是否满足规范要求</td><td></td><td>是□　否□</td><td></td></tr>
<tr><td>6</td><td colspan="2">是否按照监测方案开展自行监测工作</td><td></td><td>是□　否□</td><td></td></tr>
</table>

（2）环境管理台账执行情况检查

环境管理台账执行情况检查表见表 6-15。

**表 6-15　环境管理台账执行情况检查表**

<table>
<tr><th>序号</th><th>环境管理台账记录内容</th><th>项目</th><th>排污许可证要求</th><th>实际执行</th><th>是否合规</th></tr>
<tr><td rowspan="4">1</td><td rowspan="4">**运行台账</td><td>记录内容</td><td></td><td></td><td>是□　否□</td></tr>
<tr><td>记录频次</td><td></td><td></td><td>是□　否□</td></tr>
<tr><td>记录形式</td><td></td><td></td><td>是□　否□</td></tr>
<tr><td>保存时间</td><td></td><td></td><td>是□　否□</td></tr>
</table>

（3）执行报告上报执行情况检查

执行报告上报执行情况检查表见表 6-16。

表 6-16　执行报告上报执行情况检查表

| 序号 | 执行报告内容 | 排污许可证要求 | 实际执行 | 是否合规 | 备注 |
|---|---|---|---|---|---|
| 1 | 上报内容 | | | 是□　否□ | |
| 2 | 上报频次 | | | 是□　否□ | |

（4）信息公开执行情况检查

信息公开执行情况检查表见表 6-17。

表 6-17　信息公开执行情况检查表

| 序号 | 信息公开内容 | | 是否公开 | 公开方式 | 备注 |
|---|---|---|---|---|---|
| 1 | 基础信息 | 包括单位名称、组织机构代码、法定代表人、生产地址、联系方式，以及生产经营和管理服务的主要内容、产品及规模 | 是□　否□ | | |
| 2 | 排污信息 | 包括主要污染物及特征污染物的名称、排放方式、排放口数量和分布情况、排放浓度和总量、超标情况，以及执行的污染物排放标准、核定的排放总量 | 是□　否□ | | |
| 3 | 防治污染设施的建设和运行情况 | | 是□　否□ | | |
| 4 | 建设项目环境影响评价及其他环境保护行政许可情况 | | 是□　否□ | | |
| 5 | 突发环境事件应急预案 | | 是□　否□ | | |
| 6 | 自行监测方案 | | 是□　否□ | | |

# 后　记

从 2017 年 5 月北京、河北等地率先试点全国排污许可证申请与核发，我国排污许可制度改革已经迈出了坚实的步伐，并在实践中不断总结经验，完善制度体系。截至 2018 年年底，全国已累计发证近 4 万张。

排污许可制度本身，不仅是被经历了工业化过程的各国验证了的科学有效的管理工具，也是我国环保事业发展到一定阶段之后的必然选择，是环保管理由粗放转向精细化，由“保姆式”转向法治化的结果。

排污许可制度的建立是整合现有各项环境管理制度，让法律法规对一个企业提出的所有的环保要求衔接融合到一个证上来，让信息和数据共享都到一个高效的统一平台上来，形成企业内部管理和监管执法的“一证式”清单。

排污许可制改革在生态文明建设和打好污染防治攻坚战中，肩负着越来越重要的使命，按照“核发一个行业、清理一个行业、规范一个行业、达标排放一个行业”的思路，推进固定污染源的清理与落实证后监管，开拓以排污许可证为依据的“一证式”执法，让排污许可证真正成为固定污染源的核心基础制度。

# 附件 1　水泥工业排污许可申请与核发 20 问

**1. 关于核发范围问题。**

（1）同一地区同一法人的全部产污环节都应纳入一张许可证申报。

（2）同一地区同一法人的水泥工业排污单位内建有平板玻璃制造、自备电厂等其他行业且有行业技术规范的，按相应技术规范进行申报，在名录规定的时限内持证排污。

（3）同一地区同一法人的水泥工业排污单位内建有矿渣微粉、水泥制品、商混、骨料生产等生产工序的，可参考《排污许可证申请与核发技术规范　水泥工业》或《排污许可证申请与核发技术规范　总则》申报，若符合《固定污染源排污许可分类管理名录（2017年版）》第六条规定的，应纳入重点管理，许可排放量，否则仅许可排放浓度。

（4）独立法人的石灰石原料矿山、矿渣微粉、水泥制品、商混、骨料生产等，若符合《固定污染源排污许可分类管理名录（2017 年版）》第六条规定的，应申报排污许可证且纳入重点管理，许可排放量，否则无须申报排污许可证。

（5）同一法人的水泥（熟料）生产排污单位建设的原料矿山、散装水泥（熟料）转运、水泥包装等生产工序，虽与水泥（熟料）生产位于不同地点但属于配套、公用或存在直接生产工艺联系时，申请一张排污许可证。若以上生产工序分属不同的核发部门，可分别申请排污许可证。

**2. 关于协同处置固体废物生产单元为独立法人的核发问题。**

同一厂区内的水泥窑协同处置单元与水泥（熟料）生产单元分属两个法人的排污单位，应按照生产设施、环保设施和排放口的法人从属关系分别申请和领取排污许可证，双方共同使用的生产设施、环保设施和排放口（如窑尾烟囱管控的所有污染物），应由水泥窑窑尾烟囱的责任主体——水泥企业申领许可证，双方也可以在划清各自权责的基础上申请一张排污许可证。特别说明的是，因《排污许可证申请与核发技术规范　水泥工业》涵盖了协同处置生产单元，因此其申请与核发应与水泥行业的时间一致。

**3. 关于排污单位有部分淘汰的设备或工艺的许可证核发问题。**

根据《排污许可证管理办法（试行）》的“不予许可的情形”规定，（一）位于法律法规规定禁止建设区域内的；（二）属于国务院经济综合宏观调控部门会同国务院有关部门发布的产业政策目录中明令淘汰或者立即淘汰的落后生产工艺装备、落后产品的；（三）法律法规规定不予许可的其他情形。其他合规的工艺及设备按照相应技术规范申请与核发排污许可证。

**4. 关于许可排放浓度限值执行标准的问题。**

排污许可证是对具体排放口按执行的排放标准许可排放浓度。水泥工业排污单位建有骨料生产等不执行 GB 4915 的项目，可参考项目环评文件确定污染因子应执行的标准。

**5. 关于总量控制文件的问题。**

总量控制指标文件具体形式包括地方政府或生态环境主管部门发文确定的排污单位总量控制指标、环评批复时的总量控制指标、现有排污许可证中载明的总量控制指标、通过排污权有偿使用和交易确定的总量控制指标等地方政府或生态环境主管部门与排污许可证申领排污单位以一定形式确认的总量控制指标。

**6. 关于水泥熟料产能取值的问题。**

针对水泥行业中熟料生产项目普遍存在"批小建大、批建不符"的问题，根据排污许可证的申报要求和技术规范规定，申请表的"主要产品及产能"表中填报熟料产能应根据《工业和信息化部关于印发钢铁水泥玻璃行业产能置换实施办法的通知》（工信部原〔2017〕337 号）文件确定实际核定产能填报。在按技术规范推荐方法核算许可排放量时应采用合法产能即环评文件及批复明确的产能。

**7. 关于特种水泥窑尾基准排气量取值问题。**

根据水泥行业技术规范规定，若采用中空窑、悬浮预热器窑等设施生产特种水泥的，窑尾基准排气量为 $2\,500 \times 1.1\ m^3/t$ 熟料；若采用新型干法窑生产特种水泥，窑尾基准排气量应为 $2\,500\ m^3/t$ 熟料；特别说明的是，采用中空窑、悬浮预热器窑生产特种水泥又配套协同处置的生产线，窑尾基准排气量依然为 $2\,500 \times 1.1\ m^3/t$ 熟料。

**8. 关于烘干机等独立热源许可限值问题。**

针对水泥（熟料）排污单位配套建设烘干机等独立热源的许可限值应遵循以下原则：对于许可排放量，应根据环评文件中的烘干机等独立热源的废气量、许可浓度限值和设计运行时间进行确定。若环评文件无烘干机废气量，可根据设计文件、污染源监测报告等数据确定废气量。针对独立粉磨站建设有烘干机等独立热源的许可排放浓度，如独立热源的排放量达到《固定污染源排污许可分类管理名录（2017 年版）》第六条规定的独立粉磨站企业，也应作为重点管理。

**9. 水泥行业排污单位自行监测频次确定原则。**

（1）生活污水接入城镇集中污水处理设施的监测频次问题：《排污许可证申请与核发技术规范　水泥工业》《排污许可证申请与核发技术规范　总则》中都已经明确“单独排入城镇集中污水处理设施的生活污水仅说明去向”，对于水泥工业排污单位的生活污水单独排入城镇集中污水处理设施的，仅说明去向即可，无须进行监测。有生活污水直接排入地表水体，或者生活污水和生产废水混合外排的，应按照相关要求开展自行监测。

（2）废气监测频次的问题：在《排污单位自行监测技术指南　水泥工业》（HJ 848—2017）发布前已经核发排污许可证的排污单位，应按照 HJ 848 的要求变更排污许可证，并按照变更后的排污许可证自行监测频次开展自行监测。

**10. 不满足无组织管控要求的水泥企业如何发放排污许可证？**

发放排污许可证，并提出相应的整改要求和期限，按照要求整改完成后该无组织管控的设备才能进行排污。

**11. 限期治理未完成的企业如何发放排污许可证？**

在排污许可证中需要提出限期整改的要求和时限，在发放排污许可证后直至整改完成前，整改内容涉及的工艺和设备须停产整改。

**12. 无环评批复文号或备案号文如何填写批复文号？**

针对环保批文无文号的、甚至无项目名称的，企业应言简意赅地将项目名称、批文时间填报上去，如“1999 年 2 500 t/d 熟料线环评批文”。

**13. 未批先建项目，在网上备案公示，没有备案文号，如何填写表 1 中是否有认定的备案文号？**

表 1 中是否有认定的备案，填“是”。关于备案文号，与备案发放部门联系确定。

**14. 表 1 的废气废水污染物控制指标处如何填写？**

对于系统默认的六类污染因子，无须在表 1 的基本信息中填报。对于其他污染因子，应该根据国家或地方总量控制文件要求填报。

**15. 表 2 的主要产品有哪些需要填？**

答：水泥工业主要产品仅为水泥、熟料，熟料产能仅在熟料生产单元熟料煅烧系统中填报，水泥产能仅在水泥粉磨单元的水泥粉磨系统中填报，其他系统不需填报产能。

**16. 企业环评产能为 4 500 t/a，按照工信部产业〔2015〕127 号文产能为 5 000 t/a，实际产量为 6 000 t/a，那么表 2 填报产能以及计算企业年许可排放量时，到底应该用哪个产能？**

《技术规范》明确为“主要产品产能”，不是实际产量。企业实际产量大于“主要产品产能”的，可以通过削减污染物浓度或减少运行时间等方式来减少污染物的排放。针对粉磨站的产能，严格按照环评文件填报。

**17. 原辅材料中年使用量怎么填写？哪些原辅料需要填写硫元素占比？**

答：原辅材料中年使用量填写设计年使用量；所有原辅材料均需要填写硫元素占比，参考设计值或上一年实际使用情况填报。

**18. 水泥（熟料）生产企业，粉磨站带有独立热源的烘干设备，如何计算全厂主要污染物（颗粒物、二氧化硫、氮氧化物）年许可排放量？**

因为水泥（熟料）制造企业还要许可全厂年许可排放量，则全厂一般排放口需要计算年排放量，纳入全厂年许可排放量中。颗粒物已经包含在熟料库后其他一般排放口，二氧化硫和氮氧化物采用许可排放浓度、烟气量设计值或上一年（三年）干烟气量平均值、产能与年运行时间乘积。

**19. 一个企业有 2 条生产线，1 号为常规生产线，2 号为协同处置生产线，该地区按照国家要求实行错峰生产，那么，错峰生产月许可排放量怎么确定？**

1 号错峰生产月许可排放量可以计算出来；2 号不实行错峰，正常生产。只填报 1 号生产线错峰生产月许可排放量，无须计算 2 号线的月许可量。计算的时间只考虑当月错峰生产期间的，如从 11 月 15 日开始错峰，则当月只计算 15—30 日的 16 d 的许可量。在合规判定时月许可排放量只是考核 1 号生产线错峰生产时段月实际排放量是否满足月许可排放量要求。

**20. 如何理解破碎机、磨机、包装机排气筒半年监测 1 次，每个季度相同种类治理设施的监测点位数量基本平均分布。**

如某公司有 3 个水泥磨排气筒（其中 1#与 2#磨机除尘设施相同，3#为其他除尘设施），制定监测方案时，3#磨机排气筒应每季度监测 1 次，1#、2#磨机排气筒每季度监测 1 个（1#排气筒 1 季度、3 季度进行监测，2#排气筒 2 季度、4 季度进行监测）。

# 附件 2　水泥排污许可申请与核发参考政策规范

## 一、排污许可政策标准

1. 《固定污染源排污许可分类管理名录（2017 年版）》（环境保护部令　第 45 号）

2. 《排污许可管理办法（试行）》（环境保护部令　第 48 号）

3. 《排污许可证申请与核发技术规范　水泥工业》（HJ 847—2017）

4. 《排污单位自行监测技术指南　水泥工业》（HJ 848—2017）

5. 《关于发布计算污染物排放量的排污系数和物料衡算方法的公告》（环境保护部公告 2017 年　第 81 号）

6. 《排污单位自行监测技术指南　总则》（HJ 819—2017）

7. 《排污许可证申请与核发技术规范　总则》（HJ 942—2018）

8. 《排污单位环境管理台账及排污许可证执行报告技术规范　总则（试行）》（HJ 944—2018）

## 二、政策规划（包括错峰生产要求）

1. 工业和信息化部关于印发《工业绿色发展规划（2016—2020 年）》的通知（工信部规〔2016〕225 号）

2. 工业和信息化部关于印发《建材工业发展规划（2016—2020 年）》的通知（工信部规〔2016〕315 号）

3. 关于促进生产过程协同资源化处理城市及产业废弃物工作的意见（发改环资〔2014〕884 号）

4. 工业和信息化部 住房城乡建设部关于印发《促进绿色建材生产和应用行动方案》的通知（工信部联原〔2015〕309 号）

5. 工业与信息化部等六部委关于开展水泥窑协同处置生活垃圾试点工作的通知（工信厅联节〔2015〕28 号）

6. 工业和信息化部 环境保护部关于进一步做好水泥错峰生产的通知（工信部联原〔2016〕351 号）

7. 生态环境部等十部委及六省市人民政府关于印发《京津冀及周边地区 2019—2020 年秋冬季大气污染综合治理攻坚行动方案》的通知（环大气〔2019〕88 号）

## 三、准入条件

1.《部分工业行业淘汰落后生产工艺装备和产品指导目录》(工产业〔2010〕第 122 号)

2.《产业结构调整指导目录(2011 年本)》(修正)(2011 年 3 月 27 日国家发展改革委第 9 号令公布,根据 2013 年 2 月 16 日国家发展改革委第 21 号令公布的《国家发展改革委关于修改〈产业结构调整指导目录(2011 年本)〉有关条款的决定》修正)

3.《水泥行业规范条件(2015 年本)》(工业和信息化部公告 2015 年 第 5 号)

4. 质检总局关于公布工业产品生产许可证实施通则和 60 类工业产品实施细则的公告(2016 年 第 102 号)

## 四、产能过剩

1. 国务院关于化解产能严重过剩矛盾的指导意见(国发〔2013〕41 号)

2. 关于在化解产能严重过剩矛盾过程中加强环保管理的通知(环发〔2014〕55 号)

3. 国务院办公厅关于促进建材工业稳增长调结构增效益的指导意见(国办发〔2016〕34 号)

4. 国务院关于发布政府核准的投资项目目录(2016 年本)的通知(国发〔2016〕72 号)

5. 工业和信息化部关于印发钢铁水泥玻璃行业产能置换实施办法的通知(工信部原〔2017〕337 号)

## 五、污染防治

1. 关于执行大气污染物特别排放限值的公告(环境保护部公告 2013 年 第 14 号)

2. 关于京津冀大气污染传输通道城市执行大气污染物特别排放限值的公告(环境保护部公告 2018 年 第 9 号)

3. 国务院关于印发大气污染防治行动计划的通知(国发〔2013〕37 号)

4. 关于落实大气污染防治行动计划严格环境影响评价准入的通知(环办〔2014〕30 号)

5. 国务院关于印发土壤污染防治行动计划的通知(国发〔2016〕31 号)

6. 关于发布《水泥工业污染防治技术政策》等四项指导性文件的公告(环境保护部公告 2013 年 第 31 号)

7. 关于发布《电解锰行业污染防治可行技术指南(试行)》等三项指导性技术文件的公告(环境保护部公告 2014 年 第 81 号)

8. 关于发布《重点行业二噁英污染防治技术政策》等 5 份指导性文件的公告(环境保护部公告 2015 年 第 90 号)

9. 关于发布《水泥窑协同处置固体废物污染防治技术政策》的公告(环境保护部公告

2016 年 第 72 号）

10. 关于发布《水泥窑协同处置危险废物经营许可证审查指南（试行）》的公告（环境保护部公告 2017 年 第 22 号）

11. 《国家危险废物名录》（环境保护部令 第 39 号）

12. 关于进一步做好环保违法违规建设项目清理工作的通知（环办环监〔2016〕第 46 号）

13. 关于实施工业污染源全面达标排放计划的通知（环环监〔2016〕172 号）

14. 国土资源部 工业和信息化部 财政部 环境保护部 国家能源局关于加强矿山地质环境恢复和综合治理的指导意见（国土资发〔2016〕63 号）

15. 关于加强京津冀高架源污染物自动监控有关问题的通知（环办环监函〔2016〕1488 号）

16. 关于印发《京津冀及周边地区 2017—2018 年秋冬季大气污染综合治理攻坚行动方案》的通知（环大气〔2017〕110 号）

17. 《污染源自动监控设施运行管理办法》（环发〔2008〕6 号）

18. 《排污口规范化整治技术要求（试行）》（环监〔1996〕470 号）

## 六、标准规范

1. 《水泥工业大气污染物排放标准》（GB 4915—2013）

2. 《非金属矿物制品业卫生防护距离　第 1 部分：水泥制造业》（GB/T 18068.1—2012）

3. 《水泥窑协同处置固体废物污染控制标准》（GB 30485—2013）

4. 《水泥窑协同处置固体废物环境保护技术规范》（HJ 662—2013）

5. 《水泥窑协同处置工业废物设计规范》（GB 50634—2010）及《关于发布国家标准〈水泥窑协同处置工业废物设计规范〉局部修订的公告》（住房和城乡建设部 公告 第 847 号）

6. 《水泥窑协同处置固体废物技术规范》（GB 30760—2014）

7. 《水泥工业除尘工程技术规范》（HJ 434—2008）

8. 《水泥工厂环境保护设计规范》（GB 50558—2010）

9. 《污水综合排放标准》（GB 8978—1996）

10. 《恶臭污染物排放标准》（GB 14554—93）

11. 《大气污染物综合排放标准》（GB 16297—1996）

12. 《污水排入城镇下水道水质标准》（GB/T 31962—2015）

13. 《固定污染源排气中颗粒物测定与气态污染物采样方法》（GB/T 16157—1996）

14. 《固定污染源排气中非甲烷总烃的测定　气相色谱法》（HJ/T 38—1999）

15. 《大气污染物无组织排放监测技术导则》（HJ/T 55—2000）

16. 《固定污染源排气中二氧化硫的测定　定电位电解法》（HJ/T 57—2017）

17. 《固定污染源烟气（$SO_2$、$NO_x$、颗粒物）排放连续监测技术规范》（HJ 75—2017）

18. 《固定污染源烟气（$SO_2$、$NO_x$、颗粒物）排放连续监测系统技术要求及检测方法》（HJ 76—2017）

19. 《地表水和污水监测技术规范》（HJ/T 91—2002）

20. 《环境空气质量手工监测技术规范》（HJ/T 194—2005）

21. 《水污染源在线监测系统安装技术规范（试行）》（HJ/T 353—2007）

22. 《水污染源在线监测系统验收技术规范（试行）》（HJ/T 354—2007）

23. 《水污染源在线监测系统运行与考核技术规范（试行）》（HJ/T 355—2007）

24. 《水污染源在线监测系统数据有效性判别技术规范（试行）》（HJ/T 356—2007）

25. 《固定源废气监测技术规范》（HJ/T 397—2007）

26. 《污染源源强核算技术指南　水泥工业》（HJ 886—2018）

## 七、环评管理

1. 关于发布《生态环境部审批环境影响评价文件的建设项目目录（2019 年本）》的公告（生态环境部公告 2019 年 第 8 号）

2. 关于印发水泥制造等七个行业建设项目环境影响评价文件审批原则的通知（环办环评〔2016〕114 号）

3. 《建设项目环境影响评价分类管理名录》（环境保护部令 第 44 号）

4. 国务院关于修改《建设项目环境保护管理条例》的决定（中华人民共和国国务院令第 682 号）

5. 关于做好环境影响评价制度与排污许可制衔接相关工作的通知（环办环评〔2017〕84 号）

6. 关于发布《建设项目竣工环境保护验收暂行办法》的公告（国环规环评〔2017〕4 号）

7. 关于印发制浆造纸等十四个行业建设项目重大变动清单的通知（环办环评〔2018〕6 号）

# 附件3　某水泥窑协同处置固体废物水泥（熟料）排污单位排污许可证申请表模板

## 排污许可证申请表（试行）

（首次申请）

单位名称：山东*有限公司

注册地址：山东省*市*区*镇

行业类别：水泥制造

生产经营场所地址：山东省*市*区*镇

组织机构代码：

统一社会信用代码：913*30*465*72*C

法定代表人：王二

技术负责人：张三

固定电话：05*-2*6*3

移动电话：13*5*1*1

申请日期：*年*月*日

# 一、排污单位基本情况

表 1　排污单位基本信息表

| | | | |
|---|---|---|---|
| 是否需要整改 | 否 | 许可证管理类别 | 重点管理 |
| 单位名称 | 山东*水泥有限公司 | 注册地址 | 山东省*市*区*镇 |
| 生产经营场所地址 | 山东省*市*区*镇 | 邮政编码[1] | 25*2 |
| 行业类别 | 水泥制造 | 是否投产[2] | 是 |
| 投产日期[3] | 2003-09-28 | | |
| 生产经营场所中心经度[4] | 118°*′*″ | 生产经营场所中心纬度[5] | 36°*′*″ |
| 组织机构代码 | | 统一社会信用代码 | 91*03*74*69*C |
| 技术负责人 | 张三 | 联系电话 | 138******** |
| 所在地是否属于大气重点控制区[6] | 否 | 所在地是否属于总磷总氮控制区[7] | 否 |
| 是否位于工业园区 | 否 | 所属工业园区名称 | |
| 是否有环评审批意见[8] | 是 | 环境影响评价审批意见文号（备案编号） | *环报*表〔2013〕142 号 |
| | | | *环*表〔2007〕123 号 |
| | | | *环*〔2015〕105 号 |
| | | | *环*〔2004〕167 号 |
| | | | 2 500 t 水泥熟料生产线由*市环保局于 2003 年 11 月 14 日批复（此批复无编号） |

| | | | |
|---|---|---|---|
| 是否有地方政府对违规项目的认定或备案文件 (9) | 否 | 认定或备案文件文号 | |
| 是否有主要污染物总量分配计划文件 (10) | 是 | 总量分配计划文件文号 | *办发〔2012〕104 号 |
| 二氧化硫总量控制指标/（t/a） | 3* | *发〔2012〕104 号核定 | |
| 颗粒物总量控制指标/（t/a） | 9* | *发〔2012〕104 号核定 | |
| 氮氧化物总量控制指标/（t/a） | 15* | *发〔2012〕104 号核定 | |

注：（1）指生产经营场所地址所在地邮政编码。

（2）2015 年 1 月 1 日起，正在建设过程中，或已建成但尚未投产的，选“否”；已经建成投产并产生排污行为的，选“是”。

（3）指已投运的排污单位正式投产运行的时间，对于分期投运的排污单位，以先期投运时间为准。

（4）（5）指生产经营场所中心经纬度坐标，可通过排污许可管理信息平台中的 GIS 系统点选后自动生成经纬度。

（6）“大气重点控制区”指《关于执行大气污染物特别排放限值的公告》（2013 年 第 14 号）中列明的 47 个市。

（7）总磷、总氮控制区是指《国务院关于印发“十三五”生态环境保护规划的通知》（国发〔2016〕65 号）以及生态环境部相关文件中确定的需要对总磷、总氮进行总量控制的区域。

（8）须列出环评批复文件文号或者备案编号。

（9）对于按照《国务院办公厅关于印发加强环境监管执法的通知》（国办发〔2014〕56 号）要求，经地方政府依法处理、整顿规范并符合要求的项目，须列出证明符合要求的相关文件名和文号。

（10）对于有主要污染物总量控制指标计划的排污单位，须列出相关文件文号（或其他能够证明排污单位污染物排放总量控制指标的文件和法律文书），并列出上一年主要污染物总量指标；对于总量指标中同时包括钢铁行业和自备电厂的排污单位，应当在备注栏进行说明。

# 二、排污单位登记信息

## （一）主要产品及产能

表 2　主要产品及产能信息表

| 序号 | 主要生产单元名称 | 主要工艺名称(1) | 生产设施名称(2) | 生产设施编号 | 设施参数(3) | | | | 其他设施信息 | 产品名称(4) | 生产能力(5) | 计量单位(6) | 设计年生产时间/h(7) | 其他产品信息 | 其他工艺信息 |
|---|---|---|---|---|---|---|---|---|---|---|---|---|---|---|---|
| | | | | | 参数名称 | 设计值 | 计量单位 | 其他设施参数信息 | | | | | | | |
| 1 | 熟料生产 | 破碎系统 | 砂岩圆锥式破碎机 | MF0001 | 台时产量 | 200 | t | | | | | | | | |
| 2 | 熟料生产 | 贮存及预均化系统 | 石灰石堆场 | MF0002 | 储量 | 52 000 | t | | | | | | | | |
| | | | 铁铝硅质原料混合堆场 | MF0003 | 储量 | 25 000 | t | | | | | | | | |
| | | | 混合辅材预均化堆棚 | MF0004 | 储量 | 20 000 | t | | | | | | | | |
| | | | 原煤堆场 | MF0005 | 储量 | 8 000 | t | | | | | | | | |
| | | | 熟料库 | MF0006 | 储量 | 50 000 | t | | 1#熟料库 | | | | | | |
| | | | 熟料库 | MF0007 | 储量 | 110 000 | t | | 2#熟料库 | | | | | | |
| | | | 生料库 | MF0008 | 容积 | 8 138.88 | $m^3$ | | 1#生料库 | | | | | | |
| | | | 生料库 | MF0009 | 容积 | 8 138.88 | $m^3$ | | 2#生料库 | | | | | | |

| 序号 | 主要生产单元名称 | 主要工艺名称(1) | 生产设施名称(2) | 生产设施编号 | 设施参数(3) | | | | 其他设施信息 | 产品名称(4) | 生产能力(5) | 计量单位(6) | 设计年生产时间/h(7) | 其他产品信息 | 其他工艺信息 |
|---|---|---|---|---|---|---|---|---|---|---|---|---|---|---|---|
| | | | | | 参数名称 | 设计值 | 计量单位 | 其他设施参数信息 | | | | | | | |
| 3 | 1#熟料生产 | 生料制备系统 | 辊压机 | MF0011 | 筒体内径 | 1.4 | m | | 1#窑1#生料辊压机 | | | | | | 仅辊压机，无生料磨 |
| | | | | | 筒体长度 | 0.7 | m | | | | | | | | |
| | | | 选粉机 | MF0012 | 筒体内径 | 2.5 | m | | 1#生料辊压机选粉机 | | | | | | |
| | | | | | 筒体长度 | 2 | m | | | | | | | | |
| | | | 辊压机 | MF0013 | 筒体长度 | 1.4 | m | | 1#窑2#生料辊压机 | | | | | | |
| | | | | | 筒体内径 | 1.6 | m | | | | | | | | |
| | | | 选粉机 | MF0014 | 筒体内径 | 2.5 | m | | 2#生料辊压机选粉机 | | | | | | |
| | | | | | 筒体长度 | 2 | m | | | | | | | | |
| 4 | 1#熟料生产 | 煤粉制备系统 | 立式磨机 | MF0015 | 磨盘直径 | 1.7 | m | | 1#窑煤磨 | | | | | | |
| | | | 煤粉仓 | MF0226 | 储量 | 40 | t | | 1#窑头煤粉仓 | | | | | | |
| | | | 煤粉仓 | MF0227 | 储量 | 40 | t | | 1#窑尾煤粉仓 | | | | | | |

| 序号 | 主要生产单元名称 | 主要工艺名称(1) | 生产设施名称(2) | 生产设施编号 | 设施参数(3) | | | | 其他设施信息 | 产品名称(4) | 生产能力(5) | 计量单位(6) | 设计年生产时间/h(7) | 其他产品信息 | 其他工艺信息 |
|---|---|---|---|---|---|---|---|---|---|---|---|---|---|---|---|
| | | | | | 参数名称 | 设计值 | 计量单位 | 其他设施参数信息 | | | | | | | |
| 5 | 1#熟料生产 | 熟料煅烧系统 | 预热器 | MF0017 | 列数 | 2 | 列 | | 1#窑预热器 | 熟料 | 2 500 | t/d | 7 440 | | |
| | | | | | 级数 | 5 | 级 | | | | | | | | |
| | | | 分解炉 | MF0019 | 筒体内径 | 6 | m | | 1#窑分解炉 | | | | | | |
| | | | | | 有效容积 | 700 | $m^3$ | | | | | | | | |
| | | | 水泥窑 | MF0021 | 筒体长度 | 66 | m | | 1#窑 | | | | | | |
| | | | | | 筒体内径 | 4.3 | m | | | | | | | | |
| | | | 冷却机 | MF0023 | 面积 | 71.2 | $m^2$ | | 1#窑篦冷机 | | | | | | |
| 6 | 熟料生产 | 余热发电系统 | SP 锅炉 | MF0025 | 额定蒸发量 | 12 | t/h | | 1#SP 锅炉 | | | | | | 4 台窑头、窑尾余热锅炉共用一个发电机组 |
| | | | SP 锅炉 | MF0026 | 额定蒸发量 | 16 | t/h | | 2#窑 SP 锅炉 | | | | | | |
| | | | AQC 锅炉 | MF0027 | 额定蒸发量 | 13 | t/h | | 1#AQC 锅炉 | | | | | | |
| | | | AQC 锅炉 | MF0028 | 额定蒸发量 | 9 | t/h | | 2#窑 AQC 锅炉 | | | | | | |

| 序号 | 主要生产单元名称 | 主要工艺名称(1) | 生产设施名称(2) | 生产设施编号 | 设施参数(3) | | | | 其他设施信息 | 产品名称(4) | 生产能力(5) | 计量单位(6) | 设计年生产时间/h(7) | 其他产品信息 | 其他工艺信息 |
|---|---|---|---|---|---|---|---|---|---|---|---|---|---|---|---|
| | | | | | 参数名称 | 设计值 | 计量单位 | 其他设施参数信息 | | | | | | | |
| 6 | 熟料生产 | 余热发电系统 | 汽轮机 | MF0029 | 额定蒸发量 | 12 | kW | | | | | | | | 4台窑头、窑尾余热锅炉共用一个发电机组 |
| | | | 发电机 | MF0030 | 额定功率 | 12 | MW | | | | | | | | |
| | | | 冷却塔 | MF0031 | 冷却水量 | 2 000 | $m^3/h$ | | | | | | | | |
| | | | 冷却塔 | MF0032 | 冷却水量 | 2 000 | $m^3/h$ | | | | | | | | |
| 7 | 熟料生产 | 输送系统 | 输送皮带 | MF0036 | 输送能力 | 900 | t/h | | 厂外1#石灰石皮带 | | | | | | |
| | | | 输送皮带 | MF0037 | 输送能力 | 900 | t/h | | 厂外2#石灰石皮带 | | | | | | |
| | | | 输送皮带 | MF0038 | 输送能力 | 600 | t/h | | 2#石灰石料口上料皮带 | | | | | | |
| | | | 输送皮带 | MF0039 | 输送能力 | 700 | t/h | | 罗锅皮带 | | | | | | |
| | | | 门机 | MF0056 | 取料能力 | 280 | t/h | | 装卸桥 | | | | | | |
| | | | 斗提 | MF0075 | 输送能力 | 450 | t/h | | 45 m提升机 | | | | | | |

| 序号 | 主要生产单元名称 | 主要工艺名称[1] | 生产设施名称[2] | 生产设施编号 | 设施参数[3] | | | | 其他设施信息 | 产品名称[4] | 生产能力[5] | 计量单位[6] | 设计年生产时间/h[7] | 其他产品信息 | 其他工艺信息 |
|---|---|---|---|---|---|---|---|---|---|---|---|---|---|---|---|
| | | | | | 参数名称 | 设计值 | 计量单位 | 其他设施参数信息 | | | | | | | |
| 7 | 熟料生产 | 输送系统 | 输送斜槽 | MF0076 | 输送能力 | 320 | t/h | | 1#生料磨东西斜槽 | | | | | | |
| | | | 输送斜槽 | MF0077 | 输送能力 | 160 | t/h | | 1#生料磨南北斜槽 | | | | | | |
| | | | 拉链机 | MF0078 | 输送能力 | 40 | t/h | | 1#窑尾拉链机（2台拉链机合并共用1#窑尾除尘器） | | | | | | |
| | | | 螺旋输送装置 | MF0079 | 输送能力 | 50 | t/h | | 1#窑尾南北螺旋 | | | | | | |
| | | | 斗提 | MF0093 | 输送能力 | 250 | t/h | | 2#生料磨排渣提升机 | | | | | | |
| | | | 转运站 | MF0120 | 容积 | 296.7 | $m^3$ | | 2#混料库 | | | | | | |
| | | | 转运站 | MF0121 | 容积 | 395.6 | $m^3$ | | 2#铝矾土库 | | | | | | |
| 8 | 2#熟料生产 | 生料制备系统 | 立式生料磨 | MF0010 | 磨盘直径 | 4.5 | m | | 2#窑生料立磨 | | | | | | |
| 9 | 2#熟料生产 | 煤粉制备系统 | 立式磨机 | MF0016 | 磨盘直径 | 1.9 | m | | 2#窑煤磨 | | | | | | |
| | | | 煤粉仓 | MF0228 | 储量 | 40 | t | | 2#窑头煤粉仓 | | | | | | |
| | | | 煤粉仓 | MF0229 | 储量 | 40 | t | | 2#窑尾煤粉仓 | | | | | | |

| 序号 | 主要生产单元名称 | 主要工艺名称(1) | 生产设施名称(2) | 生产设施编号 | 设施参数(3) | | | | 其他设施信息 | 产品名称(4) | 生产能力(5) | 计量单位(6) | 设计年生产时间/h(7) | 其他产品信息 | 其他工艺信息 |
|---|---|---|---|---|---|---|---|---|---|---|---|---|---|---|---|
| | | | | | 参数名称 | 设计值 | 计量单位 | 其他设施参数信息 | | | | | | | |
| 10 | 2#熟料生产 | 熟料煅烧系统 | 预热器 | MF0018 | 列数 | 2 | 列 | | 2#窑预热器 | 熟料 | 5000 | t/d | 7 440 | | |
| | | | | | 级数 | 5 | 级 | | | | | | | | |
| | | | 分解炉 | MF0020 | 筒体内径 | 6.8 | m | | 2#窑分解炉 | | | | | | |
| | | | | | 有效容积 | 1 100 | $m^3$ | | | | | | | | |
| | | | 水泥窑 | MF0022 | 筒体内径 | 4.8 | m | | 2#水泥窑 | | | | | | |
| | | | | | 筒体长度 | 66 | m | | | | | | | | |
| | | | 冷却机 | MF0024 | 面积 | 88.1 | $m^2$ | | 2#窑篦冷机 | | | | | | |
| 11 | 协同处置 | 贮存系统 | 固体废物贮存仓 | MF0122 | 容积 | 240 | $m^3$ | | 污泥仓 | | | | | | |
| 12 | 协同处置 | 输送系统 | 螺旋输送装置 | MF0123 | 输送能力 | 10 | t/h | | 污泥双螺旋 | | | | | | |
| | | | 输送皮带 | MF0124 | 输送能力 | 20 | t/h | | 出污泥地坑皮带 | | | | | | |
| | | | 输送皮带 | MF0125 | 输送能力 | 10 | t/h | | 一线污泥皮带 | | | | | | |
| | | | 斗提 | MF0126 | 输送能力 | 10 | t/h | | 大倾角皮带机 | | | | | | |
| | | | 螺旋输送装置 | MF0127 | 输送能力 | 18 | t/h | | 一线污泥螺旋 | | | | | | |
| | | | 螺旋输送装置 | MF0128 | 输送能力 | 10 | t/h | | 二线污泥螺旋 | | | | | | |

| 序号 | 主要生产单元名称 | 主要工艺名称(1) | 生产设施名称(2) | 生产设施编号 | 设施参数(3) | | | | 其他设施信息 | 产品名称(4) | 生产能力(5) | 计量单位(6) | 设计年生产时间/h(7) | 其他产品信息 | 其他工艺信息 |
|---|---|---|---|---|---|---|---|---|---|---|---|---|---|---|---|
| | | | | | 参数名称 | 设计值 | 计量单位 | 其他设施参数信息 | | | | | | | |
| 13 | 水泥粉磨 | 贮存系统 | 石膏、小石子、矿渣混合堆场 | MF0129 | 储量 | 14 000 | t | | | | | | | | |
| | | | 粉煤灰库 | MF0130 | 容积 | 1 301.53 | $m^3$ | | | | | | | | |
| | | | 细粉煤灰库 | MF0131 | 容积 | 1 301.53 | $m^3$ | | | | | | | | |
| | | | 细矿渣微粉库 | MF0132 | 容积 | 283 | $m^3$ | | | | | | | | |
| | | | 矿渣微粉库 | MF0133 | 容积 | 4 416 | $m^3$ | | | | | | | | |
| | | | 水泥库 | MF0134 | 容积 | 4 416 | $m^3$ | | | | | | | | |
| | | | 水泥库 | MF0135 | 容积 | 4 416 | $m^3$ | | | | | | | | |
| | | | 水泥库 | MF0136 | 容积 | 4 416 | $m^3$ | | | | | | | | |
| | | | 水泥库 | MF0137 | 容积 | 4 416 | $m^3$ | | | | | | | | |
| 14 | 水泥粉磨 | 水泥粉磨系统 | 球磨机 | MF0141 | 筒体内径 | 3.8 | m | | 1#水泥磨 | 水泥 | 330 | 万 t/a | 7 440 | | |
| | | | | | 筒体长度 | 13 | m | | | | | | | | |
| | | | 辊压机 | MF0142 | 筒体内径 | 1.4 | m | | 1#水泥磨辊压机 | | | | | | |
| | | | | | 筒体长度 | 1.6 | m | | | | | | | | |
| | | | 选粉机 | MF0143 | 筒体内径 | 2.2 | m | | 1#磨下进口选粉机 | | | | | | |
| | | | | | 筒体长度 | 2.5 | m | | | | | | | | |

| 序号 | 主要生产单元名称 | 主要工艺名称(1) | 生产设施名称(2) | 生产设施编号 | 设施参数(3) | | | | 其他设施信息 | 产品名称(4) | 生产能力(5) | 计量单位(6) | 设计年生产时间/h(7) | 其他产品信息 | 其他工艺信息 |
|---|---|---|---|---|---|---|---|---|---|---|---|---|---|---|---|
| | | | | | 参数名称 | 设计值 | 计量单位 | 其他设施参数信息 | | | | | | | |
| 14 | 水泥粉磨 | 水泥粉磨系统 | 球磨机 | MF0144 | 筒体内径 | 3.8 | m | | $2^{\#}$水泥磨 | 水泥 | 330 | 万 t/a | 7 440 | | |
| | | | | | 筒体长度 | 13 | m | | | | | | | | |
| | | | 辊压机 | MF0145 | 筒体内径 | 1.2 | m | | $2^{\#}$—1 辊压机 | | | | | | |
| | | | | | 筒体长度 | 1.4 | m | | | | | | | | |
| | | | 辊压机 | MF0146 | 筒体内径 | 1.2 | m | | $2^{\#}$—2 辊压机 | | | | | | |
| | | | | | 筒体长度 | 1.4 | m | | | | | | | | |
| 15 | 水泥粉磨 | 水泥包装系统 | 包装机 | MF0147 | 台时产量 | 100 | t/h | | $1^{\#}$八嘴旋转式水泥包装机 | | | | | | |
| | | | 包装机 | MF0148 | 台时产量 | 100 | t/h | | $2^{\#}$八嘴旋转式水泥包装机 | | | | | | |
| | | | 散装机 | MF0149 | 散装能力 | 200 | t/h | | | | | | | | |
| | | | 散装机 | MF0150 | 散装能力 | 200 | t/h | | | | | | | | |
| | | | 散装机 | MF0151 | 散装能力 | 200 | t/h | | | | | | | | |

| 序号 | 主要生产单元名称 | 主要工艺名称（1） | 生产设施名称（2） | 生产设施编号 | 设施参数（3） | | | | 其他设施信息 | 产品名称（4） | 生产能力（5） | 计量单位（6） | 设计年生产时间/h（7） | 其他产品信息 | 其他工艺信息 |
|---|---|---|---|---|---|---|---|---|---|---|---|---|---|---|---|
| | | | | | 参数名称 | 设计值 | 计量单位 | 其他设施参数信息 | | | | | | | |
| 16 | 水泥粉磨 | 输送系统 | 输送皮带 | MF0155 | 输送能力 | 300 | t/h | | 1#熟料库1#皮带 | | | | | | |
| | | | 输送皮带 | MF0156 | 输送能力 | 300 | t/h | | 1#熟料库2#皮带 | | | | | | |
| | | | 转子输送装置 | MF0177 | 输送能力 | 30 | t/h | | 1#/2#细矿渣微粉称合并，共用一台除尘器 | | | | | | |
| | | | 螺旋输送装置 | MF0178 | 输送能力 | 100 | t/h | | 1#/2#矿渣微粉称合并，共用一台除尘器 | | | | | | |
| 17 | 公用单元 | 输送系统 | 散装机 | MF0223 | 散装能力 | 200 | t/h | | 1#熟料库（北）熟料散装机 | | | | | | |
| | | | 散装机 | MF0224 | 散装能力 | 200 | t/h | | 1#熟料库（南）熟料散装机 | | | | | | |
| | | | 散装机 | MF0225 | 散装能力 | 200 | t/h | | 2#熟料库熟料散装机 | | | | | | |
| … | … | … | … | … | … | … | … | … | … | … | … | … | … | … | … |

备注：为减少附件的页数，将部分转载设备如输送皮带、斗提、转运站等进行了删除。

注：（1）指主要生产单元所采用的工艺名称。
（2）指某生产单元中主要生产设施（设备）名称。
（3）指设施（设备）的设计规格参数，包括参数名称、设计值、计量单位。
（4）指相应工艺中主要产品名称。
（5）（6）指相应工艺中主要产品设计产能。
（7）指设计年生产时间。

## （二）主要原辅材料及燃料

表 3　主要原辅材料及燃料信息表

| 序号 | 种类 (1) | 名称 (2) | 年最大使用量计量单位 (3) | 年最大使用量 | 硫元素占比/% | 有毒有害成分 | 有毒有害成分及占比/% (4) | 其他信息 |
|---|---|---|---|---|---|---|---|---|
| 原料及辅料 | | | | | | | | |
| 1 | 原辅料 | 混合材-石灰石 | 万 t/a | 50 689 | 0.08 | | | |
| 2 | 原辅料 | 城市和工业污水处理污泥 | 万 t/a | 77 500 | 0.08 | | | |
| 3 | 原辅料 | 混合材-粉煤灰 | 万 t/a | 443 840 | 0.26 | | | |
| 4 | 原辅料 | 硅质原料-砂岩 | 万 t/a | 243 974 | 0.02 | | | |
| 5 | 原辅料 | 石灰质原料-石灰石 | 万 t/a | 2 479 354 | 0.08 | | | |
| 6 | 原辅料 | 矿渣微粉 | 万 t/a | 693 621 | 0.03 | | | |
| 7 | 原辅料 | 铝质原料-铝矾土 | 万 t/a | 136 844 | 0.65 | | | |
| 8 | 原辅料 | 铁质原料-转炉渣 | 万 t/a | 109 129 | 0.09 | | | |
| 9 | 原辅料 | 脱硝原料-氨水 | 万 t/a | 7 275 | / | | | |
| 10 | 原辅料 | 缓凝剂-脱硫石膏 | 万 t/a | 86 734 | 16.92 | | | |

燃料

| 序号 | 燃料名称 | 灰分/% | 硫分/% | 挥发分/% | 热值/（MJ/kg、MJ/$m^3$） | 年最大使用量/（万 t/a、万 $m^3$/a） | 其他信息 |
|---|---|---|---|---|---|---|---|
| 1 | 柴油 | / | 0.15 | / | 42.9 | 0.003 6 | |
| 2 | 烟煤 | 10.63 | 0.8 | 30.31 | 25.437 | 32 | |

注：（1）指材料种类，选填“原料”或“辅料”。

（2）指原料、辅料名称。

（3）指万 t/a、万 $m^3$/a 等。

（4）指有毒有害物质或元素，及其在原料或辅料中的成分占比，如氟元素（0.1%）。

## （三）产排污节点、污染物及污染治理设施

表 4　废气产排污节点、污染物及污染治理设施信息表

| 序号 | 生产设施编号 | 生产设施名称(1) | 对应产污环节名称(2) | 污染物种类(3) | 排放形式(4) | 污染治理设施 | | | | | 有组织排放口编号(6) | 有组织排放口名称 | 排放口设置是否符合要求(7) | 排放口类型 | 其他信息 |
|---|---|---|---|---|---|---|---|---|---|---|---|---|---|---|---|
| | | | | | | 污染治理设施编号 | 污染治理设施名称(5) | 污染治理设施工艺 | 是否为可行技术 | 污染治理设施其他信息 | | | | | |
| 1 | MF0016 | 立式磨机 | 磨机废气 | 颗粒物 | 有组织 | TA018 | 除尘系统 | 覆膜滤料袋式除尘器 | 是 | | DA018 | 2#窑煤磨排放口 | 是 | 一般排放口 | |
| 2 | MF0022 | 水泥窑 | 协同处置窑尾废气 | 颗粒物 | 有组织 | TA033 | 除尘系统 | 覆膜滤料袋式除尘器 | 是 | | 37030338 | 2#协同处置窑尾排放口 | 是 | 主要排放口 | |
| 3 | MF0022 | 水泥窑 | 协同处置窑尾废气 | 二氧化硫 | 有组织 | / | | | | 窑磨一体控制 | 37030338 | 2#协同处置窑尾排放口 | 是 | 主要排放口 | |
| 4 | MF0022 | 水泥窑 | 协同处置窑尾废气 | 氮氧化物 | 有组织 | TA038 | 脱硝系统 | SNCR，低氮燃烧器，分级燃烧 | 是 | | 37030338 | 2#协同处置窑尾排放口 | 是 | 主要排放口 | |
| 5 | MF0022 | 水泥窑 | 协同处置窑尾废气 | 汞及其化合物 | 有组织 | 无 | | | | 协同控制 | 37030338 | 2#协同处置窑尾排放口 | 是 | 主要排放口 | |
| 6 | MF0022 | 水泥窑 | 协同处置窑尾废气 | 氨（氨气） | 有组织 | / | | | | 控制氨水用量等 | 37030338 | 2#协同处置窑尾排放口 | 是 | 主要排放口 | |
| 7 | MF0022 | 水泥窑 | 协同处置窑尾废气 | 铊、镉、铅、砷及其化合物 | 有组织 | / | | | | 协同控制 | 37030338 | 2#协同处置窑尾排放口 | 是 | 主要排放口 | |

| 序号 | 生产设施编号 | 生产设施名称(1) | 对应产污环节名称(2) | 污染物种类(3) | 排放形式(4) | 污染治理设施 | | | | | 有组织排放口编号(6) | 有组织排放口名称 | 排放口设置是否符合要求(7) | 排放口类型 | 其他信息 |
|---|---|---|---|---|---|---|---|---|---|---|---|---|---|---|---|
| | | | | | | 污染治理设施编号 | 污染治理设施名称(5) | 污染治理设施工艺 | 是否为可行技术 | 污染治理设施其他信息 | | | | | |
| 8 | MF0022 | 水泥窑 | 协同处置窑尾废气 | 氯化氢 | 有组织 | / | | | | 协同控制 | 37030338 | 2#协同处置窑尾排放口 | 是 | 主要排放口 | |
| 9 | MF0022 | 水泥窑 | 协同处置窑尾废气 | 氟化氢 | 有组织 | / | | | | 协同控制 | 37030338 | 2#协同处置窑尾排放口 | 是 | 主要排放口 | |
| 10 | MF0022 | 水泥窑 | 协同处置窑尾废气 | 二噁英类 | 有组织 | / | | | | 协同控制 | 37030338 | 2#协同处置窑尾排放口 | 是 | 主要排放口 | |
| 11 | MF0022 | 水泥窑 | 协同处置窑尾废气 | 总有机碳 | 有组织 | / | | | | 协同控制 | 37030338 | 2#协同处置窑尾排放口 | 是 | 主要排放口 | |
| 12 | MF0022 | 水泥窑 | 协同处置窑尾废气 | 铍、铬、锡、锑、铜、钴、锰、镍、钒及其化合物 | 有组织 | / | | | | 协同控制 | 37030338 | 2#协同处置窑尾排放口 | 是 | 主要排放口 | |
| 13 | MF0024 | 冷却机 | 冷却机（窑头）废气 | 颗粒物 | 有组织 | TA035 | 除尘系统 | 覆膜滤料袋式除尘器 | 是 | | DA033 | 2#窑窑头排放口 | 是 | 主要排放口 | |
| 14 | MF0010 | 立式生料磨 | 磨机废气 | 颗粒物 | 有组织 | TA033 | 除尘系统 | 覆膜滤料袋式除尘器 | 是 | | 37030337 | 1#协同处置窑尾排放口 | 是 | 主要排放口 | 与窑尾共用一个烟囱 |
| 15 | MF0015 | 立式磨机 | 磨机废气 | 颗粒物 | 有组织 | TA016 | 除尘系统 | 覆膜滤料袋式除尘器 | 是 | | DA016 | 1#窑煤磨排放口 | 是 | 一般排放口 | |

| 序号 | 生产设施编号 | 生产设施名称(1) | 对应产污环节名称(2) | 污染物种类(3) | 排放形式(4) | 污染治理设施 | | | | | 有组织排放口编号(6) | 有组织排放口名称 | 排放口设置是否符合要求(7) | 排放口类型 | 其他信息 |
|---|---|---|---|---|---|---|---|---|---|---|---|---|---|---|---|
| | | | | | | 污染治理设施编号 | 污染治理设施名称(5) | 污染治理设施工艺 | 是否为可行技术 | 污染治理设施其他信息 | | | | | |
| 16 | MF0007 | 熟料库 | 储库、堆场废气 | 颗粒物 | 有组织 | TA037 | 除尘系统 | 覆膜滤料袋式除尘器 | 是 | | DA035 | 2#熟料库库顶排放口 | 是 | 一般排放口 | |
| 17 | MF0001 | 砂岩圆锥式破碎机 | 破碎机废气 | 颗粒物 | 有组织 | TA005 | 除尘系统 | 覆膜滤料袋式除尘器 | 是 | | DA004 | 破碎机排放口 | 是 | 一般排放口 | |
| 18 | MF0021 | 水泥窑 | 协同处置窑尾废气 | 颗粒物 | 有组织 | TA032 | 除尘系统 | 覆膜滤料袋式除尘器 | 是 | | 37030337 | 1#窑协同处置窑尾排放口 | 是 | 主要排放口 | |
| 19 | MF0021 | 水泥窑 | 协同处置窑尾废气 | 二氧化硫 | 有组织 | / | | | | 窑磨一体控制 | 37030337 | 1#窑协同处置窑尾排放口 | 是 | 主要排放口 | |
| 20 | MF0021 | 水泥窑 | 协同处置窑尾废气 | 氮氧化物 | 有组织 | TA038 | 脱硝系统 | SNCR，低氮燃烧器 | 是 | | 37030337 | 1#窑协同处置窑尾排放口 | 是 | 主要排放口 | |
| 21 | MF0021 | 水泥窑 | 协同处置窑尾废气 | 汞及其化合物 | 有组织 | 无 | | | | | 37030337 | 1#窑协同处置窑尾排放口 | 是 | 主要排放口 | |
| 22 | MF0021 | 水泥窑 | 协同处置窑尾废气 | 氨（氨气） | 有组织 | / | | | | 控制氨水用量等 | 37030337 | 1#窑协同处置窑尾排放口 | 是 | 主要排放口 | |

| 序号 | 生产设施编号 | 生产设施名称(1) | 对应产污环节名称(2) | 污染物种类(3) | 排放形式(4) | 污染治理设施 | | | | | 有组织排放口编号(6) | 有组织排放口名称 | 排放口设置是否符合要求(7) | 排放口类型 | 其他信息 |
|---|---|---|---|---|---|---|---|---|---|---|---|---|---|---|---|
| | | | | | | 污染治理设施编号 | 污染治理设施名称(5) | 污染治理设施工艺 | 是否为可行技术 | 污染治理设施其他信息 | | | | | |
| 23 | MF0021 | 水泥窑 | 协同处置窑尾废气 | 铊、镉、铅、砷及其化合物 | 有组织 | / | | | | 协同控制 | 37030337 | 1#窑协同处置窑尾排放口 | 是 | 主要排放口 | |
| 24 | MF0021 | 水泥窑 | 协同处置窑尾废气 | 铍、铬、锡、锑、铜、钴、锰、镍、钒及其化合物 | 有组织 | / | | | | 协同控制 | 37030337 | 1#窑协同处置窑尾排放口 | 是 | 主要排放口 | |
| 25 | MF0021 | 水泥窑 | 协同处置窑尾废气 | 氯化氢 | 有组织 | / | | | | 协同控制 | 37030337 | 1#窑协同处置窑尾排放口 | 是 | 主要排放口 | |
| 26 | MF0021 | 水泥窑 | 协同处置窑尾废气 | 氟化氢 | 有组织 | / | | | | 协同控制 | 37030337 | 1#窑协同处置窑尾排放口 | 是 | 主要排放口 | |
| 27 | MF0021 | 水泥窑 | 协同处置窑尾废气 | 二噁英类 | 有组织 | / | | | | 协同控制 | 37030337 | 1#窑协同处置窑尾排放口 | 是 | 主要排放口 | |
| 28 | MF0021 | 水泥窑 | 协同处置窑尾废气 | 总有机碳 | 有组织 | / | | | | 协同控制 | 37030337 | 1#窑协同处置窑尾排放口 | 是 | 主要排放口 | |
| 29 | MF0023 | 冷却机 | 冷却机（窑头）废气 | 颗粒物 | 有组织 | TA034 | 除尘系统 | 覆膜滤料袋式除尘器 | 是 | | DA032 | 1#窑窑头排放口 | 是 | 主要排放口 | |

| 序号 | 生产设施编号 | 生产设施名称(1) | 对应产污环节名称(2) | 污染物种类(3) | 排放形式(4) | 污染治理设施 | | | | | 有组织排放口编号(6) | 有组织排放口名称 | 排放口设置是否符合要求(7) | 排放口类型 | 其他信息 |
|---|---|---|---|---|---|---|---|---|---|---|---|---|---|---|---|
| | | | | | | 污染治理设施编号 | 污染治理设施名称(5) | 污染治理设施工艺 | 是否为可行技术 | 污染治理设施其他信息 | | | | | |
| 40 | MF0120 | 转运站 | 储库、堆场废气 | 颗粒物 | 有组织 | TA011 | 除尘系统 | 覆膜滤料袋式除尘器 | 是 | | DA011 | 转运站排放口 | 是 | 一般排放口 | |
| 41 | MF0121 | 转运站 | 储库、堆场废气 | 颗粒物 | 有组织 | TA011 | 除尘系统 | 覆膜滤料袋式除尘器 | 是 | | DA011 | 转运站排放口 | 是 | 一般排放口 | |
| 42 | MF0006 | 熟料库 | 储库、堆场废气 | 颗粒物 | 有组织 | TA036 | 除尘系统 | 覆膜滤料袋式除尘器 | 是 | | DA034 | 1#熟料库库顶排放口 | 是 | 一般排放口 | |
| 43 | MF0008 | 生料库 | 储库、堆场废气 | 颗粒物 | 有组织 | TA022 | 除尘系统 | 覆膜滤料袋式除尘器 | 是 | | DA022 | 1#生料库排放口 | 是 | 一般排放口 | |
| 44 | MF0009 | 生料库 | 储库、堆场废气 | 颗粒物 | 有组织 | TA023 | 除尘系统 | 覆膜滤料袋式除尘器 | 是 | | DA023 | 2#生料库排放口 | 是 | 一般排放口 | |
| 47 | MF0036 | 输送皮带 | 物料输送转载废气 | 颗粒物 | 有组织 | TA001 | 除尘系统 | 覆膜滤料袋式除尘器 | 是 | | DA001 | 厂外1#石灰石皮带排放口 | 是 | 一般排放口 | |
| 110 | MF0045 | 输送皮带 | 物料输送转载废气 | 颗粒物 | 有组织 | TA006 | 除尘系统 | 覆膜滤料袋式除尘器 | 是 | | DA006 | 输送皮带排放口 | 是 | 一般排放口 | |
| 111 | MF0045 | 输送皮带 | 物料输送转载废气 | 颗粒物 | 有组织 | TA007 | 除尘系统 | 覆膜滤料袋式除尘器 | 是 | | DA007 | 输送皮带排放口 | 是 | 一般排放口 | |

| 序号 | 生产设施编号 | 生产设施名称(1) | 对应产污环节名称(2) | 污染物种类(3) | 排放形式(4) | 污染治理设施 | | | | | 有组织排放口编号(6) | 有组织排放口名称 | 排放口设置是否符合要求(7) | 排放口类型 | 其他信息 |
|---|---|---|---|---|---|---|---|---|---|---|---|---|---|---|---|
| | | | | | | 污染治理设施编号 | 污染治理设施名称(5) | 污染治理设施工艺 | 是否为可行技术 | 污染治理设施其他信息 | | | | | |
| 112 | MF0055 | 输送皮带 | 物料输送转载废气 | 颗粒物 | 有组织 | TA010 | 除尘系统 | 覆膜滤料袋式除尘器 | 是 | | DA010 | 输送皮带排放口 | 是 | 一般排放口 | |
| 113 | MF0055 | 输送皮带 | 物料输送转载废气 | 颗粒物 | 有组织 | TA011 | 除尘系统 | 覆膜滤料袋式除尘器 | 是 | | DA011 | 转运站排放口 | 是 | 一般排放口 | |
| 114 | MF0069 | 输送皮带 | 物料输送转载废气 | 颗粒物 | 有组织 | TA009 | 除尘系统 | 覆膜滤料袋式除尘器 | 是 | | DA009 | 输送皮带排放口 | 是 | 一般排放口 | |
| 115 | MF0069 | 输送皮带 | 物料输送转载废气 | 颗粒物 | 有组织 | TA010 | 除尘系统 | 覆膜滤料袋式除尘器 | 是 | | DA010 | 输送皮带排放口 | 是 | 一般排放口 | |
| 116 | MF0087 | 输送皮带 | 物料输送转载废气 | 颗粒物 | 有组织 | TA013 | 除尘系统 | 覆膜滤料袋式除尘器 | 是 | | DA013 | 输送皮带排放口 | 是 | 一般排放口 | |
| 117 | MF0087 | 输送皮带 | 物料输送转载废气 | 颗粒物 | 有组织 | TA020 | 除尘系统 | 覆膜滤料袋式除尘器 | 是 | | DA020 | 输送皮带排放口 | 是 | 一般排放口 | |
| 118 | MF0100 | 输送斜槽 | 物料输送转载废气 | 颗粒物 | 有组织 | TA027 | 除尘系统 | 覆膜滤料袋式除尘器 | 是 | | DA027 | 输送斜槽排放口 | 是 | 一般排放口 | |
| 119 | MF0100 | 输送斜槽 | 物料输送转载废气 | 颗粒物 | 有组织 | TA028 | 除尘系统 | 覆膜滤料袋式除尘器 | 是 | | DA028 | 输送斜槽排放口 | 是 | 一般排放口 | |
| 120 | MF0100 | 输送斜槽 | 物料输送转载废气 | 颗粒物 | 有组织 | TA029 | 除尘系统 | 覆膜滤料袋式除尘器 | 是 | | DA029 | 输送斜槽排放口 | 是 | 一般排放口 | |

| 序号 | 生产设施编号 | 生产设施名称(1) | 对应产污环节名称(2) | 污染物种类(3) | 排放形式(4) | 污染治理设施 | | | | | 有组织排放口编号(6) | 有组织排放口名称 | 排放口设置是否符合要求(7) | 排放口类型 | 其他信息 |
|---|---|---|---|---|---|---|---|---|---|---|---|---|---|---|---|
| | | | | | | 污染治理设施编号 | 污染治理设施名称(5) | 污染治理设施工艺 | 是否为可行技术 | 污染治理设施其他信息 | | | | | |
| 121 | MF0163 | 斗提 | 物料输送转载废气 | 颗粒物 | 有组织 | TA043 | 除尘系统 | 覆膜滤料袋式除尘器 | 是 | | DA040 | 斗提排放口 | 是 | 一般排放口 | |
| 122 | MF0194 | 斗提 | 物料输送转载废气 | 颗粒物 | 有组织 | TA056 | 除尘系统 | 覆膜滤料袋式除尘器 | 是 | | DA053 | 1#辊压和选粉排放口 | 是 | 一般排放口 | |
| 123 | MF0130 | 粉煤灰库 | 储库、堆场废气 | 颗粒物 | 有组织 | TA064 | 除尘系统 | 覆膜滤料袋式除尘器 | 是 | | DA059 | 粉煤灰库排放口 | 是 | 一般排放口 | |
| 125 | MF0131 | 细粉煤灰库 | 储库、堆场废气 | 颗粒物 | 有组织 | TA065 | 除尘系统 | 覆膜滤料袋式除尘器 | 是 | | DA060 | 细粉煤灰库排放口 | 是 | 一般排放口 | |
| 126 | MF0132 | 细矿渣微粉库 | 储库、堆场废气 | 颗粒物 | 有组织 | TA085 | 除尘系统 | 覆膜滤料袋式除尘器 | 是 | | DA080 | 细矿渣微粉库排放口 | 是 | 一般排放口 | |
| 127 | MF0133 | 矿渣微粉库 | 储库、堆场废气 | 颗粒物 | 有组织 | TA079 | 除尘系统 | 覆膜滤料袋式除尘器 | 是 | | DA074 | 矿渣微粉库排放口 | 是 | 一般排放口 | |
| 128 | MF0134 | 水泥库 | 储库、堆场废气 | 颗粒物 | 有组织 | TA076 | 除尘系统 | 覆膜滤料袋式除尘器 | 是 | | DA071 | 水泥库顶排放口 | 是 | 一般排放口 | |
| 135 | MF0141 | 球磨机 | 磨机废气 | 颗粒物 | 有组织 | TA058 | 除尘系统 | 覆膜滤料袋式除尘器 | 是 | | DA055 | 1#水泥磨排放口 | 是 | 一般排放口 | |
| 136 | MF0142 | 辊压机 | 辊压机废气 | 颗粒物 | 有组织 | TA056 | 除尘系统 | 覆膜滤料袋式除尘器 | 是 | | DA053 | 1#辊压和选粉排放口 | 是 | 一般排放口 | |

| 序号 | 生产设施编号 | 生产设施名称(1) | 对应产污环节名称(2) | 污染物种类(3) | 排放形式(4) | 污染治理设施 | | | | | 有组织排放口编号(6) | 有组织排放口名称 | 排放口设置是否符合要求(7) | 排放口类型 | 其他信息 |
|---|---|---|---|---|---|---|---|---|---|---|---|---|---|---|---|
| | | | | | | 污染治理设施编号 | 污染治理设施名称(5) | 污染治理设施工艺 | 是否为可行技术 | 污染治理设施其他信息 | | | | | |
| 137 | MF0143 | 选粉机 | 选粉机废气 | 颗粒物 | 有组织 | TA056 | 除尘系统 | 覆膜滤料袋式除尘器 | 是 | | DA053 | 1#辊压和选粉排放口 | 是 | 一般排放口 | |
| 138 | MF0144 | 球磨机 | 磨机废气 | 颗粒物 | 有组织 | TA063 | 除尘系统 | 覆膜滤料袋式除尘器 | 是 | | DA058 | 2#水泥磨主排放口 | 是 | 一般排放口 | |
| 139 | MF0147 | 包装机 | 包装机废气 | 颗粒物 | 有组织 | TA086 | 除尘系统 | 覆膜滤料袋式除尘器 | 是 | | DA081 | 1#水泥包装机排放口 | 是 | 一般排放口 | |
| 140 | MF0148 | 包装机 | 包装机废气 | 颗粒物 | 有组织 | TA087 | 除尘系统 | 覆膜滤料袋式除尘器 | 是 | | DA082 | 2#水泥包装机排放口 | 是 | 一般排放口 | |
| 141 | MF0149 | 散装机 | 散装机废气 | 颗粒物 | 有组织 | TA103 | 除尘系统 | 覆膜滤料袋式除尘器 | 是 | | DA096 | 散装机排放口 | 是 | 一般排放口 | |
| 191 | MF0145 | 辊压机 | 辊压机废气 | 颗粒物 | 有组织 | TA059 | 除尘系统 | 覆膜滤料袋式除尘器 | 是 | | DA056 | 2#水泥磨辊压机排放口1 | 是 | 一般排放口 | |
| 193 | MF0146 | 辊压机 | 辊压机废气 | 颗粒物 | 有组织 | TA061 | 除尘系统 | 覆膜滤料袋式除尘器 | 是 | | DA057 | 2#水泥磨辊压机排放口2 | 是 | 一般排放口 | |
| 195 | MF0158 | 输送皮带 | 物料输送转载废气 | 颗粒物 | 有组织 | TA042 | 除尘系统 | 覆膜滤料袋式除尘器 | 是 | | DA039 | 输送皮带排放口 | 是 | 一般排放口 | |
| 201 | MF0191 | 斜槽 | 物料输送转载废气 | 颗粒物 | 有组织 | TA069 | 除尘系统 | 覆膜滤料袋式除尘器 | 是 | | DA064 | 斜槽排放口 | 是 | 一般排放口 | |

| 序号 | 生产设施编号 | 生产设施名称(1) | 对应产污环节名称(2) | 污染物种类(3) | 排放形式(4) | 污染治理设施 | | | | | 有组织排放口编号(6) | 有组织排放口名称 | 排放口设置是否符合要求(7) | 排放口类型 | 其他信息 |
|---|---|---|---|---|---|---|---|---|---|---|---|---|---|---|---|
| | | | | | | 污染治理设施编号 | 污染治理设施名称(5) | 污染治理设施工艺 | 是否为可行技术 | 污染治理设施其他信息 | | | | | |
| 223 | MF0226 | 煤粉仓 | 储库、堆场废气 | 颗粒物 | 有组织 | TA017 | 除尘系统 | 覆膜滤料袋式除尘器 | 是 | | DA017 | 1#窑头煤粉仓排放口 | 是 | 一般排放口 | |
| 225 | MF0228 | 煤粉仓 | 储库、堆场废气 | 颗粒物 | 有组织 | TA019 | 除尘系统 | 覆膜滤料袋式除尘器 | 是 | | DA019 | 2#窑头煤粉仓排放口 | 是 | 一般排放口 | |
| 227 | MF0199 | 斗提 | 物料堆存废气 | 颗粒物 | 有组织 | TA072 | 除尘系统 | 覆膜滤料袋式除尘器 | 是 | | DA067 | 斗提排放口 | 是 | 一般排放口 | |
| 240 | MF0192 | 斗提 | 物料输送转载废气 | 颗粒物 | 有组织 | TA075 | 除尘系统 | 覆膜滤料袋式除尘器 | 是 | | DA070 | 斗提排放口 | 是 | 一般排放口 | |
| … | … | … | … | … | … | … | … | … | … | … | … | | … | … | … |

备注：为控制附件页数，对转载设备污染源进行了删减。

注：（1）指主要生产设施。

（2）指生产设施对应的主要产污环节名称。

（3）指产生的主要污染物类型，以相应排放标准中确定的污染因子为准。

（4）指有组织排放或无组织排放。

（5）污染治理设施名称，对于有组织废气，以火电行业为例，污染治理设施名称包括三电场静电除尘器、四电场静电除尘器、普通袋式除尘器、覆膜滤料袋式除尘器等。

（6）申请阶段排放编号由排污单位自行编制。

（7）指排放口设置是否符合排污口规范化整治技术要求等相关文件的规定。

**表5　废水类别、污染物及污染治理设施信息表**

| 序号 | 废水类别[1] | 污染物种类[2] | 污染治理设施 | | | | | 排放去向[3] | 排放方式 | 排放规律[4] | 排放口编号[6] | 排放口名称 | 排放口设置是否符合要求[7] | 排放口类型 | 其他信息 |
|---|---|---|---|---|---|---|---|---|---|---|---|---|---|---|---|
| | | | 污染治理设施编号 | 污染治理设施名称[5] | 污染治理设施工艺 | 是否为可行技术 | 污染治理设施其他信息 | | | | | | | | |
| 1 | 设备冷却排污水 | 化学需氧量，悬浮物，石油类，pH值，氟化物（以$F^-$计） | / | | | | | 进入城市污水处理厂 | 间接排放 | 连续排放，流量稳定 | DW001 | 冷却水排放口 | 是 | 一般排放口 | |
| 2 | 生活污水 | pH值，悬浮物，化学需氧量，氨氮（$NH_3$-N），总磷（以P计），五日生化需氧量 | TW002 | 厂区污水处理站 | 一级处理-过滤，一级处理-沉淀，二级处理-活性污泥法 | 是 | | 不外排 | 无 | / | / | / | | | |
| 3 | 余热发电锅炉循环冷却排污水 | 化学需氧量，悬浮物，石油类，pH值，氟化物（以$F^-$计） | TW001 | 循环水处理系统 | 一级处理-冷却，一级处理-沉淀 | 是 | | 不外排 | 无 | / | / | / | | | |

注：（1）指产生废水的工艺、工序，或废水类型的名称。

（2）指产生的主要污染物类型，以相应排放标准中确定的污染因子为准。

（3）包括不外排；排至厂内综合污水处理站；直接进入海域；直接进入江河、湖、库等水环境；进入城市下水道（再入江河、湖、库）；进入城市下水道（再入沿海海域）；进入城市污水处理厂；直接进入污灌农田；进入地渗或蒸发地；进入其他单位；工业废水集中处理厂；其他（包括回喷、回填、回灌、回用等）。对于工艺、工序产生的废水，“不外排”指全部在工序内部循环使用，“排至厂内综合污水处理站”指工序废水经处理后排至综合处理站。对于综合污水处理站，“不外排”指全厂废水经处理后全部回用不排放。

（4）包括连续排放，流量稳定；连续排放，流量不稳定，但有周期性规律；连续排放，流量不稳定，但有规律，且不属于周期性规律；连续排放，流量不稳定，属于冲击型排放；连续排放，流量不稳定且无规律，但不属于冲击型排放；间断排放，排放期间流量稳定；间断排放，排放期间流量不稳定，但有周期性规律；间断排放，排放期间流量不稳定，但有规律，且不属于非周期性规律；间断排放，排放期间流量不稳定，属于冲击型排放；间断排放，排放期间流量不稳定且无规律，但不属于冲击型排放。

（5）指主要污水处理设施名称，如“综合污水处理站”“生活污水处理系统”等。

（6）排放口编号可按地方环境管理部门现有编号进行填写或由排污单位根据国家相关规范进行编制。

（7）指排放口设置是否符合排污口规范化整治技术要求等相关文件的规定。

## 三、大气污染物排放

### （一）排放口

表 6 大气排放口基本情况表

| 序号 | 排放口编号 | 排放口名称 | 污染物种类 | 排放口地理坐标[1] |  | 排气筒高度/m | 排气筒出口内径/m[2] | 其他信息 |
|---|---|---|---|---|---|---|---|---|
|  |  |  |  | 经度 | 纬度 |  |  |  |
| 1 | 37030337 | 1#协同处置窑尾排放口 | 颗粒物，氮氧化物，汞及其化合物，铊、镉、铅、砷及其化合物，总有机碳，氨（氨气），二氧化硫，铍、铬、锡、锑、铜、钴、锰、镍、钒及其化合物，氯化氢，二噁英类，氟化氢 | *°*′*″ | *°*′*″ | 105 | 3.3 |  |
| 2 | 37030338 | 2#协同处置窑尾排放口 | 颗粒物，二氧化硫，铍、铬、锡、锑、铜、钴、锰、镍、钒及其化合物，氯化氢，氮氧化物，二噁英类，铊、镉、铅、砷及其化合物，氟化氢，汞及其化合物，氨（氨气），总有机碳 | *°*′*″ | *°*′*″ | 100 | 4 |  |
| 3 | DA001 | 厂外 1#石灰石皮带排放口 | 颗粒物 | *°*′*″ | *°*′*″ | 7 | 0.3 |  |
| 4 | DA002 | 输送皮带排放口 | 颗粒物 | *°*′*″ | *°*′*″ | 16 | 0.27 |  |
| 5 | DA003 | 输送皮带排放口 | 颗粒物 | *°*′*″ | *°*′*″ | 8 | 0.7 |  |
| 6 | DA004 | 破碎机排放口 | 颗粒物 | *°*′*″ | *°*′*″ | 18 | 0.27 |  |
| 7 | DA005 | 输送皮带排放口 | 颗粒物 | *°*′*″ | *°*′*″ | 9 | 0.46 |  |
| 8 | DA006 | 输送皮带排放口 | 颗粒物 | *°*′*″ | *°*′*″ | 5 | 0.27 |  |
| 9 | DA007 | 输送皮带排放口 | 颗粒物 | *°*′*″ | *°*′*″ | 6 | 0.27 |  |

| 序号 | 排放口编号 | 排放口名称 | 污染物种类 | 排放口地理坐标[1] | | 排气筒高度/m | 排气筒出口内径/m[2] | 其他信息 |
|---|---|---|---|---|---|---|---|---|
| | | | | 经度 | 纬度 | | | |
| 10 | DA008 | 输送皮带排放口 | 颗粒物 | *°*′*″ | *°*′*″ | 16 | 0.27 | |
| 11 | DA009 | 输送皮带排放口 | 颗粒物 | *°*′*″ | *°*′*″ | 17 | 0.32 | |
| 12 | DA010 | 输送皮带排放口 | 颗粒物 | *°*′*″ | *°*′*″ | 17 | 0.3 | |
| 13 | DA011 | 转运站排放口 | 颗粒物 | *°*′*″ | *°*′*″ | 21 | 0.5 | |
| 14 | DA012 | 输送皮带排放口 | 颗粒物 | *°*′*″ | *°*′*″ | 9 | 0.46 | |
| 15 | DA013 | 输送皮带排放口 | 颗粒物 | *°*′*″ | *°*′*″ | 25 | 0.4 | |
| 16 | DA014 | 输送皮带排放口 | 颗粒物 | *°*′*″ | *°*′*″ | 8.5 | 0.16 | |
| 17 | DA015 | 储库底排放口 | 颗粒物 | *°*′*″ | *°*′*″ | 4 | 0.27 | |
| 18 | DA016 | 1#窑煤磨排放口 | 颗粒物 | *°*′*″ | *°*′*″ | 31 | 1.5 | |
| 19 | DA017 | 1#窑头煤粉仓排放口 | 颗粒物 | *°*′*″ | *°*′*″ | 22 | 0.2 | |
| 20 | DA018 | 2#窑煤磨排放口 | 颗粒物 | *°*′*″ | *°*′*″ | 35 | 2 | |
| 21 | DA019 | 2#窑头煤粉仓排放口 | 颗粒物 | *°*′*″ | *°*′*″ | 30 | 0.65 | |
| 22 | DA020 | 输送皮带排放口 | 颗粒物 | *°*′*″ | *°*′*″ | 27 | 0.5 | |
| 64 | DA062 | 输送皮带排放口 | 颗粒物 | *°*′*″ | *°*′*″ | 16 | 0.3 | |
| 65 | DA063 | 输送皮带排放口 | 颗粒物 | *°*′*″ | *°*′*″ | 13 | 0.3 | |
| 66 | DA064 | 斜槽排放口 | 颗粒物 | *°*′*″ | *°*′*″ | 19 | 0.3 | |
| 67 | DA065 | 斜槽排放口 | 颗粒物 | *°*′*″ | *°*′*″ | 16 | 0.3 | |
| 68 | DA066 | 斜槽排放口 | 颗粒物 | *°*′*″ | *°*′*″ | 12 | 0.3 | |
| 69 | DA067 | 斗提排放口 | 颗粒物 | *°*′*″ | *°*′*″ | 35 | 0.4 | |
| 70 | DA068 | 斗提排放口 | 颗粒物 | *°*′*″ | *°*′*″ | 15.5 | 0.17 | |
| 71 | DA069 | 储库排放口 | 颗粒物 | *°*′*″ | *°*′*″ | 38 | 0.4 | |
| 95 | DA093 | 输送皮带排放口 | 颗粒物 | *°*′*″ | *°*′*″ | 17.6 | 0.27 | |
| 96 | DA094 | 输送皮带排放口 | 颗粒物 | *°*′*″ | *°*′*″ | 18.8 | 0.27 | |
| 97 | DA095 | 转运站排放口 | 颗粒物 | *°*′*″ | *°*′*″ | 22.9 | 0.27 | |
| 98 | DA096 | 散装机排放口 | 颗粒物 | *°*′*″ | *°*′*″ | 18.5 | 0.35 | |
| 99 | DA097 | 转运站排放口 | 颗粒物 | *°*′*″ | *°*′*″ | 23.7 | 0.27 | |
| 100 | DA098 | 输送皮带排放口 | 颗粒物 | *°*′*″ | *°*′*″ | 13 | 0.4 | |

| 序号 | 排放口编号 | 排放口名称 | 污染物种类 | 排放口地理坐标[1] | | 排气筒高度/m | 排气筒出口内径/m[2] | 其他信息 |
|---|---|---|---|---|---|---|---|---|
| | | | | 经度 | 纬度 | | | |
| 101 | DA099 | 输送皮带排放口 | 颗粒物 | *°*′*″ | *°*′*″ | 13 | 0.4 | |
| 102 | DA100 | 输送皮带排放口 | 颗粒物 | *°*′*″ | *°*′*″ | 13 | 0.4 | |
| 103 | DA101 | 输送皮带排放口 | 颗粒物 | *°*′*″ | *°*′*″ | 17 | 0.35 | |
| 104 | DA102 | 输送皮带排放口 | 颗粒物 | *°*′*″ | *°*′*″ | 17 | 0.35 | |
| 105 | DA103 | 输送皮带排放口 | 颗粒物 | *°*′*″ | *°*′*″ | 17 | 0.35 | |
| 106 | DA104 | 输送皮带排放口 | 颗粒物 | *°*′*″ | *°*′*″ | 4 | 0.4 | |
| 107 | DA105 | 输送皮带排放口 | 颗粒物 | *°*′*″ | *°*′*″ | 4 | 0.4 | |
| … | … | | … | … | … | … | … | … |
| 备注：为减少附件页数，删除了部分颗粒物排放口相关信息。 | | | | | | | | |

注：（1）指排气筒所在地经纬度坐标，可通过排污许可管理信息平台中的 GIS 系统点选后自动生成经纬度。

（2）对于不规则形状排气筒，填写等效内径。

**表 7　废气污染物排放执行标准表**

| 序号 | 排放口编号 | 排放口名称 | 污染物种类 | 国家或地方污染物排放标准[1] | | | 环境影响评价批复要求[2] | 承诺更加严格排放限值[3] | 其他信息 |
|---|---|---|---|---|---|---|---|---|---|
| | | | | 名称 | 浓度限值（标态）/（$mg/m^3$） | 速率限值/（kg/h） | | | |
| 1 | 37030337 | 1#协同处置窑尾排放口 | 二氧化硫 | 《山东省区域性大气污染物综合排放标准》（DB 37/2376—2013） | 100 | / | / | / | |
| 2 | 37030337 | 1#协同处置窑尾排放口 | 氯化氢 | 《水泥窑协同处置固体废物污染控制标准》（GB 30485—2013） | 10 | / | / | / | |
| 3 | 37030337 | 1#协同处置窑尾排放口 | 氟化氢 | 《水泥窑协同处置固体废物污染控制标准》（GB 30485—2013） | 1 | / | / | / | |
| 4 | 37030337 | 1#协同处置窑尾排放口 | 氨（氨气） | 《水泥工业大气污染物排放标准》（GB 4915—2013） | 8 | / | / | / | |

| 序号 | 排放口编号 | 排放口名称 | 污染物种类 | 国家或地方污染物排放标准（1） | | | 环境影响评价批复要求（2） | 承诺更加严格排放限值（3） | 其他信息 |
|---|---|---|---|---|---|---|---|---|---|
| | | | | 名称 | 浓度限值（标态）/（mg/m³） | 速率限值/（kg/h） | | | |
| 5 | 37030337 | 1#协同处置窑尾排放口 | 颗粒物 | 《山东省区域性大气污染物综合排放标准》（DB 37/2376—2013） | 20 | / | / | / | |
| 6 | 37030337 | 1#协同处置窑尾排放口 | 铍、铬、锡、锑、铜、钴、锰、镍、钒及其化合物 | 《水泥窑协同处置固体废物污染控制标准》（GB 30485—2013） | 0.5 | / | / | / | |
| 7 | 37030337 | 1#协同处置窑尾排放口 | 铊、镉、铅、砷及其化合物 | 《水泥窑协同处置固体废物污染控制标准》（GB 30485—2013） | 1 | / | / | / | |
| 8 | 37030337 | 1#协同处置窑尾排放口 | 氮氧化物 | 《山东省区域性大气污染物综合排放标准》（DB 37/2376—2013） | 300 | / | / | / | |
| 9 | 37030337 | 1#协同处置窑尾排放口 | 汞及其化合物 | 《水泥窑协同处置固体废物污染控制标准》（GB 30485—2013） | 0.05 | / | / | / | |
| 10 | 37030337 | 1#协同处置窑尾排放口 | 总有机碳 | 《水泥窑协同处置固体废物污染控制标准》（GB 30485—2013） | 10 | / | / | / | 增加值 |
| 11 | 37030337 | 1#协同处置窑尾排放口 | 二噁英类 | 水泥窑协同处置固体废物污染控制标准》（GB 30485—2013） | 0.1 | / | / | / | 单位为：ng TEQ/m³ |
| 12 | 37030338 | 2#协同处置窑尾排放口 | 铍、铬、锡、锑、铜、钴、锰、镍、钒及其化合物 | 《水泥窑协同处置固体废物污染控制标准》（GB 30485—2013） | 0.5 | / | / | / | |
| 13 | 37030338 | 2#协同处置窑尾排放口 | 氯化氢 | 《水泥窑协同处置固体废物污染控制标准》（GB 30485—2013） | 10 | / | / | / | |
| 14 | 37030338 | 2#协同处置窑尾排放口 | 颗粒物 | 《山东省区域性大气污染物综合排放标准》（DB 37/2376—2013） | 20 | / | / | / | |
| 15 | 37030338 | 2#协同处置窑尾排放口 | 二噁英类 | 《水泥窑协同处置固体废物污染控制标准》（GB 30485—2013） | 0.1 | / | / | / | 单位为：ng TEQ/m³ |
| 16 | 37030338 | 2#协同处置窑尾排放口 | 二氧化硫 | 《山东省区域性大气污染物综合排放标准》（DB 37/2376—2013） | 100 | / | / | / | |
| 17 | 37030338 | 2#协同处置窑尾排放口 | 氟化氢 | 《水泥窑协同处置固体废物污染控制标准》（GB 30485—2013） | 1 | / | / | / | |

| 序号 | 排放口编号 | 排放口名称 | 污染物种类 | 国家或地方污染物排放标准 (1) | | | 环境影响评价批复要求 (2) | 承诺更加严格排放限值 (3) | 其他信息 |
|---|---|---|---|---|---|---|---|---|---|
| | | | | 名称 | 浓度限值（标态）/（mg/m³） | 速率限值/（kg/h） | | | |
| 18 | 37030338 | 2#协同处置窑尾排放口 | 氨（氨气） | 《水泥工业大气污染物排放标准》（GB 4915—2013） | 8 | / | / | / | |
| 19 | 37030338 | 2#协同处置窑尾排放口 | 汞及其化合物 | 水泥窑协同处置固体废物污染控制标准》（GB 30485—2013） | 0.05 | / | / | / | |
| 20 | 37030338 | 2#协同处置窑尾排放口 | 氮氧化物 | 《山东省区域性大气污染物综合排放标准》（DB 37/2376—2013） | 300 | / | / | / | |
| 21 | 37030338 | 2#协同处置窑尾排放口 | 铊、镉、铅、砷及其化合物 | 《水泥窑协同处置固体废物污染控制标准》（GB 30485—2013） | 1 | / | / | / | |
| 22 | 37030338 | 2#协同处置窑尾排放口 | 总有机碳 | 《水泥窑协同处置固体废物污染控制标准》（GB 30485—2013） | 10 | / | / | / | 增加值 |
| 23 | DA001 | 厂外1#石灰石皮带排放口 | 颗粒物 | 《水泥工业大气污染物排放标准》（GB 4915—2013） | 10 | / | / | / | |
| 24 | DA002 | 输送皮带排放口 | 颗粒物 | 《水泥工业大气污染物排放标准》（GB 4915—2013） | 10 | / | / | / | |
| 25 | DA003 | 输送皮带排放口 | 颗粒物 | 《水泥工业大气污染物排放标准》（GB 4915—2013） | 10 | / | / | / | |
| 35 | DA013 | 输送皮带排放口 | 颗粒物 | 《水泥工业大气污染物排放标准》（GB 4915—2013） | 10 | / | / | / | |
| 36 | DA014 | 输送皮带排放口 | 颗粒物 | 《水泥工业大气污染物排放标准》（GB 4915—2013） | 10 | / | / | / | |
| 37 | DA015 | 储库底排放口 | 颗粒物 | 《水泥工业大气污染物排放标准》（GB 4915—2013） | 10 | / | / | / | |
| 95 | DA073 | 输送皮带排放口 | 颗粒物 | 《水泥工业大气污染物排放标准》（GB 4915—2013） | 10 | / | / | / | |
| 96 | DA074 | 矿渣微粉库排放口 | 颗粒物 | 《水泥工业大气污染物排放标准》（GB 4915—2013） | 10 | / | / | / | |
| 97 | DA075 | 输送皮带排放口 | 颗粒物 | 《水泥工业大气污染物排放标准》（GB 4915—2013） | 10 | / | / | / | |

| 序号 | 排放口编号 | 排放口名称 | 污染物种类 | 国家或地方污染物排放标准[1] | | | 环境影响评价批复要求[2] | 承诺更加严格排放限值[3] | 其他信息 |
|---|---|---|---|---|---|---|---|---|---|
| | | | | 名称 | 浓度限值（标态）/（$mg/m^3$） | 速率限值/（kg/h） | | | |
| 98 | DA076 | 输送皮带排放口 | 颗粒物 | 《水泥工业大气污染物排放标准》（GB 4915—2013） | 10 | / | / | / | |
| 102 | DA080 | 细矿渣微粉库排放口 | 颗粒物 | 《水泥工业大气污染物排放标准》（GB 4915—2013） | 10 | / | / | / | |
| 110 | DA088 | 输送皮带排放口 | 颗粒物 | 《水泥工业大气污染物排放标准》（GB 4915—2013） | 10 | / | / | / | |
| 111 | DA089 | 输送皮带排放口 | 颗粒物 | 《水泥工业大气污染物排放标准》（GB 4915—2013） | 10 | / | / | / | |
| 112 | DA090 | 输送皮带排放口 | 颗粒物 | 《水泥工业大气污染物排放标准》（GB 4915—2013） | 10 | / | / | / | |
| 113 | DA091 | 输送皮带排放口 | 颗粒物 | 《水泥工业大气污染物排放标准》（GB 4915—2013） | 10 | / | / | / | |
| 117 | DA095 | 输送皮带排放口 | 颗粒物 | 《水泥工业大气污染物排放标准》（GB 4915—2013） | 10 | / | / | / | |
| 118 | DA096 | 散装机排放口 | 颗粒物 | 《水泥工业大气污染物排放标准》（GB 4915—2013） | 10 | / | / | / | |
| 119 | DA097 | 输送皮带排放口 | 颗粒物 | 《水泥工业大气污染物排放标准》（GB 4915—2013） | 10 | / | / | / | |
| 127 | DA105 | 输送皮带排放口 | 颗粒物 | 《水泥工业大气污染物排放标准》（GB 4915—2013） | 10 | / | / | / | |
| … | … | … | … | … | … | … | … | … | … |
| 备注：为减少附件页数，删除了部分颗粒物执行标准及浓度限值信息。 | | | | | | | | | |

注：（1）指对应排放口须执行的国家或地方污染物排放标准的名称、编号及浓度限值。

（2）新增污染源必填。

（3）如火电厂超低排放浓度限值。

## （二）有组织排放信息

表 8　大气污染物有组织排放表

| 序号 | 排放口编号 | 排放口名称 | 污染物种类 | 申请许可排放浓度限值（标态）/（mg/m³） | 申请许可排放速率限值/（kg/h） | 申请年许可排放量限值/（t/a） | | | | | 申请特殊排放浓度限值（标态）/（mg/m³）[1] | 申请特殊时段许可排放量限值[2] |
|---|---|---|---|---|---|---|---|---|---|---|---|---|
| | | | | | | 第一年 | 第二年 | 第三年 | 第四年 | 第五年 | | |
| 主要排放口 | | | | | | | | | | | | |
| 1 | 37030337 | 1#协同处置窑尾排放口 | 二氧化硫 | 100 | / | * | * | * | / | / | / | / |
| 2 | 37030337 | 1#协同处置窑尾排放口 | 氨（氨气） | 8 | / | / | / | / | / | / | / | / |
| 3 | 37030337 | 1#协同处置窑尾排放口 | 铍、铬、锡、锑、铜、钴、锰、镍、钒及其化合物 | 0.5 | / | / | / | / | / | / | / | / |
| 4 | 37030337 | 1#协同处置窑尾排放口 | 总有机碳 | 10 | / | / | / | / | / | / | / | / |
| 5 | 37030337 | 1#协同处置窑尾排放口 | 汞及其化合物 | 0.05 | / | / | / | / | / | / | / | / |
| 6 | 37030337 | 1#协同处置窑尾排放口 | 氮氧化物 | 300 | / | * | * | * | / | / | / | / |

| 序号 | 排放口编号 | 排放口名称 | 污染物种类 | 申请许可排放浓度限值（标态）/（mg/m$^3$） | 申请许可排放速率限值/（kg/h） | 申请年许可排放量限值/（t/a） | | | | | 申请特殊排放浓度限值（标态）/（mg/m$^3$）[1] | 申请特殊时段许可排放量限值[2] |
|---|---|---|---|---|---|---|---|---|---|---|---|---|
| | | | | | | 第一年 | 第二年 | 第三年 | 第四年 | 第五年 | | |
| 7 | 37030337 | 1#协同处置窑尾排放口 | 氯化氢 | 10 | / | / | / | / | / | / | / | / |
| 8 | 37030337 | 1#协同处置窑尾排放口 | 二噁英类 | 0.1 | / | / | / | / | / | / | / | / |
| 9 | 37030337 | 1#协同处置窑尾排放口 | 颗粒物 | 20 | / | * | * | * | / | / | / | / |
| 10 | 37030337 | 1#协同处置窑尾排放口 | 氟化氢 | 1 | / | / | / | / | / | / | / | / |
| 11 | 37030337 | 1#协同处置窑尾排放口 | 铊、镉、铅、砷及其化合物 | 1 | / | / | / | / | / | / | / | / |
| 12 | 37030338 | 2#协同处置窑尾排放口 | 氨（氨气） | 8 | / | / | / | / | / | / | / | / |
| 13 | 37030338 | 2#协同处置窑尾排放口 | 颗粒物 | 20 | / | * | * | * | / | / | / | / |
| 14 | 37030338 | 2#协同处置窑尾排放口 | 铊、镉、铅、砷及其化合物 | 1 | / | / | / | / | / | / | / | / |
| 15 | 37030338 | 2#协同处置窑尾排放口 | 氟化氢 | 1 | / | / | / | / | / | / | / | / |

| 序号 | 排放口编号 | 排放口名称 | 污染物种类 | 申请许可排放浓度限值（标态）/（$mg/m^3$） | 申请许可排放速率限值/（kg/h） | 申请年许可排放量限值/（t/a） | | | | | 申请特殊排放浓度限值（标态）/（$mg/m^3$）(1) | 申请特殊时段许可排放量限值(2) |
|---|---|---|---|---|---|---|---|---|---|---|---|---|
| | | | | | | 第一年 | 第二年 | 第三年 | 第四年 | 第五年 | | |
| 16 | 37030338 | 2#协同处置窑尾排放口 | 铍、铬、锡、锑、铜、钴、锰、镍、钒及其化合物 | 0.5 | / | / | / | / | / | / | / | / |
| 17 | 37030338 | 2#协同处置窑尾排放口 | 二噁英类 | 0.1 | / | / | / | / | / | / | / | / |
| 18 | 37030338 | 2#协同处置窑尾排放口 | 二氧化硫 | 100 | / | * | * | * | / | / | / | / |
| 19 | 37030338 | 2#协同处置窑尾排放口 | 氯化氢 | 10 | / | / | / | / | / | / | / | / |
| 20 | 37030338 | 2#协同处置窑尾排放口 | 汞及其化合物 | 0.05 | / | / | / | / | / | / | / | / |
| 21 | 37030338 | 2#协同处置窑尾排放口 | 氮氧化物 | 300 | / | * | * | * | / | / | / | / |
| 22 | 37030338 | 2#协同处置窑尾排放口 | 总有机碳 | 10 | / | / | / | / | / | / | / | / |
| 23 | DA032 | 1#窑窑头排放口 | 颗粒物 | 20 | / | * | * | * | / | / | / | / |
| 24 | DA033 | 2#窑窑头排放口 | 颗粒物 | 20 | / | * | * | * | / | / | / | / |

| 序号 | 排放口编号 | 排放口名称 | 污染物种类 | 申请许可排放浓度限值（标态）/（$mg/m^3$） | 申请许可排放速率限值/（kg/h） | 申请年许可排放量限值/（t/a） | | | | | 申请特殊排放浓度限值（标态）/（$mg/m^3$）[1] | 申请特殊时段许可排放量限值[2] |
|---|---|---|---|---|---|---|---|---|---|---|---|---|
| | | | | | | 第一年 | 第二年 | 第三年 | 第四年 | 第五年 | | |
| 主要排放口合计 | | | 颗粒物 | | | * | * | * | / | / | / | / |
| | | | $SO_2$ | | | * | * | * | / | / | / | / |
| | | | $NO_x$ | | | * | * | * | / | / | / | / |
| | | | VOCs | | | | | | / | / | / | / |
| 一般排放口 | | | | | | | | | | | | |
| 1 | DA001 | 厂外1#石灰石皮带排放口 | 颗粒物 | 10 | / | / | / | / | / | / | / | / |
| 2 | DA002 | 输送皮带排放口 | 颗粒物 | 10 | / | / | / | / | / | / | / | / |
| 3 | DA003 | 输送皮带排放口 | 颗粒物 | 10 | / | / | / | / | / | / | / | / |
| 4 | DA004 | 破碎机排放口 | 颗粒物 | 10 | / | / | / | / | / | / | / | / |
| 5 | DA005 | 输送皮带排放口 | 颗粒物 | 10 | / | / | / | / | / | / | / | / |
| 6 | DA006 | 输送皮带排放口 | 颗粒物 | 10 | / | / | / | / | / | / | / | / |
| 7 | DA007 | 输送皮带排放口 | 颗粒物 | 10 | / | / | / | / | / | / | / | / |
| 8 | DA008 | 输送皮带排放口 | 颗粒物 | 10 | / | / | / | / | / | / | / | / |
| 9 | DA009 | 输送皮带排放口 | 颗粒物 | 10 | / | / | / | / | / | / | / | / |

| 序号 | 排放口编号 | 排放口名称 | 污染物种类 | 申请许可排放浓度限值（标态）/（mg/m³） | 申请许可排放速率限值/（kg/h） | 申请年许可排放量限值/（t/a） | | | | | 申请特殊排放浓度限值（标态）/（mg/m³）(1) | 申请特殊时段许可排放量限值(2) |
|---|---|---|---|---|---|---|---|---|---|---|---|---|
| | | | | | | 第一年 | 第二年 | 第三年 | 第四年 | 第五年 | | |
| 10 | DA010 | 输送皮带排放口 | 颗粒物 | 10 | / | / | / | / | / | / | / | / |
| 11 | DA011 | 转运站排放口 | 颗粒物 | 10 | / | / | / | / | / | / | / | / |
| 12 | DA012 | 输送皮带排放口 | 颗粒物 | 10 | / | / | / | / | / | / | / | / |
| 13 | DA013 | 输送皮带排放口 | 颗粒物 | 10 | / | / | / | / | / | / | / | / |
| 102 | DA104 | 输送皮带排放口 | 颗粒物 | 10 | / | / | / | / | / | / | / | / |
| 103 | DA105 | 输送皮带排放口 | 颗粒物 | 10 | / | / | / | / | / | / | / | / |
| … | … | … | … | … | … | … | … | … | … | … | … | … |
| 一般排放口合计 | | | 颗粒物 | | | * | * | * | / | / | / | / |
| | | | $SO_2$ | | | / | / | / | / | / | / | / |
| | | | $NO_x$ | | | / | / | / | / | / | / | / |
| | | | VOCs | | | / | / | / | / | / | / | / |
| 全厂有组织排放总计(3) | | | | | | | | | | | | |
| 全厂有组织排放总计 | | | 颗粒物 | | | * | * | * | / | / | / | / |
| | | | $SO_2$ | | | * | * | * | / | / | / | / |
| | | | $NO_x$ | | | * | * | * | / | / | / | / |
| | | | VOCs | | | / | / | / | / | / | / | / |

备注：为减少附件页数，删除了部分一般排放口颗粒物的相关信息。

| 主要排放口备注信息 |
| --- |
| 后附申请总量计算表。根据《山东省区域性大气污染物综合排放标准》（DB 37/2376—2013）要求，2020 年起，山东省执行第四时段排放限值标准。 |

| 一般排放口备注信息 |
| --- |
| |

| 全厂排放口备注信息 |
| --- |
| |

注：（1）如火电厂超低排放限值。

（2）指地方政府制定的环境质量限期达标规划、重污染天气应对措施中对排污单位有更加严格的排放控制要求。

（3）“全厂有组织排放总计”指的是主要排放口与一般排放口数据之和。

表 8-1 申请特殊时段排放量限值

| | 时间 | 污染物 | 申请特殊时段许可排放量限值/（t/d） |
|---|---|---|---|
| 申请特殊时段许可排放量限值 | 第 1 年 | 颗粒物 | / |
| | | 二氧化硫 | / |
| | | 氮氧化物 | / |
| | 第 2 年 | 颗粒物 | / |
| | | 二氧化硫 | / |
| | | 氮氧化物 | / |
| | 第 3 年 | 颗粒物 | / |
| | | 二氧化硫 | / |
| | | 氮氧化物 | / |
| | 第 4 年 | 颗粒物 | / |
| | | 二氧化硫 | / |
| | | 氮氧化物 | / |
| | 第 5 年 | 颗粒物 | / |
| | | 二氧化硫 | / |
| | | 氮氧化物 | / |
| 申请特殊时段排放量限值备注信息 | | | |

表 8-2　错峰生产时段月许可排放量限值

| 序号 | 年份 | 时间段 | 污染物 | 申请特殊时段许可排放量限值/（t/d） |
|---|---|---|---|---|
| 1 | 第一年 | 2017 年 11 月 | 颗粒物 | * |
| | | | 二氧化硫 | * |
| | | | 氮氧化物 | * |
| | | 2017 年 12 月 | 颗粒物 | * |
| | | | 二氧化硫 | * |
| | | | 氮氧化物 | * |
| | | 2018 年 1 月 | 颗粒物 | * |
| | | | 二氧化硫 | * |
| | | | 氮氧化物 | * |
| | | 2018 年 2 月 | 颗粒物 | * |
| | | | 二氧化硫 | * |
| | | | 氮氧化物 | * |
| | | 2018 年 3 月 | 颗粒物 | * |
| | | | 二氧化硫 | * |
| | | | 氮氧化物 | * |
| 2 | 第二年 | 2018 年 11 月 | 颗粒物 | * |
| | | | 二氧化硫 | * |
| | | | 氮氧化物 | * |
| | | 2018 年 12 月 | 颗粒物 | * |
| | | | 二氧化硫 | * |
| | | | 氮氧化物 | * |
| | | 2019 年 1 月 | 颗粒物 | * |
| | | | 二氧化硫 | * |
| | | | 氮氧化物 | * |

| 序号 | 年份 | 时间段 | 污染物 | 申请特殊时段许可排放量限值/（t/d） |
|---|---|---|---|---|
| 2 | 第二年 | 2019 年 2 月 | 颗粒物 | * |
| | | | 二氧化硫 | * |
| | | | 氮氧化物 | * |
| | | 2019 年 3 月 | 颗粒物 | * |
| | | | 二氧化硫 | * |
| | | | 氮氧化物 | * |
| 3 | 第三年 | 2019 年 11 月 | 颗粒物 | * |
| | | | 二氧化硫 | * |
| | | | 氮氧化物 | * |
| | | 2019 年 12 月 | 颗粒物 | * |
| | | | 二氧化硫 | * |
| | | | 氮氧化物 | * |
| | | 2020 年 1 月 | 颗粒物 | * |
| | | | 二氧化硫 | * |
| | | | 氮氧化物 | * |
| | | 2020 年 2 月 | 颗粒物 | * |
| | | | 二氧化硫 | * |
| | | | 氮氧化物 | * |
| | | 2020 年 3 月 | 颗粒物 | * |
| | | | 二氧化硫 | * |
| | | | 氮氧化物 | * |

备注信息：

11 月的月许可排放量为 11 月 1 日至 30 日许可排放量；3 月的月许可排放量为 3 月 1 日至 31 日许可排放量。

申请年排放量限值计算过程：（包括方法、公式、参数选取过程，以及计算结果的描述等内容）

计算过程详见附件（略）。

## （三）无组织排放信息

**表 9　大气污染物无组织排放表**

| 序号 | 无组织排放编号 | 产污环节[1] | 污染物种类 | 主要污染防治措施 | 国家或地方污染物排放标准 | | 其他信息 | 年许可排放量限值/（t/a） | | | | | 申请特殊时段许可排放量限值 |
|---|---|---|---|---|---|---|---|---|---|---|---|---|---|
| | | | | | 名称 | 浓度限值（标态）/（$mg/m^3$） | | 第一年 | 第二年 | 第三年 | 第四年 | 第五年 | |
| 1 | 厂界 | | 硫化氢 | 封闭储存，系统微负压密闭棚化 | 《恶臭污染物排放标准》（GB 14554—93） | 0.06 | | / | / | / | / | / | / |
| 2 | 厂界 | | 臭气浓度 | 活性炭吸附，密闭存储，系统微负压 | 《恶臭污染物排放标准》（GB 14554—93） | 20 | | / | / | / | / | / | / |
| 3 | 厂界 | | 氨（氨气） | 提高氨的反应效率，控制氨水使用量 | 《山东省建材工业大气污染物排放标准》（DB 37/2373—2013） | 1.0 | | / | / | / | / | / | / |
| 4 | 厂界 | | 颗粒物 | 密闭棚化，收尘设施，喷水增湿 | 《山东省建材工业大气污染物排放标准》（DB 37/2373—2013） | 0.5 | | / | / | / | / | / | / |
| 全厂无组织排放总计 | | | | | | | | | | | | | |
| 全厂无组织排放总计 | | | 颗粒物 | | | | | / | / | / | / | / | / |
| | | | $SO_2$ | | | | | / | / | / | / | / | / |
| | | | $NO_x$ | | | | | / | / | / | / | / | / |
| | | | VOCs | | | | | / | / | / | / | / | / |

注：（1）主要可以分为设备与管线组件泄漏、储罐泄漏、装卸泄漏、废水集输储存处理、原辅材料堆存及转运、循环水系统泄漏等环节。

表 9-1 水泥工业企业生产无组织排放控制要求

| 序号 | 主要生产单元 | 生产工序 | 无组织排放控制要求 | 公司无组织管控现状 |
|---|---|---|---|---|
| 1 | 熟料生产 | 熟料生产-脱硝 | 氨水用全封闭罐车运输、配氨气回收或吸收回用装置、氨罐区设氨气泄漏检测设施 | 氨水用全封闭罐车运输、配氨气吸收回用装置并配有应急池、各个氨罐顶设氨气泄漏检测设施 |
| | | 原辅料转运 | 运输皮带、斗提、斜槽等应全封闭，各转载、下料口等产尘点应设置集气罩并配置高效袋式除尘器 | 输皮带、斗提、斜槽等采用封闭措施，各转载、下料口等产尘点设置集气罩并配备高效袋式除尘器 |
| | | 原煤储存 | 原煤采用封闭储库，或设置不低于堆放物高度的严密围挡并配套洒水抑尘装置 | 原煤采用封闭储库，堆存为封闭堆棚，并配套洒水抑尘装置 |
| | | 原辅料堆存 | 粉状物料全部密闭储存，其他物料全部封闭储存 | 粉煤灰、水泥等粉状物料密闭储存，石灰石、脱硫石膏等原辅材设置不低于堆放物高度的封闭堆棚 |
| | | 熟料储存 | 熟料全部封闭储存 | 熟料全部封闭熟料库储存，库顶设置收尘器 |
| | | 熟料输送及转运 | 1. 运输皮带、斗提等应封闭，各转载、下料口等产尘点应设置集尘罩并配置高效袋式除尘器，库顶等泄压口配备高效袋式除尘器；<br>2. 熟料散装车辆应采用封闭或覆盖等抑尘措施 | 运输皮带、斗提等封闭，各转载、下料口等产尘点设置集尘罩并配置高效袋式除尘器，库顶等泄压口配备高效袋式除尘器，熟料散装车辆采用覆盖等抑尘措施 |
| | | 煤粉制备及转运 | 1. 煤粉采用密闭储仓；<br>2. 运输皮带、绞刀、斜槽等应封闭，各转载、破碎、下料口等产尘点应设置集尘罩并配备高效袋式除尘器 | 煤粉采用密闭储仓，仓顶设置高效袋式收尘器，采用管道密封输送 |
| 2 | 协同处置 | 固废预处理及贮存 | 1. 固体废物密闭贮存、转载、预处理处于微负压状态并将废气引入水泥窑高温区焚烧；<br>2. 贮存、预处理排气筒设活性炭吸附、生物除臭等装置；<br>3. 筛余、飞灰等密闭储存 | 城市污泥进厂直接卸入密闭贮存仓、各转载设备处于微负压状态并将废气引入水泥窑三次风道焚烧 |
| 3 | 水泥粉磨 | 水泥散装 | 水泥散装采用密闭罐车，散装应采用带抽风口的散装卸料装置，物料装车与除尘同步进行，抽取的气体除尘后排放 | 水泥散装全采用密闭罐车，散装装车时用带抽风口的散装卸料装置，物料装车与除尘同步进行，抽取的气体除尘后达标排放 |

| 序号 | 主要生产单元 | 生产工序 | 无组织排放控制要求 | 公司无组织管控现状 |
|---|---|---|---|---|
| 3 | 水泥粉磨 | 物料堆存 | 1. 粉状物料全部密闭储存，其他物料全部封闭储存；<br>2. 封闭式皮带、斗提、斜槽运输，各物料破碎、转载、下料口应设置集尘罩并配置高效袋式除尘器，库顶等泄压口配备高效袋式除尘器；<br>3. 粉煤灰采用密闭罐车运输 | 水泥、粉煤灰等粉状物料全部密闭储存，石灰石、脱硫石膏等辅材设置封闭联合堆棚，封闭式皮带、斗提、斜槽运输，各转载、下料口等产尘点应设置集尘罩并配备袋式除尘器，库顶等泄压口配备高效袋式除尘器，粉煤灰采用密闭罐车运输 |
| | | 包装运输 | 1. 包装车间全封闭；<br>2. 袋装水泥装车点位采用集中通风除尘系统 | 包装车间全封闭，袋装水泥装车点位采用集中通风除尘系统 |
| 4 | 公用单元 | 其他 | 1. 厂区、码头运输道路全硬化，定期洒水，及时清扫；<br>2. 各收尘器、管道等设备应完好运行，无粉尘外溢；<br>3. 厂区设置车轮清洗、清扫装置 | 厂区及进厂运输道路全硬化，定期洒水，及时清扫，各收尘器、管道等设备完好运行，无粉尘外溢，厂区设置车轮清洗、清扫装置 |

## （四）企业大气排放总许可量

表 10　企业大气排放总许可量

| 序号 | 污染物种类 | 第一年/（t/a） | 第二年/（t/a） | 第三年/（t/a） | 第四年/（t/a） | 第五年/（t/a） |
|---|---|---|---|---|---|---|
| 1 | 颗粒物 | * | * | * | / | / |
| 2 | $SO_2$ | * | * | * | / | / |
| 3 | $NO_x$ | * | * | * | / | / |
| 4 | VOCs | / | / | / | / | / |
| 企业大气排放总许可量备注信息 | | | | | | |

## 四、水污染物排放

### （一）排放口

表 11　废水直接排放口基本情况表

| 序号 | 排放口编号 | 排放口名称 | 排放口地理坐标[1] | | 排放去向 | 排放规律 | 间歇排放时段 | 受纳自然水体信息 | | 汇入受纳自然水体处地理坐标[4] | | 其他信息 |
|---|---|---|---|---|---|---|---|---|---|---|---|---|
| | | | 经度 | 纬度 | | | | 名称[2] | 受纳水体功能目标[3] | 经度 | 纬度 | |
| | | | | | | | | | | | | |

注：（1）对于直接排放至地表水体的排放口，指废水排出厂界处经纬度坐标；纳入管控的车间或车间处理设施排放口，指废水排出车间或车间处理设施边界处经纬度坐标；可手工填写经纬度，也可通过排污许可证管理信息平台中的 GIS 系统点选后自动生成经纬度。

（2）指受纳水体的名称，如南沙河、太子河、温榆河等。

（3）指对于直接排放至地表水体的排放口，其所处受纳水体功能类别，如Ⅲ类、Ⅳ类、Ⅴ类等。

（4）对于直接排放至地表水体的排放口，指废水汇入地表水体处经纬度坐标；可通过排污许可证管理信息平台中的 GIS 系统点选后自动生成经纬度。

（5）废水向海洋排放的，应当填写岸边排放或深海排放。向深海排放的，还应说明排污口的深度、与岸线直线距离。在备注中填写。

### 表 12 废水间接排放口基本情况表

| 序号 | 排放口编号 | 排放口名称 | 排放口地理坐标[1] | | 排放去向 | 排放规律 | 间歇排放时段 | 受纳污水处理厂信息 | | |
|---|---|---|---|---|---|---|---|---|---|---|
| | | | 经度 | 纬度 | | | | 名称[2] | 污染物种类 | 国家或地方污染物排放标准浓度限值/（mg/L） |
| 1 | DW001 | 冷却水排放口 | *°*′*″ | *°*′*″ | 进入城市污水处理厂 | 连续排放，流量稳定 | / | *处理厂 | 悬浮物 | 20 |
| 2 | DW001 | 冷却水排放口 | *°*′*″ | *°*′*″ | 进入城市污水处理厂 | 连续排放，流量稳定 | / | *处理厂 | 氟化物（以 $F^-$ 计） | / |
| 3 | DW001 | 冷却水排放口 | *°*′*″ | *°*′*″ | 进入城市污水处理厂 | 连续排放，流量稳定 | / | *处理厂 | pH 值 | 6～9 |
| 4 | DW001 | 冷却水排放口 | *°*′*″ | *°*′*″ | 进入城市污水处理厂 | 连续排放，流量稳定 | / | *处理厂 | 石油类 | 3 |
| 5 | DW001 | 冷却水排放口 | *°*′*″ | *°*′*″ | 进入城市污水处理厂 | 连续排放，流量稳定 | / | *处理厂 | 化学需氧量 | 60 |

注：（1）对于排至厂外城镇或工业污水集中处理设施的排放口，指废水排出厂界处经纬度坐标；可通过排污许可证管理信息平台中的 GIS 系统点选后自动生成经纬度。

（2）指厂外城镇或工业污水集中处理设施名称，如酒仙桥生活污水处理厂、宏兴化工园区污水处理厂等。

**表 13　废水污染物排放执行标准表**

| 序号 | 排放口编号 | 排放口名称 | 污染物种类 | 国家或地方污染物排放标准[1] | | 其他信息 |
|---|---|---|---|---|---|---|
| | | | | 名称 | 浓度限值/（mg/L） | |
| 1 | DW001 | 冷却水排放口 | 氟化物（以 $F^-$ 计） | 《污水综合排放标准》（GB 8978—1996） | 20 | |
| 2 | DW001 | 冷却水排放口 | 石油类 | 《污水综合排放标准》（GB 8978—1996） | 20 | |
| 3 | DW001 | 冷却水排放口 | 化学需氧量 | 《污水综合排放标准》（GB 8978—1996） | 500 | |
| 4 | DW001 | 冷却水排放口 | 悬浮物 | 《污水综合排放标准》（GB 8978—1996） | 400 | |
| 5 | DW001 | 冷却水排放口 | pH 值 | 《污水综合排放标准》（GB 8978—1996） | 6～9 | |

注：（1）指对应排放口须执行的国家或地方污染物排放标准的名称及浓度限值。

## （二）申请排放信息

**表 14　废水污染物排放**

| 序号 | 排放口编号 | 排放口名称 | 污染物种类 | 申请排放浓度限值/（mg/L） | 申请年排放量限值/（t/a）[1] | | | | | 申请特殊时段排放量限值 |
|---|---|---|---|---|---|---|---|---|---|---|
| | | | | | 第一年 | 第二年 | 第三年 | 第四年 | 第五年 | |
| 主要排放口 | | | | | | | | | | |
| | | | | | | | | | | |
| 主要排放口合计 | | | 氨氮 | | / | / | / | / | / | / |
| | | | $COD_{Cr}$ | | / | / | / | / | / | / |
| 1 | DW001 | 冷却水排放口 | 悬浮物 | 20 | / | / | / | / | / | / |
| 2 | DW001 | 冷却水排放口 | 氟化物（以 $F^-$ 计） | 20 | / | / | / | / | / | / |
| 3 | DW001 | 冷却水排放口 | 氨氮（$NH_3$-N） | 500 | / | / | / | / | / | / |
| 4 | DW001 | 冷却水排放口 | 化学需氧量 | 400 | / | / | / | / | / | / |
| 5 | DW001 | 冷却水排放口 | pH 值 | 6～9 | / | / | / | / | / | / |
| 全厂排放口源 | | | | | | | | | | |
| 全厂排放口总计 | | | $COD_{Cr}$ | | / | / | / | / | / | / |
| | | | 氨氮 | | / | / | / | / | / | / |

| 主要排放口备注信息 |
| --- |
| |
| **一般排放口备注信息** |
| |
| **全厂排放口备注信息** |
| |

注：（1）排入城镇集中污水处理设施的生活污水无须申请许可排放量。

申请年排放量限值计算过程：（包括方法、公式、参数选取过程，以及计算结果的描述等内容）

/

## 五、噪声排放信息

表 15　噪声排放信息

| 噪声类别 | 噪声类别 | | 执行排放标准名称 | 执行噪声排放标准/dB（A） | | 备注 |
|---|---|---|---|---|---|---|
| | 昼间 | 夜间 | | 昼间 | 夜间 | |
| 稳态噪声 | 至 | 至 | | | | |
| 频发噪声 | 否 | 否 | | | | |
| 偶发噪声 | 否 | 否 | | | | |

## 六、固体废物排放信息

表 16　固体废物排放信息

| 固体废物来源 | 固体废物名称 | 固体废物种类 | 固体废物类别 | 固体废物描述 | 固体废物产生量/（t/a） | 固体废物处理方式 | 固体废物综合利用处理量/（t/a） | 固体废物处置量/（t/a） | 固体废物贮存量/（t/a） | 固体废物排放量/（t/a） | 备注 |
|---|---|---|---|---|---|---|---|---|---|---|---|
| | | | | | | | | | | | |

# 七、环境管理要求

## （一）自行监测

表 17　自行监测及记录信息表

| 序号 | 污染源类别 | 排放口编号 | 排放口名称 | 监测内容[(1)] | 污染物名称 | 监测设施 | 自动监测是否联网 | 自动监测仪器名称 | 自动监测设施安装位置 | 自动监测设施是否符合安装、运行、维护等管理要求 | 手工监测采样方法及个数[(2)] | 手工监测频次[(3)] | 手工测定方法[(4)] | 其他信息 |
|---|---|---|---|---|---|---|---|---|---|---|---|---|---|---|
| 1 | 废气 | 37030337 | 1#协同处置窑尾排放口 | 烟气流速，烟气温度，烟气含湿量，烟道截面积，氧含量 | 总有机碳 | 手工 | | | | | 非连续采样至少 3 个 | 1 次/半年 | 《固定污染源排气中非甲烷总烃的测定气相色谱法》（HJ/T 38—1999） | |
| 2 | | 37030337 | 1#协同处置窑尾排放口 | 烟气流速，烟气温度，烟气含湿量，烟道截面积，氧含量 | 汞及其化合物 | 手工 | | | | | 非连续采样至少 3 个 | 1 次/半年 | 《固定污染源废气 汞的测定 冷原子吸收分光光度法（暂行）》（HJ 543—2009） | |
| 3 | | 37030337 | 1#协同处置窑尾排放口 | 烟气流速，烟气温度，烟气含湿量，烟道截面积，氧含量 | 氮氧化物 | 自动 | 是 | 烟气自动监测仪 | 烟囱 39 m 处 | 是 | 非连续采样至少 3 个 | 每天 4 次，间隔不超过 6 h | 《固定污染源排气中氮氧化物的测定 紫外分光光度法》（HJ/T 42—1999） | 在线监测发生故障时 |

| 序号 | 污染源类别 | 排放口编号 | 排放口名称 | 监测内容[1] | 污染物名称 | 监测设施 | 自动监测是否联网 | 自动监测仪器名称 | 自动监测设施安装位置 | 自动监测设施是否符合安装、运行、维护等管理要求 | 手工监测采样方法及个数[2] | 手工监测频次[3] | 手工测定方法[4] | 其他信息 |
|---|---|---|---|---|---|---|---|---|---|---|---|---|---|---|
| 4 | 废气 | 37030337 | 1#协同处置窑尾排放口 | 烟气流速，烟气温度，烟气含湿量，烟道截面积，氧含量 | 氨（氨气） | 手工 | | | | | 非连续采样至少3个 | 1次/季 | 《空气和废气　氨的测定　纳氏试剂分光光度法》（HJ 533—2009） | |
| 5 | | 37030337 | 1#协同处置窑尾排放口 | 烟气流速，烟气温度，烟气含湿量，烟道截面积，氧含量 | 二噁英类 | 手工 | | | | | 非连续采样至少3个 | 1次/年 | 《环境空气和废气　二噁英类的测定　同位素稀释高分辨气相色谱—高分辨质谱法》（HJ/T 77.2—2008） | |
| 6 | | 37030337 | 1#协同处置窑尾排放口 | 烟气流速，烟气温度，烟气含湿量，烟道截面积，氧含量 | 二氧化硫 | 自动 | 是 | 烟气自动监测仪 | 烟囱39 m处 | 是 | 非连续采样至少3个 | 每天4次，间隔不超过6 h | 《固定污染源废气　二氧化硫的测定　非分散红外吸收法》（HJ 629—2011） | 在线监测发生故障时 |
| 7 | | 37030337 | 1#协同处置窑尾排放口 | 烟气流速，烟气温度，烟气含湿量，烟道截面积，氧含量 | 氟化氢 | 手工 | | | | | 非连续采样至少3个 | 1次/半年 | 《固定污染源废气　氟化氢的测定　离子色谱法（暂行）》（HJ 688—2013） | |
| 8 | | 37030337 | 1#协同处置窑尾排放口 | 烟气流速，烟气温度，烟气含湿量，烟道截面积，氧含量 | 氯化氢 | 手工 | | | | | 非连续采样至少3个 | 1次/半年 | 《固定污染源废气　氯化氢的测定　硝酸银容量法》（HJ 548—2016代替HJ 548—2009） | |

| 序号 | 污染源类别 | 排放口编号 | 排放口名称 | 监测内容[1] | 污染物名称 | 监测设施 | 自动监测是否联网 | 自动监测仪器名称 | 自动监测设施安装位置 | 自动监测设施是否符合安装、运行、维护等管理要求 | 手工监测采样方法及个数[2] | 手工监测频次[3] | 手工测定方法[4] | 其他信息 |
|---|---|---|---|---|---|---|---|---|---|---|---|---|---|---|
| 9 | 废气 | 37030337 | 1#协同处置窑尾排放口 | 烟气流速，烟气温度，烟气含湿量，烟道截面积，氧含量 | 铊、镉、铅、砷及其化合物 | 手工 | | | | | 非连续采样至少3个 | 1次/半年 | 《空气和废气　颗粒物中铅等金属元素的测定　电感耦合等离子体质谱法》（HJ 657—2013） | |
| 10 | | 37030337 | 1#协同处置窑尾排放口 | 烟气流速，烟气温度，烟气含湿量，烟道截面积，氧含量 | 铍、铬、锡、锑、铜、钴、锰、镍、钒及其化合物 | 手工 | | | | | 非连续采样至少3个 | 1次/半年 | 《空气和废气　颗粒物中铅等金属元素的测定　电感耦合等离子体质谱法》（HJ 657—2013） | |
| 11 | | 37030337 | 1#协同处置窑尾排放口 | 烟气流速，烟气温度，烟气含湿量，烟道截面积，氧含量 | 颗粒物 | 自动 | 是 | 烟气自动监测仪 | 烟囱39 m处 | 是 | 非连续采样至少3个 | 每天4次，间隔不超过6 h | 《固定污染源排气中颗粒物测定与气态污染物采样方法》（GB/T 16157—1996） | 在线监测发生故障时 |
| 12 | | 37030338 | 2#协同处置窑尾排放口 | 烟气流速，烟气温度，烟气含湿量，烟道截面积，氧含量 | 氟化氢 | 手工 | | | | | 非连续采样至少3个 | 1次/半年 | 《固定污染源废气　氟化氢的测定　离子色谱法（暂行）》（HJ 688—2013） | |
| 13 | | 37030338 | 2#协同处置窑尾排放口 | 烟气流速，烟气温度，烟气含湿量，烟道截面积，氧含量 | 总有机碳 | 手工 | | | | | 非连续采样至少3个 | 1次/半年 | 《固定污染源排气中非甲烷总烃的测定　气相色谱法》（HJ/T 38—1999） | |

| 序号 | 污染源类别 | 排放口编号 | 排放口名称 | 监测内容[1] | 污染物名称 | 监测设施 | 自动监测是否联网 | 自动监测仪器名称 | 自动监测设施安装位置 | 自动监测设施是否符合安装、运行、维护等管理要求 | 手工监测采样方法及个数[2] | 手工监测频次[3] | 手工测定方法[4] | 其他信息 |
|---|---|---|---|---|---|---|---|---|---|---|---|---|---|---|
| 14 | 废气 | 37030338 | 2#协同处置窑尾排放口 | 烟气流速，烟气温度，烟气含湿量，烟道截面积，氧含量 | 铍、铬、锡、锑、铜、钴、锰、镍、钒及其化合物 | 手工 | | | | | 非连续采样至少3个 | 1次/半年 | 《空气和废气 颗粒物中铅等金属元素的测定 电感耦合等离子体质谱法》（HJ 657—2013） | |
| 15 | | 37030338 | 2#协同处置窑尾排放口 | 烟气流速，烟气温度，烟气含湿量，烟道截面积，氧含量 | 氯化氢 | 手工 | | | | | 非连续采样至少3个 | 1次/半年 | 《固定污染源废气 氯化氢的测定 硝酸银容量法》（HJ 548—2016代替HJ 548—2009） | |
| 16 | | 37030338 | 2#协同处置窑尾排放口 | 烟气流速，烟气温度，烟气含湿量，烟道截面积，氧含量 | 二噁英类 | 手工 | | | | | 非连续采样至少3个 | 1次/年 | 《环境空气和废气 二噁英类的测定 同位素稀释高分辨气相色谱—高分辨质谱法》（HJ/T 77.2—2008） | |
| 17 | | 37030338 | 2#协同处置窑尾排放口 | 烟气流速，烟气温度，烟气含湿量，烟道截面积，氧含量 | 氮氧化物 | 自动 | 是 | 烟气自动监测仪 | 烟囱51 m处 | 是 | 非连续采样至少3个 | 每天4次，间隔不超过6 h | 《固定污染源排气中氮氧化物的测定 紫外分光光度法》（HJ/T 42—1999） | 在线监测发生故障时 |
| 18 | | 37030338 | 2#协同处置窑尾排放口 | 烟气流速，烟气温度，烟气含湿量，烟道截面积，氧含量 | 汞及其化合物 | 手工 | | | | | 非连续采样至少3个 | 1次/半年 | 《固定污染源废气 汞的测定 冷原子吸收分光光度法（暂行）》（HJ 543—2009） | |

| 序号 | 污染源类别 | 排放口编号 | 排放口名称 | 监测内容[1] | 污染物名称 | 监测设施 | 自动监测是否联网 | 自动监测仪器名称 | 自动监测设施安装位置 | 自动监测设施是否符合安装、运行、维护等管理要求 | 手工监测采样方法及个数[2] | 手工监测频次[3] | 手工测定方法[4] | 其他信息 |
|---|---|---|---|---|---|---|---|---|---|---|---|---|---|---|
| 19 | 废气 | 37030338 | 2#协同处置窑尾排放口 | 烟气流速，烟气温度，烟气含湿量，烟道截面积，氧含量 | 颗粒物 | 自动 | 是 | 烟气自动监测仪 | 烟囱51 m处 | 是 | 非连续采样至少3个 | 每天4次，间隔不超过6 h | 《固定污染源排气中颗粒物测定与气态污染物采样方法》（GB/T 16157—1996） | 在线监测发生故障时 |
| 20 | | 37030338 | 2#协同处置窑尾排放口 | 烟气流速，烟气温度，烟气含湿量，烟道截面积，氧含量 | 氨（氨气） | 手工 | | | | | 非连续采样至少3个 | 1次/季 | 《空气和废气　氨的测定　纳氏试剂分光光度法》（HJ 533—2009） | |
| 21 | | 37030338 | 2#协同处置窑尾排放口 | 烟气流速，烟气温度，烟气含湿量，烟道截面积，氧含量 | 二氧化硫 | 自动 | 是 | 烟气自动监测仪 | 烟囱51 m处 | 是 | 非连续采样至少3个 | 每天4次，间隔不超过6 h | 《固定污染源废气　二氧化硫的测定　非分散红外吸收法》（HJ 629—2011） | 在线监测发生故障时 |
| 22 | | 37030338 | 2#协同处置窑尾排放口 | 烟气流速，烟气温度，烟气含湿量，烟道截面积，氧含量 | 铊、镉、铅、砷及其化合物 | 手工 | | | | | 非连续采样至少3个 | 1次/半年 | 《空气和废气　颗粒物中铅等金属元素的测定　电感耦合等离子体质谱法》（HJ 657—2013） | |
| 23 | | DA001 | 厂外1#石灰石皮带排放口 | 烟气流速，烟气温度，烟气含湿量，烟道截面积 | 颗粒物 | 手工 | | | | | 非连续采样至少3个 | 1次/两年 | 《固定污染源排气中颗粒物测定与气态污染物采样方法》（GB/T 16157—1996） | |

| 序号 | 污染源类别 | 排放口编号 | 排放口名称 | 监测内容[1] | 污染物名称 | 监测设施 | 自动监测是否联网 | 自动监测仪器名称 | 自动监测设施安装位置 | 自动监测设施是否符合安装、运行、维护等管理要求 | 手工监测采样方法及个数[2] | 手工监测频次[3] | 手工测定方法[4] | 其他信息 |
|---|---|---|---|---|---|---|---|---|---|---|---|---|---|---|
| 24 | 废气 | DA002 | 输送皮带排放口 | 烟气流速，烟气温度，烟气含湿量，烟道截面积 | 颗粒物 | 手工 | | | | | 非连续采样至少3个 | 1次/两年 | 《固定污染源排气中颗粒物测定与气态污染物采样方法》（GB/T 16157—1996） | |
| 25 | | DA003 | 输送皮带排放口 | 烟气流速，烟气温度，烟气含湿量，烟道截面积 | 颗粒物 | 手工 | | | | | 非连续采样至少3个 | 1次/两年 | 《固定污染源排气中颗粒物测定与气态污染物采样方法》（GB/T 16157—1996） | |
| 26 | | DA004 | 破碎机排放口 | 烟气流速，烟气温度，烟气含湿量，烟道截面积 | 颗粒物 | 手工 | | | | | 非连续采样至少3个 | 1次/半年 | 《固定污染源排气中颗粒物测定与气态污染物采样方法》（GB/T 16157—1996） | 每季度相同种类治理设施的监测点位数量基本平均分布 |
| 27 | | DA005 | 输送皮带排放口 | 烟气流速，烟气温度，烟气含湿量，烟道截面积 | 颗粒物 | 手工 | | | | | 非连续采样至少3个 | 1次/两年 | 《固定污染源排气中颗粒物测定与气态污染物采样方法》（GB/T 16157—1996） | |

| 序号 | 污染源类别 | 排放口编号 | 排放口名称 | 监测内容[1] | 污染物名称 | 监测设施 | 自动监测是否联网 | 自动监测仪器名称 | 自动监测设施安装位置 | 自动监测设施是否符合安装、运行、维护等管理要求 | 手工监测采样方法及个数[2] | 手工监测频次[3] | 手工测定方法[4] | 其他信息 |
|---|---|---|---|---|---|---|---|---|---|---|---|---|---|---|
| 28 | 废气 | DA006 | 输送皮带排放口 | 烟气流速，烟气温度，烟气含湿量，烟道截面积 | 颗粒物 | 手工 | | | | | 非连续采样至少3个 | 1次/两年 | 《固定污染源排气中颗粒物测定与气态污染物采样方法》（GB/T 16157—1996） | |
| 29 | | DA007 | 输送皮带排放口 | 烟气流速，烟气温度，烟气含湿量，烟道截面积 | 颗粒物 | 手工 | | | | | 非连续采样至少3个 | 1次/两年 | 《固定污染源排气中颗粒物测定与气态污染物采样方法》（GB/T 16157—1996） | |
| 30 | | DA008 | 输送皮带排放口 | 烟气流速，烟气温度，烟气含湿量，烟道截面积 | 颗粒物 | 手工 | | | | | 非连续采样至少3个 | 1次/两年 | 《固定污染源排气中颗粒物测定与气态污染物采样方法》（GB/T 16157—1996） | |
| 31 | | DA009 | 输送皮带排放口 | 烟气流速，烟气温度，烟气含湿量，烟道截面积 | 颗粒物 | 手工 | | | | | 非连续采样至少3个 | 1次/两年 | 《固定污染源排气中颗粒物测定与气态污染物采样方法》（GB/T 16157—1996） | |
| 32 | | DA010 | 输送皮带排放口 | 烟气流速，烟气温度，烟气含湿量，烟道截面积 | 颗粒物 | 手工 | | | | | 非连续采样至少3个 | 1次/两年 | 《固定污染源排气中颗粒物测定与气态污染物采样方法》（GB/T 16157—1996） | |

| 序号 | 污染源类别 | 排放口编号 | 排放口名称 | 监测内容[1] | 污染物名称 | 监测设施 | 自动监测是否联网 | 自动监测仪器名称 | 自动监测设施安装位置 | 自动监测设施是否符合安装、运行、维护等管理要求 | 手工监测采样方法及个数[2] | 手工监测频次[3] | 手工测定方法[4] | 其他信息 |
|---|---|---|---|---|---|---|---|---|---|---|---|---|---|---|
| 36 | 废气 | DA014 | 输送皮带排放口 | 烟气流速，烟气温度，烟气含湿量，烟道截面积 | 颗粒物 | 手工 | | | | | 非连续采样至少3个 | 1次/两年 | 《固定污染源排气中颗粒物测定与气态污染物采样方法》（GB/T 16157—1996） | |
| 37 | | DA015 | 储库底排放口 | 烟气流速，烟气温度，烟气含湿量，烟道截面积 | 颗粒物 | 手工 | | | | | 非连续采样至少3个 | 1次/两年 | 《固定污染源排气中颗粒物测定与气态污染物采样方法》（GB/T 16157—1996） | |
| 38 | | DA016 | 1#窑煤磨排放口 | 烟气流速，烟气温度，烟气含湿量，烟道截面积 | 颗粒物 | 自动 | 是 | 烟气自动监测仪 | 烟囱20 m处 | 是 | 非连续采样至少3个 | 每天4次，间隔不超过6 h | 《固定污染源排气中颗粒物测定与气态污染物采样方法》（GB/T 16157—1996） | 在线监测发生故障时 |
| 39 | | DA017 | 1#窑头煤粉仓排放口 | 烟气流速，烟气温度，烟气含湿量，烟道截面积 | 颗粒物 | 手工 | | | | | 非连续采样至少3个 | 1次/两年 | 《固定污染源排气中颗粒物测定与气态污染物采样方法》（GB/T 16157—1996） | |
| 40 | | DA018 | 2#窑煤磨排放口 | 烟气流速，烟气温度，烟气含湿量，烟道截面积 | 颗粒物 | 自动 | 是 | 烟气自动监测仪 | 烟囱21 m处 | 是 | 非连续采样至少3个 | 每天4次，间隔不超过6 h | 《固定污染源排气中颗粒物测定与气态污染物采样方法》（GB/T 16157—1996） | 在线监测发生故障时 |

| 序号 | 污染源类别 | 排放口编号 | 排放口名称 | 监测内容(1) | 污染物名称 | 监测设施 | 自动监测是否联网 | 自动监测仪器名称 | 自动监测设施安装位置 | 自动监测设施是否符合安装、运行、维护等管理要求 | 手工监测采样方法及个数(2) | 手工监测频次(3) | 手工测定方法(4) | 其他信息 |
|---|---|---|---|---|---|---|---|---|---|---|---|---|---|---|
| 41 | 废气 | DA019 | 2#窑头煤粉仓排放口 | 烟气流速，烟气温度，烟气含湿量，烟道截面积 | 颗粒物 | 手工 | | | | | 非连续采样至少3个 | 1次/两年 | 《固定污染源排气中颗粒物测定与气态污染物采样方法》（GB/T 16157—1996） | |
| 54 | | DA032 | 1#窑窑头排放口 | 烟气流速，烟气温度，烟气含湿量，烟道截面积 | 颗粒物 | 自动 | 是 | 烟气自动监测仪 | 烟囱20 m处 | 是 | 非连续采样至少3个 | 每天4次，间隔不超过6 h | 《固定污染源排气中颗粒物测定与气态污染物采样方法》（GB/T 16157—1996） | 在线监测发生故障时 |
| 55 | | DA033 | 2#窑窑头排放口 | 烟气流速，烟气温度，烟气含湿量，烟道截面积 | 颗粒物 | 自动 | 是 | 烟气自动监测仪 | 烟囱20 m处 | 是 | 非连续采样至少3个 | 每天4次，间隔不超过6 h | 《固定污染源排气中颗粒物测定与气态污染物采样方法》（GB/T 16157—1996） | 在线监测发生故障时 |
| 61 | | DA039 | 输送皮带排放口 | 烟气流速，烟气温度，烟气含湿量，烟道截面积 | 颗粒物 | 手工 | | | | | 非连续采样至少3个 | 1次/两年 | 《固定污染源排气中颗粒物测定与气态污染物采样方法》（GB/T 16157—1996） | |
| 75 | | DA053 | 1#辊压和选粉排放口 | 烟气流速，烟气温度，烟气含湿量，烟道截面积 | 颗粒物 | 手工 | | | | | 非连续采样至少3个 | 1次/两年 | 《固定污染源排气中颗粒物测定与气态污染物采样方法》（GB/T 16157—1996） | |

| 序号 | 污染源类别 | 排放口编号 | 排放口名称 | 监测内容 (1) | 污染物名称 | 监测设施 | 自动监测是否联网 | 自动监测仪器名称 | 自动监测设施安装位置 | 自动监测设施是否符合安装、运行、维护等管理要求 | 手工监测采样方法及个数 (2) | 手工监测频次 (3) | 手工测定方法 (4) | 其他信息 |
|---|---|---|---|---|---|---|---|---|---|---|---|---|---|---|
| 77 | 废气 | DA055 | 1#水泥磨排放口 | 烟气流速，烟气温度，烟气含湿量，烟道截面积 | 颗粒物 | 自动 | 是 | 烟气自动监测仪 | 烟囱 10 m 处 | 是 | 非连续采样至少 3 个 | 每天 4 次，间隔不超过 6 h | 《固定污染源排气中颗粒物测定与气态污染物采样方法》（GB/T 16157—1996） | 在线监测发生故障时 |
| 78 | | DA056 | 2#水泥磨辊压机排放口 1 | 烟气流速，烟气温度，烟气含湿量，烟道截面积 | 颗粒物 | 手工 | | | | | 非连续采样至少 3 个 | 1 次/两年 | 《固定污染源排气中颗粒物测定与气态污染物采样方法》（GB/T 16157—1996） | |
| 79 | | DA057 | 2#水泥磨辊压机排放口 2 | 烟气流速，烟气温度，烟气含湿量，烟道截面积 | 颗粒物 | 手工 | | | | | 非连续采样至少 3 个 | 1 次/两年 | 《固定污染源排气中颗粒物测定与气态污染物采样方法》（GB/T 16157—1996） | |
| 80 | | DA058 | 2#水泥磨主排放口 | 烟气流速，烟气温度，烟气含湿量，烟道截面积 | 颗粒物 | 自动 | 是 | 烟气自动监测仪 | 烟囱 18 m 处 | 是 | 非连续采样至少 3 个 | 每天 4 次，间隔不超过 6 h | 《固定污染源排气中颗粒物测定与气态污染物采样方法》（GB/T 16157—1996） | 在线监测发生故障时 |
| 81 | | DA059 | 粉煤灰库排放口 | 烟气流速，烟气温度，烟气含湿量，烟道截面积 | 颗粒物 | 手工 | | | | | 非连续采样至少 3 个 | 1 次/两年 | 《固定污染源排气中颗粒物测定与气态污染物采样方法》（GB/T 16157—1996） | |

| 序号 | 污染源类别 | 排放口编号 | 排放口名称 | 监测内容[1] | 污染物名称 | 监测设施 | 自动监测是否联网 | 自动监测仪器名称 | 自动监测设施安装位置 | 自动监测设施是否符合安装、运行、维护等管理要求 | 手工监测采样方法及个数[2] | 手工监测频次[3] | 手工测定方法[4] | 其他信息 |
|---|---|---|---|---|---|---|---|---|---|---|---|---|---|---|
| 82 | 废气 | DA060 | 细粉煤灰库排放口 | 烟气流速，烟气温度，烟气含湿量，烟道截面积 | 颗粒物 | 手工 | | | | | 非连续采样至少3个 | 1次/两年 | 《固定污染源排气中颗粒物测定与气态污染物采样方法》（GB/T 16157—1996） | |
| 90 | | DA068 | 斗提排放口 | 烟气流速，烟气温度，烟气含湿量，烟道截面积 | 颗粒物 | 手工 | | | | | 非连续采样至少3个 | 1次/两年 | 《固定污染源排气中颗粒物测定与气态污染物采样方法》（GB/T 16157—1996） | |
| 91 | | DA069 | 储库排放口 | 烟气流速，烟气温度，烟气含湿量，烟道截面积 | 颗粒物 | 手工 | | | | | 非连续采样至少3个 | 1次/两年 | 《固定污染源排气中颗粒物测定与气态污染物采样方法》（GB/T 16157—1996） | |
| 103 | | DA081 | 1#水泥包装机排放口 | 烟气流速，烟气温度，烟气含湿量，烟道截面积 | 颗粒物 | 手工 | | | | | 非连续采样至少3个 | 1次/半年 | 《固定污染源排气中颗粒物测定与气态污染物采样方法》（GB/T 16157—1996） | 每季度相同种类治理设施的监测点位数量基本平均分布 |

| 序号 | 污染源类别 | 排放口编号 | 排放口名称 | 监测内容[1] | 污染物名称 | 监测设施 | 自动监测是否联网 | 自动监测仪器名称 | 自动监测设施安装位置 | 自动监测设施是否符合安装、运行、维护等管理要求 | 手工监测采样方法及个数[2] | 手工监测频次[3] | 手工测定方法[4] | 其他信息 |
|---|---|---|---|---|---|---|---|---|---|---|---|---|---|---|
| 104 | 废气 | DA082 | 2#水泥包装机排放口 | 烟气流速，烟气温度，烟气含湿量，烟道截面积 | 颗粒物 | 手工 | | | | | 非连续采样至少3个 | 1次/半年 | 《固定污染源排气中颗粒物测定与气态污染物采样方法》（GB/T 16157—1996） | 每季度相同种类治理设施的监测点位数量基本平均分布 |
| 110 | | DA088 | 输送皮带排放口 | 烟气流速，烟气温度，烟气含湿量，烟道截面积 | 颗粒物 | 手工 | | | | | 非连续采样至少3个 | 1次/两年 | 《固定污染源排气中颗粒物测定与气态污染物采样方法》（GB/T 16157—1996） | |
| 111 | | DA089 | 输送皮带排放口 | 烟气流速，烟气温度，烟气含湿量，烟道截面积 | 颗粒物 | 手工 | | | | | 非连续采样至少3个 | 1次/两年 | 《固定污染源排气中颗粒物测定与气态污染物采样方法》（GB/T 16157—1996） | |
| 112 | | DA090 | 输送皮带排放口 | 烟气流速，烟气温度，烟气含湿量，烟道截面积 | 颗粒物 | 手工 | | | | | 非连续采样至少3个 | 1次/两年 | 《固定污染源排气中颗粒物测定与气态污染物采样方法》（GB/T 16157—1996） | |

| 序号 | 污染源类别 | 排放口编号 | 排放口名称 | 监测内容[1] | 污染物名称 | 监测设施 | 自动监测是否联网 | 自动监测仪器名称 | 自动监测设施安装位置 | 自动监测设施是否符合安装、运行、维护等管理要求 | 手工监测采样方法及个数[2] | 手工监测频次[3] | 手工测定方法[4] | 其他信息 |
|---|---|---|---|---|---|---|---|---|---|---|---|---|---|---|
| 113 | 废气 | DA091 | 输送皮带排放口 | 烟气流速，烟气温度，烟气含湿量，烟道截面积 | 颗粒物 | 手工 | | | | | 非连续采样至少3个 | 1次/两年 | 《固定污染源排气中颗粒物测定与气态污染物采样方法》（GB/T 16157—1996） | |
| 128 | | 厂界 | | 风向、风速 | 颗粒物 | 手工 | | | | | 连续采样8 h | 1次/季 | 《环境空气　总悬浮颗粒物的测定　重量法》（GB/T 15432—1995） | |
| 129 | | 厂界 | | 风向、风速 | 氨 | 手工 | | | | | 非连续采样至少3个 | 1次/年 | 《环境空气　氨的测定　次氯酸钠-水杨酸分光光度法》（HJ 534—2009） | |
| 130 | | 厂界 | | 风向、风速 | 臭气浓度 | 手工 | | | | | 非连续采样至少3个 | 1次/年 | 《空气质量　恶臭的测定　三点比较式臭袋法》（GB/T 14675—1993） | |
| 131 | | 厂界 | | 风向、风速 | 硫化氢 | 手工 | | | | | 非连续采样至少3个 | 1次/年 | 《空气质量　硫化氢　甲硫醇　甲硫醚　二甲二硫的测定　气相色谱法》（GB/T 14678—1993） | |

| 序号 | 污染源类别 | 排放口编号 | 排放口名称 | 监测内容(1) | 污染物名称 | 监测设施 | 自动监测是否联网 | 自动监测仪器名称 | 自动监测设施安装位置 | 自动监测设施是否符合安装、运行、维护等管理要求 | 手工监测采样方法及个数(2) | 手工监测频次(3) | 手工测定方法(4) | 其他信息 |
|---|---|---|---|---|---|---|---|---|---|---|---|---|---|---|
| 132 | 废水 | DW001 | 冷却水排放口 | 流量 | pH 值 | 手工 | | | | | 混合采样 至少 3 个混合样 | 1 次/半年 | 《水质 pH 值的测定 玻璃电极法》（GB 6920—1986） | |
| | | | | 流量 | 悬浮物 | 手工 | | | | | 混合采样 至少 3 个混合样 | 1 次/半年 | 《水质 悬浮物的测定 重量法》（GB 11901—1989） | |
| | | | | 流量 | 化学需氧量 | 手工 | | | | | 混合采样 至少 3 个混合样 | 1 次/半年 | 《水质 化学需氧量的测定 重铬酸盐法》（GB 11914—1989） | |
| | | | | 流量 | 氟化物 | 手工 | | | | | 混合采样 至少 3 个混合样 | 1 次/半年 | 《水质 氟化物的测定 离子选择电极法》（GB 7484—87） | |
| | | | | 流量 | 石油类 | 手工 | | | | | 混合采样 至少 3 个混合样 | 1 次/半年 | 《水质 石油类和动植物油的测定 红外光度法》（GB/T 16488—1996） | |
| … | … | … | | … | … | … | … | … | … | … | … | … | … | … |
| 备注：为减少附件的页数，删除了部分颗粒物自行监测的相关信息。 | | | | | | | | | | | | | | |

注：（1）指气量、水量、温度、含氧量等项目。

（2）指污染物采样方法，如对于废水污染物："混合采样（3 个、4 个或 5 个混合）""瞬时采样（3 个、4 个或 5 个瞬时样）"；对于废气污染物："连续采样""非连续采样（3 个或多个）"。

（3）指一段时期内的监测次数要求，如 1 次/周、1 次/月等。

（4）指污染物浓度测定方法，如"测定化学需氧量的重铬酸钾法""测定氨氮的水杨酸分光光度法"等。

监测质量保证与质量控制要求：

按照国家监测质量保证与质量控制的要求：（1）质量保证在于监测数据的误差控制在允许范围内；（2）在质量控制方面，我们通过配套质量实施各种质量控制技术和管理规程而达到保证各个环节（采样、分析方法、分析过程等）的工作质量的目的；（3）实验室质量控制是通过对进厂原料的样品和出厂成品分析来实现，是提高分析结果的总体可信度；并且每年对化验室的分析仪器进行保养及维护，达到对样品分析的精密性与准确性；（4）建立质量管理体系，使质量管理工作程序化、文件化、制度化、规范化；（5）每年制订质量工作计划。

监测数据记录、整理、存档要求：

监测期间手工监测记录和自动监测记录，按照 HJ 819 要求进行监测，并同步监测记录生产期间的记录状况；监测数据都记录在册，符合厂内规定要求，不得随意涂改监测数据，数据保证真实有效，监测数据要规范，每年生产的数据都要存档。

## （二）环境管理台账记录

表 18 环境管理台账信息表

| 序号 | 设施类别[(1)] | 操作参数[(2)] | 记录内容[(3)] | 记录频次[(4)] | 记录形式[(5)] | 其他信息 |
| --- | --- | --- | --- | --- | --- | --- |
| 1 | 生产设施 | 基本信息 | 记录破碎机、生料磨、煤磨、回转窑、水泥磨等生产设施名称、编码、生产负荷等 | 根据现场生产设施的配置情况及时更新 | 电子台账+纸质台账 | 台账保存期限不少于三年 |
| 2 | 生产设施 | 其他环境管理信息 | 记录回转窑、水泥磨等产品产量以及各原辅燃料的使用量，全厂水、电的消耗量 | 一天记录一次 | 电子台账+纸质台账 | 台账保存期限不少于三年 |
| 3 | 生产设施 | 其他环境管理信息 | 记录原辅料及燃料进厂种类、批次、名称、数量、硫占比等 | 每一批次记录一次 | 电子台账+纸质台账 | 台账保存期限不少于三年 |
| 4 | 污染防治设施 | 基本信息 | 分别记录下列信息：<br>（1）袋收尘器：污染治理设施名称、污染治理设施编号、污染物、滤料材质、滤袋数量、滤袋规格型号、设计处理风量、过滤面积、除尘效率、设计出口浓度限值等信息。<br>（2）污水处理设施：污染治理设施名称、处理工艺、污染治理设施编号、废水类别、设计处理能力、设计出水水质、污泥处理方式、排放去向等信息。<br>（3）脱硝设施：对应生产设施名称、生产设施编号、污染治理设施名称、处理工艺、污染治理设施编号、设计处理污染物浓度限值、设计污染物排放浓度限值等信息 | 根据现场污染设施的配置情况及时更新 | 电子台账+纸质台账 | 台账保存期限不少于三年 |
| 5 | 污染防治设施 | 污染治理措施运行管理信息 | （1）主要排放口除尘 DCS 曲线：水泥窑喂料量（同时给出熟料折算系数）、氧含量、烟气量、净烟气颗粒物浓度、烟气出口温度。<br>（2）脱硝 DCS 曲线：水泥窑喂料量（同时给出熟料折算系数）、氧含量、烟气量、$NO_x$ 浓度（折算）、脱硝设施入口还原剂使用量、分解炉出口烟气温度 | 每个曲线每周一张彩色截图 | 电子台账+纸质台账 | 台账保存期限不少于三年 |

| 序号 | 设施类别[1] | 操作参数[2] | 记录内容[3] | 记录频次[4] | 记录形式[5] | 其他信息 |
|---|---|---|---|---|---|---|
| 6 | 污染防治设施 | 污染治理措施运行管理信息 | 袋除尘设施：是否正常、故障原因、维护过程、检查人、检查日期及班次 | 每班次一次 | 电子台账+纸质台账 | 台账保存期限不少于三年 |
| 7 | 污染防治设施 | 污染治理措施运行管理信息 | （1）袋收尘器：提升阀、脉冲阀、气源压力、提升盖板、有无漏风、油水分离器有无故障、维护过程、运行时间，检查人、检查日期。<br>（2）污水处理设施：药剂名称、药剂投加量、污水处理水量、污水回用量 | 每周一次 | 电子台账+纸质台账 | 台账保存期限不少于三年 |
| 8 | 污染防治设施 | 污染治理措施运行管理信息 | （1）脱硝设施：是否与主机同步运行、是否正常、故障原因、维护过程、检查人、检查日期等信息。<br>（2）无组织治理设施：设施（设备）名称、无组织管控措施是否正常、故障原因、维护过程、检查人、检查日期等信息。<br>（3）污水处理设施：风机、水泵和处理设施等是否正常、故障原因、维护过程、检查人、检查日期等信息 | 每天一次 | 电子台账+纸质台账 | 台账保存期限不少于三年 |
| 9 | 污染防治设施 | 监测记录信息 | 自动监测：自动监测及辅助设备运行状况、系统校准、校验记录、定期比对监测记录、维护保养记录、是否故障、故障维修记录、巡检日期等信息 | 定期 | 电子台账+纸质台账 | 台账保存期限不少于三年 |
| 10 | 污染防治设施 | 监测记录信息 | 手工监测记录信息：记录开展手工监测的日期、时间、污染物排放口和监测点位、监测方法、监测频次、监测仪器及型号、采样方法、监测结果、是否超标等信息，同时记录监测期间生产及污染治理设施运行状况。包括在线监测发生故障时的监测 | 每次手工监测时记录 | 电子台账+纸质台账 | 台账保存期限不少于三年 |

| 序号 | 设施类别[1] | 操作参数[2] | 记录内容[3] | 记录频次[4] | 记录形式[5] | 其他信息 |
| --- | --- | --- | --- | --- | --- | --- |
| 11 | 污染防治设施 | 其他环境管理信息 | 其他环境管理信息包括以下几方面：<br>（1）污染治理设施故障期间：记录故障设施、故障原因、故障期间污染物排放浓度以及应对措施。<br>（2）特殊时段：记录重污染天气应对期间和错峰生产期间等特殊时段管理要求、执行情况（包括特殊时段生产设施运行管理信息和污染治理设施运行管理信息）等。重污染天气应对期间等特殊时段的台账记录要求与正常生产记录频次要求一致，特殊时段停产或停产部分生产工序，该期间适当加密记录频次，地方环境保护主管部门有特殊要求的，从其规定。<br>（3）非正常情况：每次启、停窑等非正常情况记录起止时间、事件原因、对措施，以及对应时段的生产设施、污染治理设施运行和污染物排放信息 | 发生时记录 | 电子台账+纸质台账 | 台账保存期限不少于三年 |

注：（1）包括生产设施和污染防治设施等。

（2）包括基本信息、污染治理措施运行管理信息、监测记录信息、其他环境管理信息等。

（3）基本信息包括：生产设施、治理设施的名称、工艺等排污许可证规定的各项排污单位基本信息的实际情况及与污染物排放相关的主要运行参数等；污染治理措施运行管理信息包括：DCS 曲线等；监测记录信息包括：手工监测的记录和自动监测运维记录信息，以及与监测记录相关的生产和污染治理设施运行状况记录信息等。

（4）指一段时期内环境管理台账记录的次数要求，如 1 次/h、1 次/日等。

（5）指环境管理台账记录的方式，包括电子台账、纸质台账等。

## 八、有核发权的地方环境保护主管部门增加的管理内容

/

## 九、改正规定

| 序号 | 改正问题 | 改正措施 | 时限要求 |
| --- | --- | --- | --- |
| | | | |

## 附图

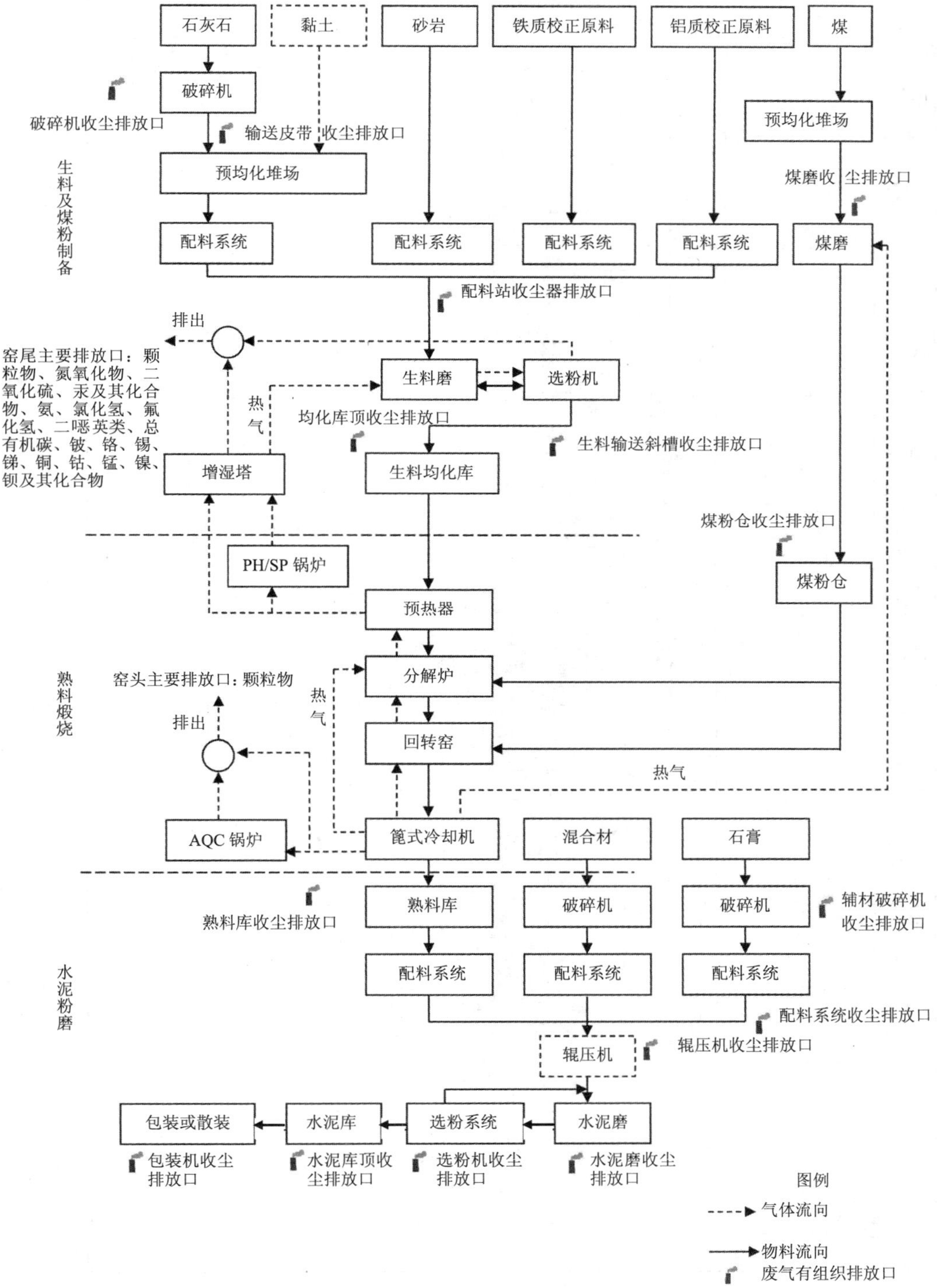


××水泥有限公司生产工艺流程及排污节点

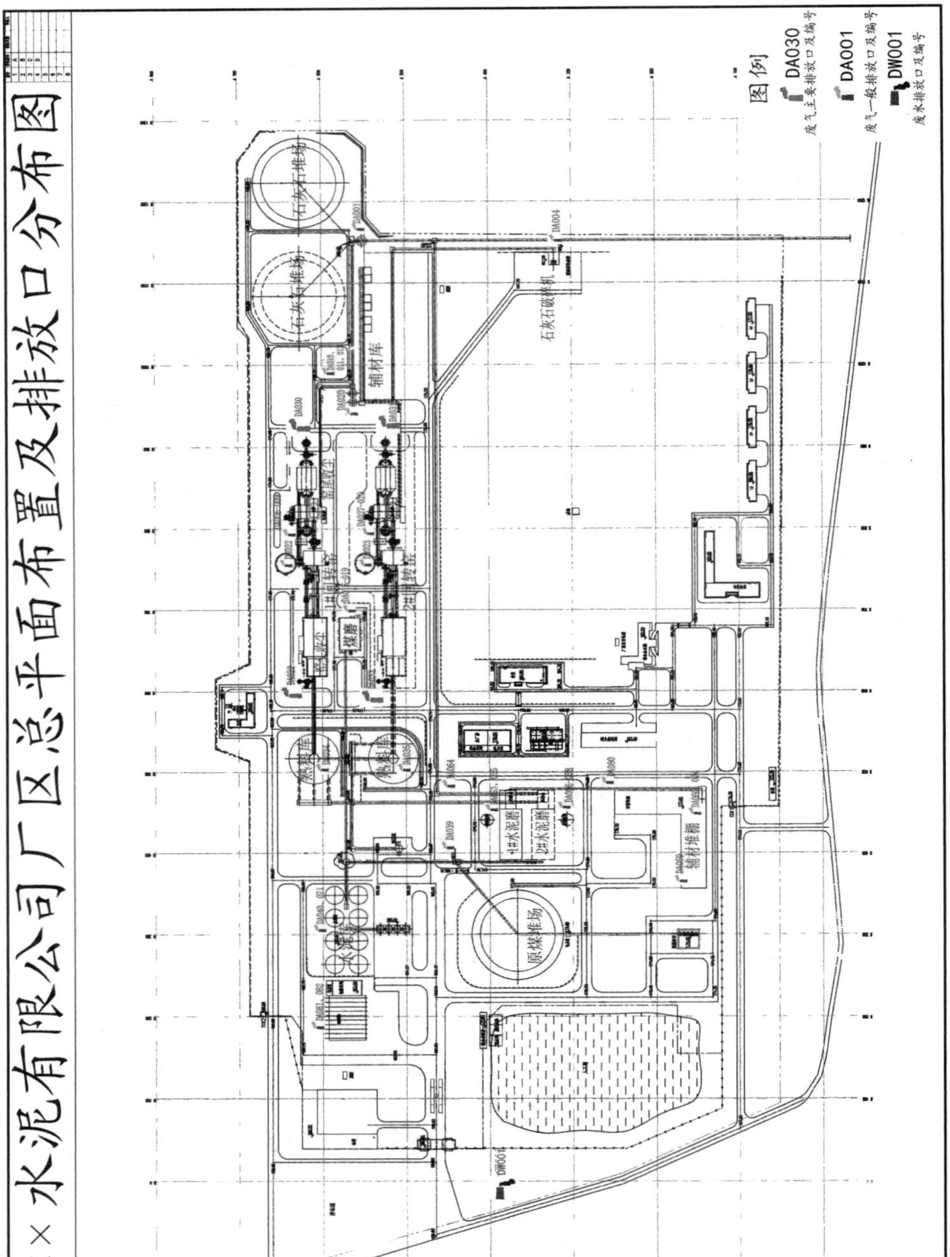
××水泥有限公司厂区总平面布置及排放口分布图
图例
DA030
废气主要排放口及编号
DA001
废气一般排放口及编号
DW001
废水排放口及编号
石灰石堆场
石灰石堆场
辅材库
石灰石破碎机
熟料库
熟料库
煤磨
1#水泥磨
2#水泥磨
辅材堆棚
原煤堆场
DA001
DA004
DA030
DA039
DW001

# 附件 4　某独立粉磨站排污单位排污许可证申请表模板

## 排污许可证申请表（试行）

（首次申请）

单位名称：*水泥有限责任公司
注册地址：*省*市*县*办事处*委会
行业类别：水泥制造
生产经营场所地址：*省*市*县*办事处*委会
组织机构代码：
统一社会信用代码：*1*4*6*1*9*1*6*6*C
法定代表人：*正*
技术负责人：*永*
固定电话：0*5*-7*6*0*8
移动电话：1*8*6*3*9*1

申请日期：*年*月*日

# 一、排污单位基本情况

## 排污单位基本信息

表 1　排污单位基本信息表

| | | | |
|---|---|---|---|
| 是否需整改 | 否 | 许可证管理类别 | 简化管理 |
| 单位名称 | *水泥有限责任公司 | 注册地址 | *省*市*县*办事处*委会 |
| 生产经营场所地址 | *省*市*县*办事处*委会 | 邮政编码 (1) | *3*6*3 |
| 行业类别 | 水泥制造 | 是否投产 (2) | 是 |
| 投产日期 (3) | 201*-02-1* | | |
| 生产经营场所中心经度 (4) | 116°1*′*6. *2″ | 生产经营场所中心纬度 (5) | 33°3*′*9.77″ |
| 组织机构代码 | | 统一社会信用代码 | *1*4*6*1*9*1*6*6*C |
| 技术负责人 | *永* | 联系电话 | 1*8*6*3*9*1 |
| 所在地是否属于大气重点控制区 (6) | 否 | 所在地是否属于总磷总氮控制区 (7) | 否 |
| 是否位于工业园区 | 否 | 所属工业园区名称 | |
| 是否有环评审批意见 (8) | 是 | 环境影响评价批复文号（备案编号） | *环监〔200*〕115 号 |
| 是否有地方政府对违规项目的认定或备案文件 (9) | 否 | 认定或备案文件文号 | |
| 是否有主要污染物总量分配计划文件 (10) | 否 | 总量分配计划文件文号 | |

注：（1）指生产经营场所地址所在地邮政编码。

（2）2015 年 1 月 1 日起，正在建设过程中，或已建成但尚未投产的，选“否”；已经建成投产并产生排污行为的，选“是”。

（3）指已投运的排污单位正式投产运行的时间，对于分期投运的排污单位，以先期投运时间为准。

（4）（5）指生产经营场所中心经纬度坐标，可通过排污许可管理信息平台中的 GIS 系统点选后自动生成经纬度。

（6）“大气重点控制区”指《关于执行大气污染物特别排放限值的公告》（2013 年 第 14 号）中列明的 47 个市。

（7）总磷、总氮控制区是指《国务院关于印发“十三五”生态环境保护规划的通知》（国发〔2016〕65 号）以及生态环境部相关文件中确定的需要对总磷、总氮进行总量控制的区域。

（8）须列出环评批复文件文号或备案编号。

（9）对于按照《国务院办公厅关于印发加强环境监管执法的通知》（国办发〔2014〕56 号）要求，经地方政府依法处理、整顿规范并符合要求的项目，须列出证明符合要求的相关文件名和文号。

（10）对于有主要污染物总量控制指标计划的排污单位，须列出相关文件文号（或其他能够证明排污单位污染物排放总量控制指标的文件和法律文书），并列出上一年主要污染物总量指标；对于总量指标中同时包括钢铁行业和自备电厂的排污单位，应在备注栏进行说明。

# 二、排污单位登记信息

## （一）主要产品及产能

表 2 主要产品及产能信息表

| 序号 | 主要生产单元名称 | 主要工艺名称(1) | 生产设施名称(2) | 生产设施编号 | 设施参数(3) | | | | 其他设施信息 | 产品名称(4) | 生产能力(5) | 计量单位(6) | 设计年生产时间/h(7) | 其他产品信息 | 其他工艺信息 |
|---|---|---|---|---|---|---|---|---|---|---|---|---|---|---|---|
| | | | | | 参数名称 | 设计值 | 计量单位 | 其他设施参数信息 | | | | | | | |
| 1 | 水泥粉磨 | 水泥包装系统 | 散装机 | 1011-1 | 散装能力 | 110 | t/h | | 1#散装水泥装车机 | | | | | | |
| | | | 散装机 | 1011-2 | 散装能力 | 110 | t/h | | 2#散装水泥装车机 | | | | | | |
| | | | 散装机 | 1011-3 | 散装能力 | 110 | t/h | | 3#散装水泥装车机 | | | | | | |
| | | | 包装机 | 1206-2 | 台时产量 | 90 | t/h | | 2#包装机 | | | | | | |
| | | | 包装机 | 1206-3 | 台时产量 | 100 | t/h | | 3#包装机 | | | | | | |
| | | | 包装机 | 1206-4 | 台时产量 | 100 | t/h | | 4#包装机 | | | | | | |
| 2 | 水泥粉磨 | 输送系统 | 斜槽 | 1013-1 | 输送量 | 150 | t/h | | 水泥出库斜槽至1#包装机 | | | | | | |
| | | | 斜槽 | 1013-2 | 输送量 | 150 | t/h | | 水泥出库斜槽至2#包装机 | | | | | | |
| | | | 装车机 | 1222-8 | 输送量 | 150 | t/h | | | | | | | | |
| | | | 装车机 | 1222-9 | 输送量 | 150 | t/h | | | | | | | | |
| 3 | 水泥粉磨 | 输送系统 | 斜槽 | 0942 | 输送量 | 350 | t/h | | 3#磨成品斜槽 | | | | | | |

| 序号 | 主要生产单元名称 | 主要工艺名称(1) | 生产设施名称(2) | 生产设施编号 | 设施参数(3) | | | | 其他设施信息 | 产品名称(4) | 生产能力(5) | 计量单位(6) | 设计年生产时间/h(7) | 其他产品信息 | 其他工艺信息 |
|---|---|---|---|---|---|---|---|---|---|---|---|---|---|---|---|
| | | | | | 参数名称 | 设计值 | 计量单位 | 其他设施参数信息 | | | | | | | |
| 4 | 水泥粉磨 | 输送系统 | 输送皮带 | 0705-1 | 输送能力 | 300 | t/h | 熟料出库1#皮带机 | | | | | | | |
| | | | 输送皮带 | 0705-2 | 输送能力 | 300 | t/h | 熟料出库3#皮带机 | | | | | | | |
| | | | 输送皮带 | 0706 | 输送能力 | 300 | t/h | 熟料出库2#皮带机 | | | | | | | |
| | | | 输送皮带 | 071 | 输送能力 | 550 | t/h | 熟料出库汇总皮带机 | | | | | | | |
| | | | 斗提 | 0713 | 输送能力 | 550 | t/h | 熟料入磨头仓提升机 | | | | | | | |
| | | | 输送皮带 | 07b03 | 输送能力 | 600 | t/h | 熟料卸车皮带机 | | | | | | | |
| | | | 斗提 | 07b06 | 输送能力 | 600 | t/h | 熟料入库提升机 | | | | | | | |
| | | | 输送皮带 | 07b07 | 输送能力 | 600 | t/h | 熟料入库皮带机 | | | | | | | |
| | | | 斗提 | 1201-3 | 输送能力 | 150 | t/h | 3#包装机提升机 | | | | | | | |
| | | | 斗提 | 1201-4 | 输送能力 | 150 | t/h | 4#包装机提升机 | | | | | | | |
| | | | 输送皮带 | 1214-1 | 输送能力 | 120 | t/h | 袋装水泥输送1#皮带机 | | | | | | | |

| 序号 | 主要生产单元名称 | 主要工艺名称[1] | 生产设施名称[2] | 生产设施编号 | 设施参数[3] | | | | 其他设施信息 | 产品名称[4] | 生产能力[5] | 计量单位[6] | 设计年生产时间/h[7] | 其他产品信息 | 其他工艺信息 |
|---|---|---|---|---|---|---|---|---|---|---|---|---|---|---|---|
| | | | | | 参数名称 | 设计值 | 计量单位 | 其他设施参数信息 | | | | | | | |
| 4 | 水泥粉磨 | 输送系统 | 输送皮带 | 1214-2 | 输送能力 | 120 | t/h | 袋装水泥输送$2^{\#}$皮带机 | | | | | | | |
| | | | 输送皮带 | 1214-3 | 输送能力 | 120 | t/h | 袋装水泥输送$3^{\#}$皮带机 | | | | | | | |
| | | | 输送皮带 | 1214-4 | 输送能力 | 120 | t/h | 袋装水泥输送$4^{\#}$皮带机 | | | | | | | |
| | | | 输送皮带 | 1917 | 输送能力 | 150 | t/h | $1^{\#}$磨配料皮带机 | | | | | | | |
| | | | 斗提 | 1922 | 输送能力 | 300 | t/h | $1^{\#}$磨辊压机循环提升机 | | | | | | | |
| | | | 斗提 | 1929 | 输送能力 | 200 | t/h | $1^{\#}$磨循环提升机 | | | | | | | |
| | | | 斗提 | 1934 | 输送能力 | 150 | t/h | $1^{\#}$磨水泥入库提升机 | | | | | | | |
| 5 | 水泥粉磨 | 贮存系统 | 粉煤灰库 | MF2001 | 储量 | 110 | t | | $1^{\#}$磨粉煤灰库 | | | | | | |
| | | | 粉煤灰库 | MF2002 | 储量 | 3 800 | t | | $3^{\#}$磨粉煤灰库 | | | | | | |
| | | | 水泥库 | MF2003 | 储量 | 10 000 | t | | $1^{\#}$水泥库 | | | | | | |
| | | | 水泥库 | MF2004 | 储量 | 10 000 | t | | $2^{\#}$水泥库 | | | | | | |
| | | | 水泥库 | MF2005 | 储量 | 1 000 | t | | $3^{\#}$水泥库 | | | | | | |
| | | | 水泥库 | MF2006 | 储量 | 7 500 | t | | $4^{\#}$水泥库 | | | | | | |
| | | | 水泥库 | MF2007 | 储量 | 7 500 | t | | $5^{\#}$水泥库 | | | | | | |

| 序号 | 主要生产单元名称 | 主要工艺名称[1] | 生产设施名称[2] | 生产设施编号 | 设施参数[3] | | | | 其他设施信息 | 产品名称[4] | 生产能力[5] | 计量单位[6] | 设计年生产时间/h[7] | 其他产品信息 | 其他工艺信息 |
|---|---|---|---|---|---|---|---|---|---|---|---|---|---|---|---|
| | | | | | 参数名称 | 设计值 | 计量单位 | 其他设施参数信息 | | | | | | | |
| 5 | 水泥粉磨 | 贮存系统 | 石膏堆场 | MF2008 | 储量 | 4 000 | t | | | | | | | | |
| | | | 其他混合材堆场 | MF2009 | 储量 | 12 000 | t | | 粉末、煤矸石堆场 | | | | | | |
| | | | 熟料库 | MF2010 | 储量 | 42 000 | t | | | | | | | | |
| 6 | 3#水泥粉磨 | 水泥粉磨系统 | 辊压机 | 0914 | 筒体内径 | 1.7 | m | | 3#磨机辊压机 | 水泥 | 110 | 万 t/a | 7 200 | | |
| | | | | | 筒体长度 | 1.2 | m | | | | | | | | |
| | | | 球磨机 | 0923 | 筒体内径 | 4.2 | m | | 水泥 3#磨 | | | | | | |
| | | | | | 筒体长度 | 13 | m | | | | | | | | |
| | | | 选粉机 | 1943 | 筒体内径 | 5 | m | | | | | | | | |
| | | | | | 筒体长度 | 8 | m | | | | | | | | |
| 7 | 1#水泥粉磨 | 水泥粉磨系统 | 辊压机 | 1921 | 筒体内径 | 1.2 | m | | 1#磨辊压机 | 水泥 | 90 | 万 t/a | 7 200 | | |
| | | | | | 筒体长度 | 0.6 | m | | | | | | | | |
| | | | 球磨机 | 1925 | 筒体内径 | 3.2 | m | | 水泥 1#磨 | | | | | | |
| | | | | | 筒体长度 | 13 | m | | | | | | | | |
| | | | 选粉机 | 0932 | 筒体内径 | 5 | m | | | | | | | | |
| | | | | | 筒体长度 | 8 | m | | | | | | | | |
| … | … | … | … | … | … | … | … | … | … | … | … | … | … | … | … |
| 备注：为减少附件的页数，删除了部分输送系统的转载设备。 | | | | | | | | | | | | | | | |

注：（1）指主要生产单元所采用的工艺名称。

（2）指某生产单元中主要生产设施（设备）名称。

（3）指设施（设备）的设计规格参数，包括参数名称、设计值、计量单位。

（4）指相应工艺中主要产品名称。

（5）（6）指相应工艺中主要产品设计产能。

（7）指设计年生产时间。

## （二）主要原辅材料及燃料

表 3　主要原辅材料及燃料信息表

| 序号 | 种类[1] | 名称[2] | 年最大使用量计量单位 | 年最大使用量[3] | 硫元素占比/% | 有毒有害成分 | 有毒有害成分及占比/%[4] | 其他信息 |
|---|---|---|---|---|---|---|---|---|
| 原料及辅料 | | | | | | | | |
| 1 | 原辅料 | 缓凝剂-脱硫石膏 | 万 t/a | 91 100 | / | | | |
| 2 | 原辅料 | 混合材-烧结煤矸石 | 万 t/a | 126 900 | / | | | |
| 3 | 原辅料 | 混合材-废石 | 万 t/a | 159 900 | / | | | |
| 4 | 原辅料 | 混合材-粉煤灰 | 万 t/a | 174 700 | / | | | |
| 5 | 原辅料 | 熟料 | 万 t/a | 1 447 400 | / | | | |
| 燃料 | | | | | | | | |
| 序号 | 燃料名称 | 灰分/% | 硫分/% | 挥发分/% | 热值/（MJ/kg、MJ/$m^3$） | 年最大使用量/（万 t/a、万 $m^3$/a） | 其他信息 | |
| | | | | | | | | |

注：（1）指材料种类，选填“原料”或“辅料”。

（2）指原料、辅料名称。

（3）指万 t/a、万 $m^3$/a 等。

（4）指有毒有害物质或元素，及其在原料或辅料中的成分占比，如氟元素（0.1%）。

## （三）产排污节点、污染物及污染治理设施

表 4 废气产排污节点、污染物及污染治理设施信息表

| 序号 | 生产设施编号 | 生产设施名称(1) | 对应产污环节名称(2) | 污染物种类(3) | 排放形式(4) | 污染治理设施 | | | | | 有组织排放口编号(6) | 有组织排放口名称 | 排放口设置是否符合要求(7) | 排放口类型 | 其他信息 |
|---|---|---|---|---|---|---|---|---|---|---|---|---|---|---|---|
| | | | | | | 污染治理设施编号 | 污染治理设施名称(5) | 污染治理设施工艺 | 是否为可行技术 | 污染治理设施其他信息 | | | | | |
| 1 | 1925 | 球磨机 | 磨机废气 | 颗粒物 | 有组织 | 1927 | 除尘系统 | 玻纤袋式除尘器 | 是 | | DA005 | 1#水泥磨排放口 | 是 | 一般排放口 | |
| 2 | 0923 | 球磨机 | 磨机废气 | 颗粒物 | 有组织 | 0935 | 除尘系统 | 玻纤袋式除尘器 | 是 | | DA006 | 3#水泥磨排放口 | 是 | 一般排放口 | |
| 3 | 1921 | 辊压机 | 辊压机废气 | 颗粒物 | 有组织 | 1918 | 除尘系统 | 玻纤袋式除尘器 | 是 | | DA007 | 1#磨辊压机排放口 | 是 | 一般排放口 | |
| 4 | 0919 | 辊压机 | 辊压机废气 | 颗粒物 | 有组织 | 0944 | 除尘系统 | 玻纤袋式除尘器 | 是 | | DA008 | 3#磨辊压机排放口 | 是 | 一般排放口 | |
| 5 | MF2003 | 水泥库 | 物料堆存废气 | 颗粒物 | 有组织 | 1009-1 | 除尘系统 | 玻纤袋式除尘器 | 是 | | DA009 | 1#水泥库顶排放口 | 是 | 一般排放口 | |
| 6 | MF2007 | 水泥库 | 物料堆存废气 | 颗粒物 | 有组织 | 1942 | 除尘系统 | 玻纤袋式除尘器 | 是 | | DA010 | 5#水泥库顶排放口 | 是 | 一般排放口 | |
| 7 | MF2004 | 水泥库 | 物料堆存废气 | 颗粒物 | 有组织 | 1009-2 | 除尘系统 | 玻纤袋式除尘器 | 是 | | DA011 | 2#水泥库顶排放口 | 是 | 一般排放口 | |
| 8 | 1925 | 选粉机 | 选粉机废气 | 颗粒物 | 有组织 | 1922 | 除尘系统 | 玻纤袋式除尘器 | 是 | | DA012 | 选粉机排放口 | 是 | 一般排放口 | |
| 9 | 0932 | 选粉机 | 选粉机废气 | 颗粒物 | 有组织 | 0930 | 除尘系统 | 玻纤袋式除尘器 | 是 | | DA013 | 选粉机排放口 | 是 | 一般排放口 | |

| 序号 | 生产设施编号 | 生产设施名称[1] | 对应产污环节名称[2] | 污染物种类[3] | 排放形式[4] | 污染治理设施 | | | | | 有组织排放口编号[6] | 有组织排放口名称 | 排放口设置是否符合要求[7] | 排放口类型 | 其他信息 |
|---|---|---|---|---|---|---|---|---|---|---|---|---|---|---|---|
| | | | | | | 污染治理设施编号 | 污染治理设施名称[5] | 污染治理设施工艺 | 是否为可行技术 | 污染治理设施其他信息 | | | | | |
| 10 | 1222-1 | 装车机 | 装车机 | 颗粒物 | 有组织 | 1223-1 | 除尘系统 | 玻纤袋式除尘器 | 是 | | DA040 | 装车机排放口 | 是 | 一般排放口 | 和装车机1222-2、1222-3、1222-4共用一台收尘器 |
| 11 | 1222-9 | 装车机 | 装车机废气 | 颗粒物 | 有组织 | 1223-3 | 除尘系统 | 玻纤袋式除尘器 | 是 | | DA028 | 装车机排放口 | 是 | 一般排放口 | |
| 12 | MF2001 | 粉煤灰库 | 物料堆存废气 | 颗粒物 | 有组织 | 19b05 | 除尘系统 | 玻纤袋式除尘器 | 是 | | DA043 | 1#磨粉煤灰库排放口 | 是 | 一般排放口 | |
| 13 | MF2002 | 粉煤灰库 | 物料堆存废气 | 颗粒物 | 有组织 | 09b09 | 除尘系统 | 玻纤袋式除尘器 | 是 | | DA015 | 磨粉煤灰库顶排放口 | 是 | 一般排放口 | |
| 14 | 0942 | 输送皮带 | 物料输送转载废气 | 颗粒物 | 有组织 | 0943-2 | 除尘系统 | 玻纤袋式除尘器 | 是 | | DA017 | 皮带尾部排放口 | 是 | 一般排放口 | |
| 15 | 1013-3 | 输送皮带 | 物料输送转载废气 | 颗粒物 | 有组织 | 1017-1 | 除尘系统 | 玻纤袋式除尘器 | 是 | | DA021 | 皮带尾部排放口 | 是 | 一般排放口 | |
| 16 | 1013-4 | 输送皮带 | 物料输送转载废气 | 颗粒物 | 有组织 | 1017-2 | 除尘系统 | 玻纤袋式除尘器 | 是 | | DA022 | 皮带尾部排放口 | 是 | 一般排放口 | |
| 17 | 1011-1 | 散装机 | 散装机废气 | 颗粒物 | 有组织 | 1012-1 | 除尘系统 | 玻纤袋式除尘器 | 是 | | DA029 | 1#散装水泥装车机排放口 | 是 | 一般排放口 | |
| 18 | 1011-2 | 散装机 | 散装机废气 | 颗粒物 | 有组织 | 1012-2 | 除尘系统 | 玻纤袋式除尘器 | 是 | | DA030 | 2#散装水泥装车机排放口 | 是 | 一般排放口 | |

| 序号 | 生产设施编号 | 生产设施名称[1] | 对应产污环节名称[2] | 污染物种类[3] | 排放形式[4] | 污染治理设施 | | | | | 有组织排放口编号[6] | 有组织排放口名称 | 排放口设置是否符合要求[7] | 排放口类型 | 其他信息 |
|---|---|---|---|---|---|---|---|---|---|---|---|---|---|---|---|
| | | | | | | 污染治理设施编号 | 污染治理设施名称[5] | 污染治理设施工艺 | 是否为可行技术 | 污染治理设施其他信息 | | | | | |
| 19 | 1201 | 斗提 | 物料输送转载废气 | 颗粒物 | 有组织 | 1217 | 除尘系统 | 玻纤袋式除尘器 | 是 | | DA004 | 包装机提升机排放口 | 是 | 一般排放口 | |
| 20 | 1206-2 | 包装机 | 包装机废气 | 颗粒物 | 有组织 | 1215-2 | 除尘系统 | 玻纤袋式除尘器 | 是 | | DA001 | 2#包装机排放口 | 是 | 一般排放口 | |
| 21 | 1206-3 | 包装机 | 包装机废气 | 颗粒物 | 有组织 | 1215-3 | 除尘系统 | 玻纤袋式除尘器 | 是 | | DA002 | 3#包装机排放口 | 是 | 一般排放口 | |
| 22 | 1206-4 | 包装机 | 包装机废气 | 颗粒物 | 有组织 | 1215-4 | 除尘系统 | 玻纤袋式除尘器 | 是 | | DA003 | 4#包装机排放口 | 是 | 一般排放口 | |
| … | … | … | … | … | … | … | … | … | … | … | … | | … | … | … |

备注：为减少附件页数，删除了部分转载设备的产污环节等信息。

注：（1）指主要生产设施。

（2）指生产设施对应的主要产污环节名称。

（3）指产生的主要污染物类型，以相应排放标准中确定的污染因子为准。

（4）指有组织排放或无组织排放。

（5）污染治理设施名称，对于有组织废气，以火电行业为例，污染治理设施名称包括三电场静电除尘器、四电场静电除尘器、普通袋式除尘器、覆膜滤料袋式除尘器等。

（6）申请阶段排放编号由排污单位自行编制。

（7）指排放口设置是否符合排污口规范化整治技术要求等相关文件的规定。

**表5 废水类别、污染物及污染治理设施信息表**

| 序号 | 废水类别[1] | 污染物种类[2] | 污染治理设施 | | | | | | 排放去向[3] | 排放方式 | 排放规律[4] | 排放口编号[6] | 排放口名称 | 排放口设置是否符合要求[7] | 排放口类型 | 其他信息 |
|---|---|---|---|---|---|---|---|---|---|---|---|---|---|---|---|---|
| | | | 污染治理设施编号 | 污染治理设施名称[5] | 污染治理设施工艺 | 是否为可行技术 | 是否涉及商业秘密 | 污染治理设施其他信息 | | | | | | | | |
| 1 | 生活污水 | 化学需氧量，pH 值，悬浮物，氨氮（$NH_3$-N），总磷（以 P 计），五日生化需氧量 | TW001 | 厂区污水处理站 | 一级处理-过滤，一级处理-沉淀，二级处理-生物接触氧化 | 是 | 否 | | 直接进入江河、湖、库等水环境 | 直接排放 | 连续排放，流量稳定 | DW001 | 生活污水排放口 | 是 | 一般排放口 | |
| 2 | 设备冷却排污水 | 化学需氧量，悬浮物，石油类，pH 值，氟化物（以 $F^-$ 计） | TW002 | 冷却塔 | 一级处理-沉淀，一级处理-冷却 | 是 | 否 | | 不外排 | 无 | | | | | | |

注：（1）指产生废水的工艺、工序，或废水类型的名称。

（2）指产生的主要污染物类型，以相应排放标准中确定的污染因子为准。

（3）包括不外排；排至厂内综合污水处理站；直接进入海域；直接进入江河、湖、库等水环境；进入城市下水道（再入江河、湖、库）；进入城市下水道（再入沿海海域）；进入城市污水处理厂；直接进入污灌农田；进入地渗或蒸发地；进入其他单位；工业废水集中处理厂；其他（包括回喷、回填、回灌、回用等）。对于工艺、工序产生的废水，“不外排”指全部在工序内部循环使用，“排至厂内综合污水处理站”指工序废水经处理后排至综合处理站。对于综合污水处理站，“不外排”指全厂废水经处理后全部回用不排放。

（4）包括连续排放，流量稳定；连续排放，流量不稳定，但有周期性规律；连续排放，流量不稳定，但有规律，且不属于周期性规律；连续排放，流量不稳定，属于冲击型排放；连续排放，流量不稳定且无规律，但不属于冲击型排放；间断排放，排放期间流量稳定；间断排放，排放期间流量不稳定，但有周期性规律；间断排放，排放期间流量不稳定，但有规律，且不属于非周期性规律；间断排放，排放期间流量不稳定，属于冲击型排放；间断排放，排放期间流量不稳定且无规律，但不属于冲击型排放。

（5）指主要污水处理设施名称，如“综合污水处理站”“生活污水处理系统”等。

（6）排放口编号可按地方环境管理部门现有编号进行填写或由排污单位根据国家相关规范进行编制。

（7）指排放口设置是否符合排污口规范化整治技术要求等相关文件的规定。

## 三、大气污染物排放

### （一）排放口

表 6　大气排放口基本情况表

| 序号 | 排放口编号 | 排放口名称 | 污染物种类 | 排放口地理坐标 (1) | | 排气筒高度/m | 排气筒出口内径/m (2) | 其他信息 |
|---|---|---|---|---|---|---|---|---|
| | | | | 经度 | 纬度 | | | |
| 1 | DA001 | 2#包装机排放口 | 颗粒物 | 116°*′*.27″ | 33°*′*.68″ | 15 | 0.4 | |
| 2 | DA002 | 3#包装机排放口 | 颗粒物 | 116°*′*.27″ | 33°*′*.68″ | 15 | 0.4 | |
| 3 | DA003 | 4#包装机排放口 | 颗粒物 | 116°*′*.27″ | 33°*′*.68″ | 15 | 0.4 | |
| 4 | DA004 | 提升机排放口 | 颗粒物 | 116°*′*.27″ | 33°*′*.68″ | 20 | 0.35 | |
| 5 | DA005 | 1#水泥磨排放口 | 颗粒物 | 116°*′*.27″ | 33°*′*.68″ | 32 | 0.6 | |
| 6 | DA006 | 3#水泥磨排放口 | 颗粒物 | 116°*′*.27″ | 33°*′*.68″ | 32 | 0.6 | |
| 7 | DA007 | 1#磨辊压机排放口 | 颗粒物 | 116°*′*.27″ | 33°*′*.68″ | 32 | 0.6 | |
| 8 | DA008 | 3#磨辊压机排放口 | 颗粒物 | 116°*′*.27″ | 33°*′*.68″ | 32 | 0.6 | |
| 9 | DA009 | 1#水泥库顶排放口 | 颗粒物 | 116°*′*.27″ | 33°*′*.68″ | 40 | 0.64 | |
| 10 | DA010 | 5#水泥库顶排放口 | 颗粒物 | 116°*′*.27″ | 33°*′*.68″ | 40 | 0.64 | |
| 11 | DA011 | 2#水泥库顶排放口 | 颗粒物 | 116°*′*.27″ | 33°*′*.68″ | 40 | 0.64 | |
| 12 | DA012 | 选粉机排放口 | 颗粒物 | 116°*′*.27″ | 33°*′*.68″ | 32 | 2.6 | |
| 13 | DA013 | 选粉机排放口 | 颗粒物 | 116°*′*.27″ | 33°*′*.68″ | 32 | 2.6 | |
| 14 | DA015 | 粉煤灰库顶排放口 | 颗粒物 | 116°*′*.27″ | 33°*′*.68″ | 35 | 0.45 | |
| 15 | DA017 | 皮带机尾部排放口 | 颗粒物 | 116°*′*.27″ | 33°*′*.68″ | 21 | 0.2 | |
| 16 | DA021 | 皮带机尾部排放口 | 颗粒物 | 116°*′*.27″ | 33°*′*.68″ | 16 | 0.2 | |
| 17 | DA022 | 皮带机尾部排放口 | 颗粒物 | 116°*′*.27″ | 33°*′*.68″ | 16 | 0.2 | |
| 18 | DA028 | 装车机排放口 | 颗粒物 | 116°*′*.27″ | 33°*′*.68″ | 15 | 0.25 | |

| 序号 | 排放口编号 | 排放口名称 | 污染物种类 | 排放口地理坐标[1] | | 排气筒高度/m | 排气筒出口内径/m[2] | 其他信息 |
|---|---|---|---|---|---|---|---|---|
| | | | | 经度 | 纬度 | | | |
| 19 | DA029 | 1#散装机排放口 | 颗粒物 | 116°*′*.27″ | 33°*′*.68″ | 24 | 0.3 | |
| 20 | DA030 | 2#散装机排放口 | 颗粒物 | 116°*′*.27″ | 33°*′*.68″ | 13 | 0.3 | |
| 21 | DA040 | 装车机排放口 | 颗粒物 | 116°*′*.27″ | 33°*′*.68″ | 15 | 0.25 | |
| 22 | DA043 | 粉煤灰库顶排放口 | 颗粒物 | 116°*′*.27″ | 33°*′*.68″ | 35 | 0.45 | |
| … | … | … | … | … | … | … | … | … |
| 备注：为减少附件页数，删除了部分颗粒物排放口的相关信息。 | | | | | | | | |

注：（1）指排气筒所在地经纬度坐标，可通过排污许可管理信息平台中的 GIS 系统点选后自动生成经纬度。

（2）对于不规则形状排气筒，填写等效内径。

**表 7 废气污染物排放执行标准表**

| 序号 | 排放口编号 | 排放口名称 | 污染物种类 | 国家或地方污染物排放标准[1] | | | 环境影响评价批复要求[2] | 承诺更加严格排放限值[3] | 其他信息 |
|---|---|---|---|---|---|---|---|---|---|
| | | | | 名称 | 浓度限值（标态）/（$mg/m^3$） | 速率限值/（kg/h） | | | |
| 1 | DA001 | 2#包装机排放口 | 颗粒物 | 《水泥工业大气污染物排放标准》（GB 4915—2013） | 20 | / | / | / | |
| 2 | DA002 | 3#包装机排放口 | 颗粒物 | 《水泥工业大气污染物排放标准》（GB 4915—2013） | 20 | / | / | / | |
| 3 | DA003 | 4#包装机排放口 | 颗粒物 | 《水泥工业大气污染物排放标准》（GB 4915—2013） | 20 | / | / | / | |
| 4 | DA004 | 提升机排放口 | 颗粒物 | 《水泥工业大气污染物排放标准》（GB 4915—2013） | 20 | / | / | / | |
| 5 | DA005 | 1#水泥磨排放口 | 颗粒物 | 《水泥工业大气污染物排放标准》（GB 4915—2013） | 20 | / | / | / | |
| 6 | DA006 | 3#水泥磨排放口 | 颗粒物 | 《水泥工业大气污染物排放标准》（GB 4915—2013） | 20 | / | / | / | |
| 7 | DA007 | 1#磨辊压机排放口 | 颗粒物 | 《水泥工业大气污染物排放标准》（GB 4915—2013） | 20 | / | / | / | |

| 序号 | 排放口编号 | 排放口名称 | 污染物种类 | 国家或地方污染物排放标准[1] | | | 环境影响评价批复要求[2] | 承诺更加严格排放限值[3] | 其他信息 |
|---|---|---|---|---|---|---|---|---|---|
| | | | | 名称 | 浓度限值（标态）/（$mg/m^3$） | 速率限值/（kg/h） | | | |
| 8 | DA008 | 3#磨辊压机排放口 | 颗粒物 | 《水泥工业大气污染物排放标准》（GB 4915—2013） | 20 | / | / | / | |
| 9 | DA009 | 1#水泥库顶排放口 | 颗粒物 | 《水泥工业大气污染物排放标准》（GB 4915—2013） | 20 | / | / | / | |
| 10 | DA010 | 5#水泥库顶排放口 | 颗粒物 | 《水泥工业大气污染物排放标准》（GB 4915—2013） | 20 | / | / | / | |
| 11 | DA011 | 2#水泥库顶排放口 | 颗粒物 | 《水泥工业大气污染物排放标准》（GB 4915—2013） | 20 | / | / | / | |
| 12 | DA012 | 选粉机排放口 | 颗粒物 | 《水泥工业大气污染物排放标准》（GB 4915—2013） | 20 | / | / | / | |
| 13 | DA013 | 选粉机排放口 | 颗粒物 | 《水泥工业大气污染物排放标准》（GB 4915—2013） | 20 | / | / | / | |
| 14 | DA015 | 粉煤灰库顶排放口 | 颗粒物 | 《水泥工业大气污染物排放标准》（GB 4915—2013） | 20 | / | / | / | |
| 15 | DA017 | 皮带机尾部排放口 | 颗粒物 | 《水泥工业大气污染物排放标准》（GB 4915—2013） | 20 | / | / | / | |
| 16 | DA021 | 皮带机尾部排放口 | 颗粒物 | 《水泥工业大气污染物排放标准》（GB 4915—2013） | 20 | / | / | / | |
| 17 | DA022 | 皮带机尾部排放口 | 颗粒物 | 《水泥工业大气污染物排放标准》（GB 4915—2013） | 20 | / | / | / | |
| 18 | DA028 | 装车机排放口 | 颗粒物 | 《水泥工业大气污染物排放标准》（GB 4915—2013） | 20 | / | / | / | |
| 19 | DA029 | 1#散装机排放口 | 颗粒物 | 《水泥工业大气污染物排放标准》（GB 4915—2013） | 20 | / | / | / | |
| 20 | DA030 | 2#散装机排放口 | 颗粒物 | 《水泥工业大气污染物排放标准》（GB 4915—2013） | 20 | / | / | / | |

| 序号 | 排放口编号 | 排放口名称 | 污染物种类 | 国家或地方污染物排放标准[1] | | | 环境影响评价批复要求[2] | 承诺更加严格排放限值[3] | 其他信息 |
|---|---|---|---|---|---|---|---|---|---|
| | | | | 名称 | 浓度限值（标态）/（mg/m$^3$） | 速率限值/（kg/h） | | | |
| 21 | DA040 | 装车机排放口 | 颗粒物 | 《水泥工业大气污染物排放标准》（GB 4915—2013） | 20 | / | / | / | |
| 22 | DA043 | 粉煤灰库顶排放口 | 颗粒物 | 《水泥工业大气污染物排放标准》（GB 4915—2013） | 20 | / | / | / | |
| … | … | … | … | … | … | … | … | … | … |
| 备注：为减少附件的页数，删除了部分颗粒物执行标准及限值信息。 | | | | | | | | | |

注：（1）指对应排放口须执行的国家或地方污染物排放标准的名称、编号及浓度限值。
（2）新增污染源必填。
（3）如火电厂超低排放浓度限值。

## （二）有组织排放信息

**表 8　大气污染物有组织排放表**

| 序号 | 排放口编号 | 排放口名称 | 污染物种类 | 申请许可排放浓度限值（标态）/（mg/m$^3$） | 申请许可排放速率限值/（kg/h） | 申请年许可排放量限值/（t/a） | | | | | 申请特殊排放浓度限值（标态）/（mg/m$^3$）[1] | 申请特殊时段许可排放量限值[2] |
|---|---|---|---|---|---|---|---|---|---|---|---|---|
| | | | | | | 第一年 | 第二年 | 第三年 | 第四年 | 第五年 | | |
| 主要排放口 | | | | | | | | | | | | |
| 主要排放口合计 | | | 颗粒物 | | | / | / | / | / | / | / | / |
| | | | $SO_2$ | | | / | / | / | / | / | / | / |
| | | | $NO_x$ | | | / | / | / | / | / | / | / |
| | | | VOCs | | | / | / | / | / | / | / | / |

| 序号 | 排放口编号 | 排放口名称 | 污染物种类 | 申请许可排放浓度限值（标态）/（$mg/m^3$） | 申请许可排放速率限值/（kg/h） | 申请年许可排放量限值/（t/a） | | | | | 申请特殊排放浓度限值（标态）/（$mg/m^3$）(1) | 申请特殊时段许可排放量限值(2) |
|---|---|---|---|---|---|---|---|---|---|---|---|---|
| | | | | | | 第一年 | 第二年 | 第三年 | 第四年 | 第五年 | | |
| 一般排放口 | | | | | | | | | | | | |
| 1 | DA001 | 2#包装机排放口 | 颗粒物 | 20 | / | / | / | / | / | / | / | / |
| 2 | DA002 | 3#包装机排放口 | 颗粒物 | 20 | / | / | / | / | / | / | / | / |
| 3 | DA003 | 4#包装机排放口 | 颗粒物 | 20 | / | / | / | / | / | / | / | / |
| 4 | DA004 | 提升机排放口 | 颗粒物 | 20 | / | / | / | / | / | / | / | / |
| 5 | DA005 | 1#水泥磨排放口 | 颗粒物 | 20 | / | / | / | / | / | / | / | / |
| 6 | DA006 | 3#水泥磨排放口 | 颗粒物 | 20 | / | / | / | / | / | / | / | / |
| 7 | DA007 | 1#磨辊压机排放口 | 颗粒物 | 20 | / | / | / | / | / | / | / | / |
| 8 | DA008 | 3#磨辊压机排放口 | 颗粒物 | 20 | / | / | / | / | / | / | / | / |
| 9 | DA009 | 1#水泥库顶排放口 | 颗粒物 | 20 | / | / | / | / | / | / | / | / |
| 10 | DA010 | 5#水泥库顶排放口 | 颗粒物 | 20 | / | / | / | / | / | / | / | / |
| 11 | DA011 | 2#水泥库顶排放口 | 颗粒物 | 20 | / | / | / | / | / | / | / | / |
| 12 | DA012 | 选粉机排放口 | 颗粒物 | 20 | / | / | / | / | / | / | / | / |
| 13 | DA013 | 选粉机排放口 | 颗粒物 | 20 | / | / | / | / | / | / | / | / |
| 14 | DA015 | 粉煤灰库顶排放口 | 颗粒物 | 20 | / | / | / | / | / | / | / | / |

| 序号 | 排放口编号 | 排放口名称 | 污染物种类 | 申请许可排放浓度限值（标态）/（$mg/m^3$） | 申请许可排放速率限值/（kg/h） | 申请年许可排放量限值/（t/a） | | | | | 申请特殊排放浓度限值（标态）/（$mg/m^3$）(1) | 申请特殊时段许可排放量限值(2) |
|---|---|---|---|---|---|---|---|---|---|---|---|---|
| | | | | | | 第一年 | 第二年 | 第三年 | 第四年 | 第五年 | | |
| 15 | DA017 | 皮带机尾部排放口 | 颗粒物 | 20 | / | / | / | / | / | / | / | / |
| 16 | DA021 | 皮带机尾部排放口 | 颗粒物 | 20 | / | / | / | / | / | / | / | / |
| 17 | DA022 | 皮带机尾部排放口 | 颗粒物 | 20 | / | / | / | / | / | / | / | / |
| 18 | DA028 | 装车机排放口 | 颗粒物 | 20 | / | / | / | / | / | / | / | / |
| 19 | DA029 | 1#散装机排放口 | 颗粒物 | 20 | / | / | / | / | / | / | / | / |
| 20 | DA030 | 2#散装机排放口 | 颗粒物 | 20 | / | / | / | / | / | / | / | / |
| 21 | DA040 | 装车机排放口 | 颗粒物 | 20 | / | / | / | / | / | / | / | / |
| 22 | DA043 | 粉煤灰库顶排放口 | 颗粒物 | 20 | / | / | / | / | / | / | / | / |
| … | … | | … | … | … | … | … | … | … | … | … | … |
| 一般排放口合计 | | | 颗粒物 | | | / | / | / | / | / | / | / |
| | | | $SO_2$ | | | / | / | / | / | / | / | / |
| | | | $NO_x$ | | | / | / | / | / | / | / | / |
| | | | VOCs | | | / | / | / | / | / | / | / |
| 全厂有组织排放总计(3) | | | | | | | | | | | | |
| 全厂有组织排放总计 | | | 颗粒物 | | | / | / | / | / | / | / | / |
| | | | $SO_2$ | | | / | / | / | / | / | / | / |
| | | | $NO_x$ | | | / | / | / | / | / | / | / |
| | | | VOCs | | | / | / | / | / | / | / | / |

备注：为减少附件的页数，删除了部分一般排放口颗粒物的相关信息。

| |
|---|
| 主要排放口备注信息 |
| |
| 一般排放口备注信息 |
| / |
| 全厂排放口备注信息 |
| / |

注：（1）如火电厂超低排放限值。

（2）指地方政府制定的环境质量限期达标规划、重污染天气应对措施中对排污单位有更加严格的排放控制要求。

（3）“全厂有组织排放总计”指的是主要排放口与一般排放口数据之和。

表 8-1　申请特殊时段排放量限值

| | 时间 | 污染物 | 申请特殊时段许可排放量限值/（t/d） |
|---|---|---|---|
| 申请特殊时段许可排放量限值 | 第 1 年 | 颗粒物 | / |
| | | 二氧化硫 | / |
| | | 氮氧化物 | / |
| | 第 2 年 | 颗粒物 | / |
| | | 二氧化硫 | / |
| | | 氮氧化物 | / |
| | 第 3 年 | 颗粒物 | / |
| | | 二氧化硫 | / |
| | | 氮氧化物 | / |
| | 第 4 年 | 颗粒物 | / |
| | | 二氧化硫 | / |
| | | 氮氧化物 | / |
| | 第 5 年 | 颗粒物 | / |
| | | 二氧化硫 | / |
| | | 氮氧化物 | / |
| 申请特殊时段排放量限值备注信息 | | | |
| / | | | |

申请年排放量限值计算过程：（包括方法、公式、参数选取过程，以及计算结果的描述等内容）

/

## （三）无组织排放信息

表 9　大气污染物无组织排放表

| 序号 | 无组织排放编号 | 产污环节[1] | 污染物种类 | 主要污染防治措施 | 国家或地方污染物排放标准 | | 其他信息 | 年许可排放量限值/（t/a） | | | | | 申请特殊时段许可排放量限值 |
|---|---|---|---|---|---|---|---|---|---|---|---|---|---|
| | | | | | 名称 | 浓度限值（标态）/（$mg/m^3$） | | 第一年 | 第二年 | 第三年 | 第四年 | 第五年 | |
| 1 | 厂界 | | 颗粒物 | 密闭棚化，喷水增湿，密闭存储 | 《水泥工业大气污染物排放标准》（GB 4915—2013） | 0.5 | | / | / | / | / | / | / |
| 全厂无组织排放总计 | | | | | | | | | | | | | |
| 全厂无组织排放总计 | | | 颗粒物 | | | | | / | / | / | / | / | / |
| | | | $SO_2$ | | | | | / | / | / | / | / | / |
| | | | $NO_x$ | | | | | / | / | / | / | / | |
| | | | VOCs | | | | | / | / | / | / | / | |

注：（1）主要可以分为设备与管线组件泄漏、储罐泄漏、装卸泄漏、废水集输储存处理、原辅材料堆存及转运、循环水系统泄漏等环节。

**表 9-1　水泥工业企业生产无组织排放控制要求**

| 序号 | 主要生产单元 | 生产工序 | 无组织排放控制要求 | 公司无组织管控现状 |
|---|---|---|---|---|
| 1 | 水泥粉磨 | 包装运输 | 1. 包装车间全封闭；<br>2. 袋装水泥装车点位采用集中通风除尘系统 | 公司完成袋装水泥栈台全封闭工作，装车机头部及皮带机转运点设置收尘器同步作业 |
| | | 物料堆存 | 1. 粉状物料全部密闭储存，其他块石、黏湿物料、浆料等辅材设置不低于堆放物高度的严密围挡，并采取有效覆盖等措施防治扬尘污染；<br>2. 封闭式皮带、斗提、斜槽运输，对块石、黏湿物料、浆料等装卸过程也可采取其他有抑尘措施的运输方式，各转载、下料口等产尘点应设置集尘罩并配备袋式除尘器，库顶等泄压口配备袋式除尘器；<br>3. 粉煤灰采用密闭罐车运输 | 公司粉状原材料（粉煤灰）入粉煤灰库储存，罐车运输；熟料、石灰石、脱硫石膏等物料全部存储在封闭的堆棚内，物料输送及转运点全部封闭且设置收尘器，储库、仓顶的泄压口配置了袋式除尘器，废气达标排放 |
| | | 水泥散装 | 水泥散装采用密闭罐车，散装应采用带抽风口的散装卸料装置，物料装车与除尘同步进行，抽取的气体除尘后排放 | 公司散装水泥采用散装机放料，并设置收尘器与散装机同步作业；散装水泥车为密闭粉状物料罐车 |
| 2 | 公用单元 | 其他 | 1. 厂区、码头运输道路全硬化，定期洒水，及时清扫；<br>2. 各收尘器、管道等设备应完好运行，无粉尘外溢；<br>3. 厂区设置车轮清洗、清扫装置；<br>4. 厂区绿化 | 公司厂区道路及巡检通道全部进行硬化处理，配置洒水车 1 辆用于道路洒水降尘；岗位操作人员每天对收尘（环保）设备进行巡检，发现问题及时处理，确保收尘（环保）设备相对生产设备运转率达到 100%；厂区道路每天安排专人进行道路卫生清扫，同时厂区设置限速 5 km，避免车辆行驶过程中产生的二次扬尘；生产车间的周围，厂区各向边界环境，厂区道路两侧等位置，合理开展绿化工作。厂内设置自动车轮清洗装置 |

## （四）企业大气排放总许可量

表 10　企业大气排放总许可量

| 序号 | 污染物种类 | 第一年/（t/a） | 第二年/（t/a） | 第三年/（t/a） | 第四年/（t/a） | 第五年/（t/a） |
|---|---|---|---|---|---|---|
| 1 | 颗粒物 | / | / | / | / | / |
| 2 | $SO_2$ | / | / | / | / | / |
| 3 | $NO_x$ | / | / | / | / | / |
| 4 | VOCs | / | / | / | / | / |

企业大气排放总许可量备注信息

/

# 四、水污染物排放

## （一）排放口

表 11　废水直接排放口基本情况表

| 序号 | 排放口编号 | 排放口名称 | 排放口地理坐标[(1)] | | 排放去向 | 排放规律 | 间歇排放时段 | 受纳自然水体信息 | | 汇入受纳自然水体处地理坐标[(4)] | | 其他信息 |
|---|---|---|---|---|---|---|---|---|---|---|---|---|
| | | | 经度 | 纬度 | | | | 名称[(2)] | 受纳水体功能目标[(3)] | 经度 | 纬度 | |
| 1 | DW001 | 生活污水排放口 | *°*′*″ | *°*′*″ | 直接进入江河、湖、库等水环境 | 连续排放，流量稳定 | / | 杨*河 | * | *°*′*″ | *°*′*″ | |

注：（1）对于直接排放至地表水体的排放口，指废水排出厂界处经纬度坐标；

纳入管控的车间或车间处理设施排放口，指废水排出车间或车间处理设施边界处经纬度坐标；

可通过排污许可证管理信息平台中的 GIS 系统点选后自动生成经纬度。

（2）指受纳水体的名称，如南沙河、太子河、温榆河等。

（3）指对于直接排放至地表水体的排放口，其所处受纳水体功能类别，如Ⅲ类、Ⅳ类、Ⅴ类等。

（4）对于直接排放至地表水体的排放口，指废水汇入地表水体处经纬度坐标；

可通过排污许可证管理信息平台中的 GIS 系统点选后自动生成经纬度。

（5）废水向海洋排放的，应当填写岸边排放或深海排放。向深海排放的，还应说明排污口的深度、与岸线直线距离。在备注中填写。

表 12　废水间接排放口基本情况表

| 序号 | 排放口编号 | 排放口名称 | 排放口地理坐标[1] | | 排放去向 | 排放规律 | 间歇排放时段 | 受纳污水处理厂信息 | | |
|---|---|---|---|---|---|---|---|---|---|---|
| | | | 经度 | 纬度 | | | | 名称[2] | 污染物种类 | 国家或地方污染物排放标准浓度限值/（mg/L） |
| | | | | | | | | | | |

注：（1）对于排至厂外城镇或工业污水集中处理设施的排放口，指废水排出厂界处经纬度坐标；
可通过排污许可证管理信息平台中的 GIS 系统点选后自动生成经纬度。
（2）指厂外城镇或工业污水集中处理设施名称，如酒仙桥生活污水处理厂、宏兴化工园区污水处理厂等。

表 13　废水污染物排放执行标准表

| 序号 | 排放口编号 | 排放口名称 | 污染物种类 | 国家或地方污染物排放标准[1] | | 其他信息 |
|---|---|---|---|---|---|---|
| | | | | 名称 | 浓度限值/（mg/L） | |
| 1 | DW001 | 生活污水排放口 | 氨氮（$NH_3$-N） | 《污水综合排放标准》（GB 8978—1996） | 15 | |
| 2 | DW001 | 生活污水排放口 | 悬浮物 | 《污水综合排放标准》（GB 8978—1996） | 70 | |
| 3 | DW001 | 生活污水排放口 | 五日生化需氧量 | 《污水综合排放标准》（GB 8978—1996） | 20 | |
| 4 | DW001 | 生活污水排放口 | 总磷（以 P 计） | 《污水综合排放标准》（GB 8978—1996） | 0.5 | |
| 5 | DW001 | 生活污水排放口 | pH 值 | 《污水综合排放标准》（GB 8978—1996） | 6～9 | |
| 6 | DW001 | 生活污水排放口 | 化学需氧量 | 《污水综合排放标准》（GB 8978—1996） | 100 | |

注：（1）指对应排放口须执行的国家或地方污染物排放标准的名称及浓度限值。

## （二）申请排放信息

**表 14　废水污染物排放**

| 序号 | 排放口编号 | 排放口名称 | 污染物种类 | 申请排放浓度限值/（mg/L） | 申请年排放量限值/（t/a）[1] | | | | | 申请特殊时段排放量限值 |
|---|---|---|---|---|---|---|---|---|---|---|
| | | | | | 第一年 | 第二年 | 第三年 | 第四年 | 第五年 | |
| 主要排放口 | | | | | | | | | | |
| 主要排放口合计 | | | $COD_{Cr}$ | | | | | / | / | / |
| | | | 氨氮 | | | | | / | / | / |
| 一般排放口 | | | | | | | | | | |
| 1 | DW001 | 生活污水排放口 | 五日生化需氧量 | 20 | / | / | / | / | / | / |
| 2 | DW001 | 生活污水排放口 | 氨氮（$NH_3$-N） | 15 | / | / | / | / | / | / |
| 3 | DW001 | 生活污水排放口 | pH 值 | 6～9 | / | / | / | / | / | / |
| 4 | DW001 | 生活污水排放口 | 悬浮物 | 70 | / | / | / | / | / | / |
| 5 | DW001 | 生活污水排放口 | 总磷（以 P 计） | 0.5 | / | / | / | / | / | / |
| 6 | DW001 | 生活污水排放口 | 化学需氧量 | 100 | / | / | / | / | / | / |
| 一般排放口总计 | | | 氨氮 | | / | / | / | / | / | / |
| | | | $COD_{Cr}$ | | / | / | / | / | / | / |
| 全厂排放口源 | | | | | | | | | | |
| 全厂排放口总计 | | | 氨氮 | | / | / | / | / | / | / |
| | | | $COD_{Cr}$ | | / | / | / | / | / | / |

| |
|---|
| 主要排放口备注信息 |
| / |
| 一般排放口备注信息 |
| / |
| 全厂排放口备注信息 |
| / |

注：（1）排入城镇集中污水处理设施的生活污水无须申请许可排放量。

申请年排放量限值计算过程：（包括方法、公式、参数选取过程，以及计算结果的描述等内容）

/

## 五、噪声排放信息

表 15　噪声排放信息

| 噪声类别 | 噪声类别 | | 执行排放标准名称 | 执行噪声排放标准/dB（A） | | 备注 |
|---|---|---|---|---|---|---|
| | 昼间 | 夜间 | | 昼间 | 夜间 | |
| 稳态噪声 | 至 | 至 | | | | |
| 频发噪声 | 否 | 否 | | | | |
| 偶发噪声 | 否 | 否 | | | | |

## 六、噪声排放信息

表 16　固体废物排放信息

| 固体废物来源 | 固体废物名称 | 固体废物种类 | 固体废物类别 | 固体废物描述 | 固体废物产生量/（t/a） | 固体废物处理方式 | 固体废物综合利用处理量/（t/a） | 固体废物处置量/（t/a） | 固体废物贮存量/（t/a） | 固体废物排放量/（t/a） | 备注 |
|---|---|---|---|---|---|---|---|---|---|---|---|
| | | | | | | | | | | | |

## 七、环境管理要求

### （一）自行监测

表 17　自行监测及记录信息表

| 序号 | 污染源类别 | 排放口编号 | 排放口名称 | 监测内容[1] | 污染物名称 | 监测设施 | 自动监测是否联网 | 自动监测仪器名称 | 自动监测设施安装位置 | 自动监测设施是否符合安装、运行、维护等管理要求 | 手工监测采样方法及个数[2] | 手工监测频次[3] | 手工测定方法[4] | 其他信息 |
|---|---|---|---|---|---|---|---|---|---|---|---|---|---|---|
| 1 | 废水 | DW001 | 生活污水排放口 | 流量 | 总磷（以 P 计） | 手工 | | | | | 混合采样 至少 4 个混合样 | 1 次/半年 | 《水质　总磷的测定　钼酸铵分光光度法》（GB 11893—1989） | |
| 2 | | DW001 | 生活污水排放口 | 流量 | 化学需氧量 | 手工 | | | | | 混合采样 至少 4 个混合样 | 1 次/半年 | 《水质　化学需氧量的测定　重铬酸盐法》（GB 11914—1989） | |
| 3 | | DW001 | 生活污水排放口 | 流量 | 悬浮物 | 手工 | | | | | 混合采样 至少 4 个混合样 | 1 次/半年 | 《水质　悬浮物的测定　重量法》（GB 11901—1989） | |
| 4 | | DW001 | 生活污水排放口 | 流量 | 五日生化需氧量 | 手工 | | | | | 混合采样 至少 4 个混合样 | 1 次/半年 | 《水质　五日生化需氧量（$BOD_5$）的测定　稀释与接种法》（HJ 505—2009） | |

| 序号 | 污染源类别 | 排放口编号 | 排放口名称 | 监测内容(1) | 污染物名称 | 监测设施 | 自动监测是否联网 | 自动监测仪器名称 | 自动监测设施安装位置 | 自动监测设施是否符合安装、运行、维护等管理要求 | 手工监测采样方法及个数(2) | 手工监测频次(3) | 手工测定方法(4) | 其他信息 |
|---|---|---|---|---|---|---|---|---|---|---|---|---|---|---|
| 5 | 废水 | DW001 | 生活污水排放口 | 流量 | 氨氮（$NH_3$-N） | 手工 | | | | | 混合采样至少4个混合样 | 1次/半年 | 《水质　氨氮的测定流动注射-水杨酸分光光度法》（HJ 666—2013） | |
| 6 | | DW001 | 生活污水排放口 | 流量 | pH值 | 手工 | | | | | 混合采样至少4个混合样 | 1次/半年 | 《水质　pH值的测定玻璃电极法》（GB 6920—1986） | |
| 1 | 废气 | DA001 | 2#包装机排放口 | 烟气流速，烟气温度，烟气含湿量，烟道截面积 | 颗粒物 | 手工 | | | | | 非连续采样至少3个 | 1次/半年 | 《固定污染源排气中颗粒物测定与气态污染物采样方法》（GB/T 16157—1996） | 合理安排监测计划，每个季度相同种类治理设施的监测点位数量基本平均分布 |
| 2 | | DA002 | 3#包装机排放口 | 烟气流速，烟气温度，烟气含湿量，烟道截面积 | 颗粒物 | 手工 | | | | | 非连续采样至少3个 | 1次/半年 | 《固定污染源排气中颗粒物测定与气态污染物采样方法》（GB/T 16157—1996） | 合理安排监测计划，每个季度相同种类治理设施的监测点位数量基本平均分布 |

| 序号 | 污染源类别 | 排放口编号 | 排放口名称 | 监测内容[1] | 污染物名称 | 监测设施 | 自动监测是否联网 | 自动监测仪器名称 | 自动监测设施安装位置 | 自动监测设施是否符合安装、运行、维护等管理要求 | 手工监测采样方法及个数[2] | 手工监测频次[3] | 手工测定方法[4] | 其他信息 |
|---|---|---|---|---|---|---|---|---|---|---|---|---|---|---|
| 3 | 废气 | DA003 | 4#包装机排放口 | 烟气流速，烟气温度，烟气含湿量，烟道截面积 | 颗粒物 | 手工 | | | | | 非连续采样至少3个 | 1次/半年 | 《固定污染源排气中颗粒物测定与气态污染物采样方法》（GB/T 16157—1996） | 合理安排监测计划，每个季度相同种类治理设施的监测点位数量基本平均分布 |
| 4 | | DA004 | 提升机排放口 | 烟气流速，烟气温度，烟气含湿量，烟道截面积 | 颗粒物 | 手工 | | | | | 非连续采样至少3个 | 1次/两年 | 《固定污染源排气中颗粒物测定与气态污染物采样方法》（GB/T 16157—1996） | |
| 5 | | DA005 | 1#水泥磨排放口 | 烟气流速，烟气温度，烟气含湿量，烟道截面积 | 颗粒物 | 手工 | | | | | 非连续采样至少3个 | 1次/半年 | 《固定污染源排气中颗粒物测定与气态污染物采样方法》（GB/T 16157—1996） | 合理安排监测计划，每个季度相同种类治理设施的监测点位数量基本平均分布 |

| 序号 | 污染源类别 | 排放口编号 | 排放口名称 | 监测内容(1) | 污染物名称 | 监测设施 | 自动监测是否联网 | 自动监测仪器名称 | 自动监测设施安装位置 | 自动监测设施是否符合安装、运行、维护等管理要求 | 手工监测采样方法及个数(2) | 手工监测频次(3) | 手工测定方法(4) | 其他信息 |
|---|---|---|---|---|---|---|---|---|---|---|---|---|---|---|
| 6 | 废气 | DA006 | 3#水泥磨排放口 | 烟气流速，烟气温度，烟气含湿量，烟道截面积 | 颗粒物 | 手工 | | | | | 非连续采样至少3个 | 1次/半年 | 《固定污染源排气中颗粒物测定与气态污染物采样方法》（GB/T 16157—1996） | 合理安排监测计划，每个季度相同种类治理设施的监测点位数量基本平均分布 |
| 7 | | DA007 | 1#磨辊压机排放口 | 烟气流速，烟气温度，烟气含湿量，烟道截面积 | 颗粒物 | 手工 | | | | | 非连续采样至少3个 | 1次/两年 | 《固定污染源排气中颗粒物测定与气态污染物采样方法》（GB/T 16157—1996） | |
| 8 | | DA008 | 3#磨辊压机排放口 | 烟气流速，烟气温度，烟气含湿量，烟道截面积 | 颗粒物 | 手工 | | | | | 非连续采样至少3个 | 1次/两年 | 《固定污染源排气中颗粒物测定与气态污染物采样方法》（GB/T 16157—1996） | |
| 9 | | DA009 | 1#水泥库顶排放口 | 烟气流速，烟气温度，烟气含湿量，烟道截面积 | 颗粒物 | 手工 | | | | | 非连续采样至少3个 | 1次/半年 | 《固定污染源排气中颗粒物测定与气态污染物采样方法》（GB/T 16157—1996） | 合理安排监测计划，每个季度相同种类治理设施的监测点位数量基本平均分布 |

| 序号 | 污染源类别 | 排放口编号 | 排放口名称 | 监测内容[1] | 污染物名称 | 监测设施 | 自动监测是否联网 | 自动监测仪器名称 | 自动监测设施安装位置 | 自动监测设施是否符合安装、运行、维护等管理要求 | 手工监测采样方法及个数[2] | 手工监测频次[3] | 手工测定方法[4] | 其他信息 |
|---|---|---|---|---|---|---|---|---|---|---|---|---|---|---|
| 10 | 废气 | DA010 | 5#水泥库顶排放口 | 烟气流速，烟气温度，烟气含湿量，烟道截面积 | 颗粒物 | 手工 | | | | | 非连续采样至少3个 | 1次/两年 | 《固定污染源排气中颗粒物测定与气态污染物采样方法》（GB/T 16157—1996） | |
| 11 | | DA011 | 2#水泥库顶排放口 | 烟气流速，烟气温度，烟气含湿量，烟道截面积 | 颗粒物 | 手工 | | | | | 非连续采样至少3个 | 1次/两年 | 《固定污染源排气中颗粒物测定与气态污染物采样方法》（GB/T 16157—1996） | |
| 12 | | DA012 | 选粉机排放口 | 烟气流速，烟气温度，烟气含湿量，烟道截面积 | 颗粒物 | 手工 | | | | | 非连续采样至少3个 | 1次/半年 | 《固定污染源排气中颗粒物测定与气态污染物采样方法》（GB/T 16157—1996） | 合理安排监测计划，每个季度相同种类治理设施的监测点位数量基本平均分布 |
| 13 | | DA013 | 选粉机排放口 | 烟气流速，烟气温度，烟气含湿量，烟道截面积 | 颗粒物 | 手工 | | | | | 非连续采样至少3个 | 1次/半年 | 《固定污染源排气中颗粒物测定与气态污染物采样方法》（GB/T 16157—1996） | 合理安排监测计划，每个季度相同种类治理设施的监测点位数量基本平均分布 |

| 序号 | 污染源类别 | 排放口编号 | 排放口名称 | 监测内容(1) | 污染物名称 | 监测设施 | 自动监测是否联网 | 自动监测仪器名称 | 自动监测设施安装位置 | 自动监测设施是否符合安装、运行、维护等管理要求 | 手工监测采样方法及个数(2) | 手工监测频次(3) | 手工测定方法(4) | 其他信息 |
|---|---|---|---|---|---|---|---|---|---|---|---|---|---|---|
| 14 | 废气 | DA015 | 粉煤灰库顶排放口 | 烟气流速，烟气温度，烟气含湿量，烟道截面积 | 颗粒物 | 手工 | | | | | 非连续采样至少3个 | 1次/两年 | 《固定污染源排气中颗粒物测定与气态污染物采样方法》（GB/T 16157—1996） | |
| 15 | | DA017 | 皮带机尾部排放口 | 烟气流速，烟气温度，烟气含湿量，烟道截面积 | 颗粒物 | 手工 | | | | | 非连续采样至少3个 | 1次/两年 | 《固定污染源排气中颗粒物测定与气态污染物采样方法》（GB/T 16157—1996） | |
| 16 | | DA021 | 皮带机尾部排放口 | 烟气流速，烟气温度，烟气含湿量，烟道截面积 | 颗粒物 | 手工 | | | | | 非连续采样至少3个 | 1次/两年 | 《固定污染源排气中颗粒物测定与气态污染物采样方法》（GB/T 16157—1996） | |
| 17 | | DA022 | 皮带机尾部排放口 | 烟气流速，烟气温度，烟气含湿量，烟道截面积 | 颗粒物 | 手工 | | | | | 非连续采样至少3个 | 1次/两年 | 《固定污染源排气中颗粒物测定与气态污染物采样方法》（GB/T 16157—1996） | |
| 18 | | DA028 | 装车机排放口 | 烟气流速，烟气温度，烟气含湿量，烟道截面积 | 颗粒物 | 手工 | | | | | 非连续采样至少3个 | 1次/两年 | 《固定污染源排气中颗粒物测定与气态污染物采样方法》（GB/T 16157—1996） | |
| 19 | | DA029 | 1#散装机排放口 | 烟气流速，烟气温度，烟气含湿量，烟道截面积 | 颗粒物 | 手工 | | | | | 非连续采样至少3个 | 1次/两年 | 《固定污染源排气中颗粒物测定与气态污染物采样方法》（GB/T 16157—1996） | |

| 序号 | 污染源类别 | 排放口编号 | 排放口名称 | 监测内容(1) | 污染物名称 | 监测设施 | 自动监测是否联网 | 自动监测仪器名称 | 自动监测设施安装位置 | 自动监测设施是否符合安装、运行、维护等管理要求 | 手工监测采样方法及个数(2) | 手工监测频次(3) | 手工测定方法(4) | 其他信息 |
|---|---|---|---|---|---|---|---|---|---|---|---|---|---|---|
| 20 | 废气 | DA030 | 2#散装机排放口 | 烟气流速，烟气温度，烟气含湿量，烟道截面积 | 颗粒物 | 手工 | | | | | 非连续采样至少3个 | 1次/两年 | 《固定污染源排气中颗粒物测定与气态污染物采样方法》（GB/T 16157—1996） | |
| 21 | | DA040 | 装车机排放口 | 烟气流速，烟气温度，烟气含湿量，烟道截面积 | 颗粒物 | 手工 | | | | | 非连续采样至少3个 | 1次/两年 | 《固定污染源排气中颗粒物测定与气态污染物采样方法》（GB/T 16157—1996） | |
| 22 | | DA043 | 粉煤灰库顶排放口 | 烟气流速，烟气温度，烟气含湿量，烟道截面积 | 颗粒物 | 手工 | | | | | 非连续采样至少3个 | 1次/两年 | 《固定污染源排气中颗粒物测定与气态污染物采样方法》（GB/T 16157—1996） | |
| 23 | | 厂界 | | 风向，风速 | 颗粒物 | 手工 | | | | | 连续采样 | 1次/季度 | 《环境空气总悬浮颗粒物的测定 重量法》（GB/T 15432） | |
| … | … | … | | … | … | … | … | … | … | … | … | … | … | … |

备注：为减少附件的页数，删除了部分有组织颗粒物自行监测相关信息。

注：（1）指气量、水量、温度、含氧量等项目。

（2）指污染物采样方法，如对于废水污染物：“混合采样（3个、4个或5个混合）”“瞬时采样（3个、4个或5个瞬时样）”；对于废气污染物：“连续采样”“非连续采样（3个或多个）”。

（3）指一段时期内的监测次数要求，如1次/周、1次/月等。

（4）指污染物浓度测定方法，如“测定化学需氧量的重铬酸钾法”“测定氨氮的水杨酸分光光度法”等。

**监测质量保证与质量控制要求：**

编制监测工作质量控制计划，选择与监测活动类型和工作量相适应的质控方法，包括使用标准物质、采用空白试验、平行样测定、加标回收率测定等，定期进行质控数据分析。编制工作流程等相关技术规定，规定任务下达和实施，分析用仪器设备购买、验收、维护和维修，监测结果的审核签发、监测结果录入发布等工作的责任人和完成时限，确保监测各环节无缝衔接。

**监测数据记录、整理、存档要求：**

设计记录表格，对监测过程的关键信息予以记录并存档。监测记录中应包括采样记录（采样日期、采样时间、采样点位、混合取样的样品数量、采样器名称、采样人姓名等）、样品保存和交接（样品保存方式、样品传输交接记录）、样品分析记录（分析日期、样品处理方式、分析方法、质控措施、分析结果、分析人姓名等）和质控记录（质控结果报告单）。

## （二）环境管理台账记录

表 18　环境管理台账信息表

| 序号 | 设施类别[(1)] | 操作参数[(2)] | 记录内容[(3)] | 记录频次[(4)] | 记录形式[(5)] | 其他信息 |
|---|---|---|---|---|---|---|
| 1 | 生产设施 | 基本信息 | 记录破碎机、水泥磨等生产设施的名称、编码及生产负荷 | 根据生产情况及时填写 | 电子台账+纸质台账 | 台账保存期限不少于三年 |
| 2 | 生产设施 | 其他环境管理信息 | 记录水泥磨的产品产量，全厂的水、电使用量 | 每天一次 | 电子台账+纸质台账 | 台账保存期限不少于三年 |
| 3 | 生产设施 | 其他环境管理信息 | 记录粉煤灰、脱硫石膏、混合材等原辅料的名称及对应的使用量 | 每天一次 | 电子台账+纸质台账 | 台账保存期限不少于三年 |
| 4 | 污染防治设施 | 基本信息 | （1）袋收尘器：记录设施名称、设施编号、污染物、滤料材质、滤袋数量、滤袋规格型号、设计处理风量、过滤面积、除尘效率、设计出口浓度限值等信息。<br>（2）污水处理设施：记录设施名称、处理工艺、污染治理设施编号、废水类别、设计处理能力、设计进水水质、设计出水水质、污泥处理方式、排放去向、受纳水体等信息 | 根据现场污染设施的配置情况及时更新 | 电子台账+纸质台账 | 台账保存期限不少于三年 |

| 序号 | 设施类别[(1)] | 操作参数[(2)] | 记录内容[(3)] | 记录频次[(4)] | 记录形式[(5)] | 其他信息 |
|---|---|---|---|---|---|---|
| 5 | 污染防治设施 | 污染治理措施运行管理信息 | 除尘设施：是否正常、故障原因、维护过程、检查人、检查日期及班次 | 每班一次 | 电子台账+纸质台账 | 台账保存期限不少于三年 |
| 6 | 污染防治设施 | 污染治理措施运行管理信息 | （1）袋收尘器：提升阀、脉冲阀、气源压力、提升盖板、有无漏风、油水分离器有无故障、维护过程、运行时间、检查人、检查日期。<br>（2）污水处理设施记录：药剂名称、药剂投加量、污水处理水量、污水排放量、污水回用量 | 每周一次 | 电子台账+纸质台账 | 台账保存期限不少于三年 |
| 7 | 污染防治设施 | 污染治理措施运行管理信息 | （1）无组织治理设施记录：设施名称、无组织管控措施是否正常、故障原因、维护过程、检查人、检查日期等信息；<br>（2）污水处理设施记录：风机、水泵和处理设施等是否正常、故障原因、维护过程、检查人、检查日期等信息 | 每天一次 | 电子台账+纸质台账 | 台账保存期限不少于三年 |
| 8 | 污染防治设施 | 监测记录信息 | 记录开展手工监测的日期、时间、污染物排放口编号、监测内容、计量单位、监测点位、监测方法、监测频次、监测仪器及型号、采样方法及个数、是否超标、监测结果等，并建立台账，同时记录监测期间生产及污染治理设施运行状况 | 每次手工监测时记录 | 电子台账+纸质台账 | 台账保存期限不少于三年 |
| 9 | 污染防治设施 | 其他环境管理信息 | 污染治理设施故障期间：记录故障设施、故障原因、故障期间污染物排放浓度以及应对措施 | 发生时记录 | 电子台账+纸质台账 | 台账保存期限不少于三年 |
| 10 | 污染防治设施 | 其他环境管理信息 | 废气排放执行标准，排污费（环境保护税）缴纳情况、信息公开情况等 | 按照国家、地方相关标准执行；排污费依据当地环保局要求，季/月度按时交纳 | 电子台账+纸质台账 | 台账保存期限不少于三年 |

注：（1）包括生产设施和污染防治设施等。

（2）包括基本信息、污染治理措施运行管理信息、监测记录信息、其他环境管理信息等。

（3）基本信息包括：生产设施、治理设施的名称、工艺等排污许可证规定的各项排污单位基本信息的实际情况及与污染物排放相关的主要运行参数等；

污染治理措施运行管理信息包括：DCS 曲线等；

监测记录信息包括：手工监测的记录和自动监测运维记录信息，以及与监测记录相关的生产和污染治理设施运行状况记录信息等。

（4）指一段时期内环境管理台账记录的次数要求，如 1 次/h、1 次/日等。

（5）指环境管理台账记录的方式，包括电子台账、纸质台账等。

## 八、有核发权的地方环境保护主管部门增加的管理内容

/

## 九、改正规定

| 序号 | 改正问题 | 改正措施 | 时限要求 |
| --- | --- | --- | --- |
| | | | |

## 附图：简化管理单位工艺流程图

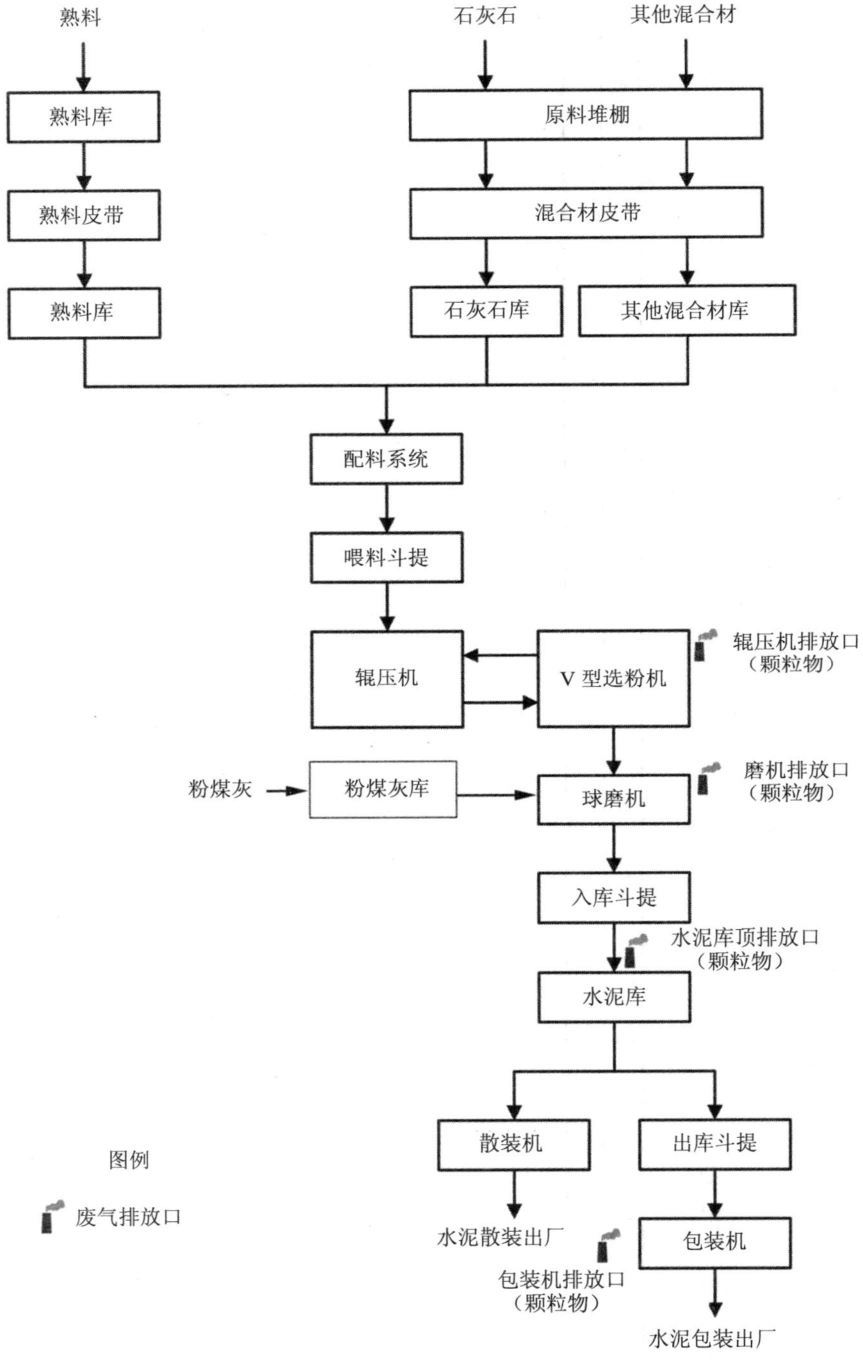


××水泥有限公司生产工艺流程及排污节点

## 平面布置图

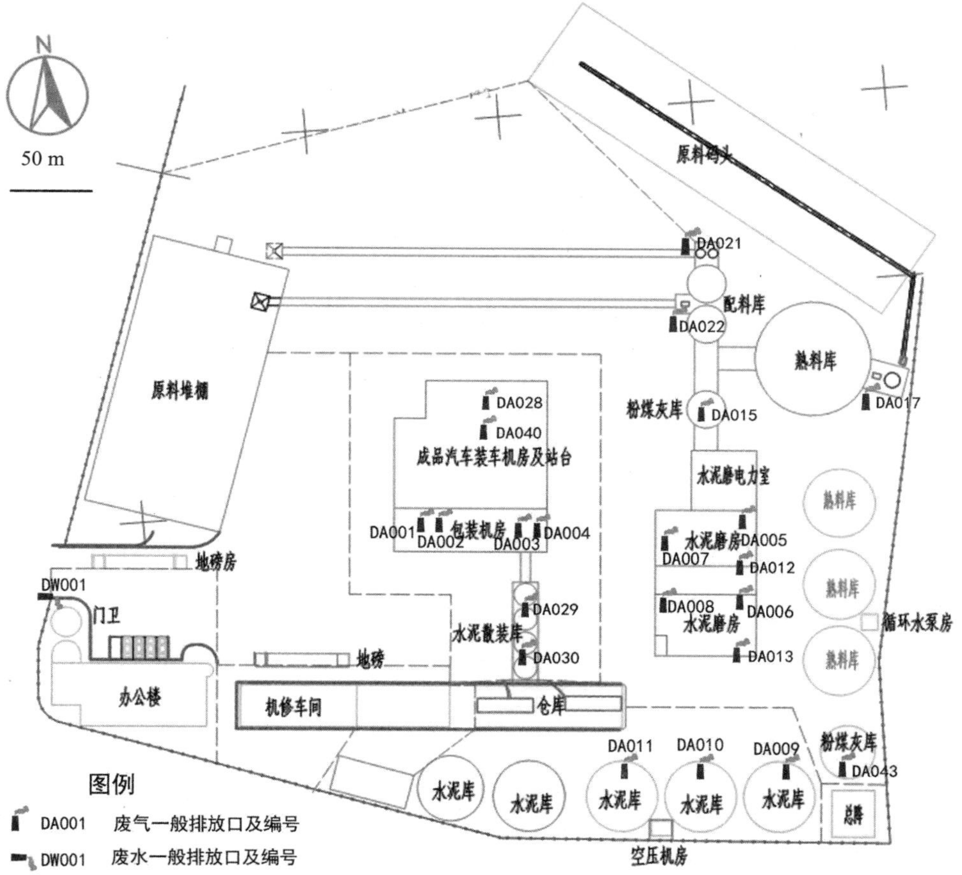


××水泥有限公司水泥粉磨生产线工程总平面及排污口分布